住房城乡建设部土建类学科专业"十三五"规划教材

高等学校城乡规划专业系列推荐教材

村镇规划理论与方法

耿 虹 赵守谅 编著

中国建筑工业出版社

图书在版编目（CIP）数据

村镇规划理论与方法 / 耿虹，赵守谅编著 . —北京：中国建筑工业出版社，2020.11（2024.6重印）

住房城乡建设部土建类学科专业"十三五"规划教材

高等学校城乡规划专业系列推荐教材

ISBN 978-7-112-25485-9

Ⅰ.①村… Ⅱ.①耿…②赵… Ⅲ.①乡村规划—中国—高等学校—教材 Ⅳ.① TU982.29

中国版本图书馆 CIP 数据核字（2020）第 184892 号

本教材为住房城乡建设部土建类学科专业"十三五"规划教材，由绪论、村镇规划相关理论、村镇规划的政策与法规、村镇规划的调研分析方法、镇（乡）规划编制方法、村庄规划编制方法、国外村镇规划实践、村镇规划典型案例 8 部分组成，涵盖了村镇规划工作的各个环节，把案例融入基础知识、基本原理和方法的讲解中，系统性、实用性强。本书可作为高等学校城乡规划及相关专业的教材，也可供相关行业从业人员学习参考。

为更好地支持本课程的教学，我们向使用本书的教师免费提供教学课件，有需要者请与出版社联系，邮箱：jgcabpbeijing@163.com。

责任编辑：杨　虹　尤凯曦

责任校对：焦　乐

住房城乡建设部土建类学科专业"十三五"规划教材

高等学校城乡规划专业系列推荐教材

村镇规划理论与方法

耿　虹　赵守谅　编著

*

中国建筑工业出版社出版、发行（北京海淀三里河路9号）

各地新华书店、建筑书店经销

北京雅盈中佳图文设计公司制版

北京中科印刷有限公司印刷

*

开本：787 毫米 ×1092 毫米　1/16　印张：22　字数：450 千字

2020 年 12 月第一版　2024 年 6 月第二次印刷

定价：**59.00** 元（赠教师课件）

ISBN 978-7-112-25485-9

　　　　（36465）

前言

　　村镇既包含门类各异的小城镇，又包含千差万别的乡村聚落。如果说现代城市大体上都差不多的话，东南西北各地的小城镇则在各种不同的等级、规模、职能等差异下，更存在着社会、文化、产业、风貌上的巨大不同；至于不同地区，不同自然、社会、经济、文化背景下的村庄，其差异性就更加显著而且深刻。因此，与之相关的村镇规划也就很难以一种全国统一的标尺进行规定，区域性、地域性特点必然是需要重点考虑的问题。

　　社会历史、文化观念与经济结构的特殊情况，给我国小城镇及乡村地区的发展带来了深远的影响。特别是千百年来城乡二元发展的现实给社会观念造成的影响是深刻而持久的，即便是进入 21 世纪以来，党和国家在农村政策上做出了很大的改变，并且一再地发布一号文件及各项配套政策，为乡村地区的建设发展做出根本上的努力，但是社会对于城乡差异的固有认知，政府和个人在城乡二元发展上的固定化的思维，依然对于村镇规划建设具有不可忽视的影响，使得小城镇和乡村地区的发展在与城市化同步发展上既存在着紧密关联，但又在很多方面存在脱节现象。因此，观念的解放是行动解放和技术解放的基础，也是充分理解国家战略、保证村镇规划的科学性、开放性、前瞻性，以及与国家新型城镇化战略同步响应的必要前提。

　　大多数村镇本身面临着散、小、低、弱、贫等多重现实问题。散：空间位置、结构组织分散，产业连接关系松散；小：空间规模、社会规模、经济规模都很小；低：行政层级、经济发展水平和区域发展地位都相对较低；弱：生存力薄弱，抵抗外界影响的能力也很弱；贫：很多村镇存在较严重的贫困问题，虽然精准扶贫战略已经取得了巨大的成就,但巩固扶贫成果、防治返贫现象发生的任务依然严峻。此外,大多村镇地区还存在政策福利难、资金筹措难、项目引进难、人才留住难、土地自主难等现实问题。因此,村镇规划也存在编制起来难、落实起来难和发展起来难的问题。

而难的关键,就在于它的经济基础、观念意识、区位关系、社会活力、技术水平等方面的基础差,也难在落实起来很难深入系统,从而导致规划信心不足、规划责任意识不强、规划工作做得不细致。

但村镇规划确实又很重要,重要在村镇地区是国家粮食安全保障的基础,是人口大国社会稳定的基层保障,是生态资源安全性与多样化集聚的地区,也是生态体系特别容易遭受破坏的地区。在这样的环境里,村镇是社会安全稳定的维护者,更是自身发展安全能不能得到持续生态保障的直接感受者(既可以是受益者,也可能是最直接的受害者)。此外,村镇又是中国传统文化保留得最丰富、最完整的地区,是民族文化之魂积聚的田野。因此,村镇的未来如何决定着中国发展的基础是不是真的牢固、是不是真的具有广泛的可持续性。村镇规划决定了村镇建设和乡村地区发展的好坏,并且关系到国家建设发展的整体质量。难,所以需要探索,需要创新,需要跟上时代的步伐,需要有高瞻远瞩的意识、觉悟与责任心。

与村镇规划直接相关的是,在村镇建设方面往往具有"直接""扁平""简单"的特点。"直接"是指它大多直接面对一个小的地域群体,甚至有时是直接面对个人;"扁平"是指它在解决问题时不需要较多环节;而"简单"则是直接、扁平的应然后果。但是,"直接"也有人性化诉求的特别难度;"扁平"在管理层级少、执行效率高的同时也会产生程序缺失的问题；"简单"则容易产生粗暴的行为后果，造成建设品质粗陋、质量降低。这就给村镇规划提了个醒，越是在简单的工作环境下，越要警惕程序缺失与不公，愈加需要注重社会公平和人性关爱，也越发应该注意保证规划细节的完整、规范执行的精准和规划技术品质的优良。因此，虽然村镇规划很难以统一的标尺进行僵化的规范，但是为了面对执行上的公平公正和人性化目标，也为了保障村镇规划能够始终如一地得到贯彻执行，既体现中国改革开放发展的全民红利，又体现时代发展的面貌和科技进步的理想，需要有相对统一和高水平的技术规范，保障村镇规划的高质量和村镇建设的高品质、能执行、易管理、可监督和持续化。唯其如此，才能保证村镇规划的科学性、系统性、完整性，彰显其人性化、规范化内涵，也才能在政策、技术、人文因素与环节的有序切入、多重保障下，在小规划里做出大文章，从而通过一个个各具特色而且内在结构完备、具体细节完满的村镇规划、充分体现城乡融合与乡村振兴大战略对于国家富强、民族振兴的积极意义和助推作用。

作为城乡规划专业本科教材，我们希望同学们通过学习，掌握村镇规划的基础知识、基本原理和方法，具备初步的相关从业技能；了解村镇规划的相关理论，从而更深刻地认识村镇发展中各种问题的本质。因此，本教材由绪论、村镇规划相关理论、村镇规划的政策与法规、村镇规划的调研分析方法、镇（乡）规划编制方法、村庄规划编制方法、国外村镇规划实践以及村镇规划典型案例八个部分组成。主要内容涵盖了村镇规划工作的各个环节，注重教材的系统性。在编排体例上，把案例融入基础知识、基本原理和方法的讲解中，强调教材的实用性。同时，村镇规划是一项政策性很强的工作,教材编写紧密结合国家的大政方针,突出教材的实践性和前瞻性。

中华民族振兴的宏伟理想、乡村振兴的伟大抱负和中国人对于田园耕读与乡关愁绪的特殊文化情感,以及发达国家的先行实践经验与教训,都让我们对村镇规划有了一份特别的责任和信心。本教材也许能够帮助大家系统认识村镇规划的目标、任务与工作方法,一起树立对村镇规划的责任与信心。若果如此,那将是我们莫大的幸事!

对于教材中的疏漏和错误之处,还请读者和使用者予以批评指正,以帮助我们继续修正和完善!

目录

第 1 章

绪论

在新的时期如何编制村镇规划，引导村镇走向振兴发展道路，成为城乡规划专业与行业需要思考和解决的重要问题。从专业教学视角来看，究竟什么是村镇？什么是村镇规划？村镇规划经历了怎样的发展与演变？以及村镇规划面临的未来问题及自身的未来发展，种种概念解释与问题思考的基础和方向，都将决定新时代村镇规划究竟是为何编制以及如何编制。因此，有必要对这些基础性问题进行全面深刻的理解与掌握。本章节将对村镇、村镇规划的基本概念、村镇规划的历史发展与未来趋势进行系统性的梳理与讨论。

1.1 基本概念

1.1.1 聚落

聚落是人类聚居和生活的场所，分为城市聚落和乡村聚落。聚落环境是人类有意识开发利用和改造自然而创造出来的生存环境。

聚落一词古代指村落，如中国的《汉书·沟洫志》的记载："或久无害，稍筑室宅，遂成聚落"。近代泛指一切居民点，是聚落地理学的研究对象。

作为人类各种形式的聚居地的总称，聚落不单是房屋建筑的集合体，还包括与居住直接有关的其他生活设施和生产设施。聚落不光是人们居住、生活、休息和进行各种社会活动的场所，它也是人们进行生产活动的场所。聚落有它的发展过程。世界上许多聚落正在成长，也有许多聚落正在衰落。

聚落作为人类适应、利用自然的产物，是人类文明的结晶。聚落的外部形态、组合类型无不深深打上了当地地理、气候与水文环境的烙印。同时，聚落又是重要的文化景观，在很大程度上反映了区域的经济发展水平和风土民情等。当然，聚落也对地理环境和人类的经济活动发生作用，城市聚落对经济的发展和分布更有着巨大的影响。

世界上的聚落千差万别，大小相差悬殊，大至拥有上千万人口的特大城市，小到只有三家五户的小村落。乡村是以农业活动和农业人口为主的聚落，规模较小；城市是以非农业人口为主的聚落，规模较大，是一定地域范围内的政治、经济、文化中心。人类先有乡村聚落，后有城市聚落。一般而言，城市聚落大多是由乡村聚落发展而成的。

聚落约起源于旧石器时代中期，随着人类文明的进步逐渐演化。在原始公社制度下，以氏族为单位的聚落是纯粹的农业村社。进入奴隶制社会后出现了居民不直接依靠农业营生的城市型聚落。但是奴隶制社会和封建制社会商品经济不占主要地位，乡村聚落始终是聚落的主要形式。进入资本主义社会以后，城市或城市型聚落广泛发展，乡村聚落逐渐失去优势而成为聚落体系中的低层级的组成部分。

聚落通常指固定的居民点，只有极少数是流动性的。聚落由各种建筑物、构筑物、道路、绿地、水源地等物质要素组成，规模越大，物质要素构成越复杂。聚落的建筑外貌因居住方式不同而异。例如，婆罗洲伊班人的大型长屋，中国闽西地区的土楼，黄土高原的窑洞，中亚、北非等干燥区的地下或半地下住所，某些江河沿岸的水上住所，游牧地区的帐幕等，都是比较特殊的聚落外貌。

聚落具有不同的平面形态，它受经济、社会、历史、地理诸条件的制约。历史悠久的村落多呈团聚型，开发较晚的区域移民村落往往呈散漫型。城市型聚落也因各地条件不同而存在多种平面形态。聚落的主要经济活动方向决定着聚落的性质。乡村聚落经济活动的基本内容是农业，习惯上称为乡村。城市聚落经济活动内容繁多，各种经济活动变量间的关系，反映出城市的功能特征和性质。

1.1.2 乡村

乡村是指主要从事农业、人口分布较城镇分散的区域（《辞源》），既包含了作为居住聚落的乡村，也包含了居住聚落外的农田、林地、水面等空间。

不同学科对于乡村的定义各有差异。地理学认为乡村是除城市建成区以外的一切区域，是一个地域空间系统，包括广袤的山、水、林、田与小规模的乡村聚落地。社会学则认为乡村是以血缘、亲缘、地缘等社会关系网络交织而成的地域群居单元，具有熟人社会、地方性等特征。经济学则认为乡村是从事农业生产劳作的地域单元。

城乡规划学则将乡村视为一个"区域"概念，是由小集镇、村庄、自然村组三类空间单元组成的聚落系统。其中小集镇是乡村"区域"范围内的经济、社会服务中心，通常承载着乡村地域市场贸易、公共服务、文化交流等重要职能；村庄则是乡村地域人口集聚、交流、管理以及从事生活生产活动的基本单位。自然村组则是最小人居聚落单元，是人类适应自然环境生存演化形成的原始聚居点。村庄由多个自然村组组合形成。

1.1.3 小城镇

小城镇不仅是一类空间地域，也是一个行政层级，更是一种城乡聚落发展形态，理解小城镇的基本内涵是学习村镇规划理论与方法的基础。

（1）不同学科的小城镇释义

当前国内学术界对于小城镇的释义各有差异，其中：

1）行政管理学：认为在经济统计、财政税收、户籍管理等诸多方面，建制镇与非建制镇都有明显区别，小城镇通常只包括建制镇这一地域行政范畴。

2）社会学：小城镇是一种社会实体，是由非农人口为主组成的社区。费孝通在《小城镇，大问题》一文中，把"小城镇"定义为"一种比农村社区高一层次的社会实体"，"这种社会实体是以一批并不从事农业生产劳动的人口为主体组成的社区。无论从地域、人口、经济、环境等因素看，它们都既具有与农村社区相异的特点，又都与周围的农村保持着不能缺少的联系。我们把这样的社会实体用一个普通的名字加以概括，称之为'小城镇'"。

3）地理学：将小城镇作为一个区域城镇体系的基础层次，或将小城镇作为乡村聚落中最高级别的聚落类型，认为小城镇包括建制镇和自然集镇。

4）经济学：小城镇是乡村经济与城市经济相互渗透的交汇点，具有独特的经济特征，是与生产力水平相适应的一个特殊的经济集合体。

5）城乡规划学：依据《中华人民共和国城乡规划法》，"镇"指的是经国家批准设镇建制的行政地域。按照现行国家标准《镇规划标准》GB 50188—2007 中规定，"镇"是指经省人民政府批准设置的镇；该标准适用于全国县级人民政府驻地以外的镇规划。均未对"小城镇"做出具体释义。在《城乡规划学名词》中，仍然未对"小城镇"作出界定，只依据《城乡规划法》和《村庄和集镇规划建设管理条例》分别对"镇"和"集镇"作出定义。镇的定义为："①依法设定镇建制的行政区域，即建制镇。②规模较小的城市型聚落。"集镇的定义为："①乡级人民政府所在地的村。②由集市发展形成的，作为农村一定地域经济文化和生活服务中心的聚落。"

（2）本书对小城镇的定义

由于现阶段对小城镇的定义尚未形成统一的概念，也没有明文的规定，考虑到小城镇是介于城市与乡村居民点之间的、兼有城与乡特点的一种过渡型居民点，本书从小城镇规划及其研究角度，界定小城镇主要指县城关镇以外的建制镇以及规划期内将升级为建制镇的集镇。

此外，参照《统计上划分城乡的规定》（国务院于 2008 年 7 月 12 日国函〔2008〕60 号批复），第四点规定"与政府驻地的实际建设不连接，且常住人口在 3000 人以上的独立的工矿区、开发区、科研单位、大专院校等特殊区域及农场、林场的场部驻地视为镇区。"本书酌情延伸研究上述具有一定规模的聚落。

1.1.4　镇村体系

镇村体系是指一定地域范围内村庄和集镇共同组成的有机联系的整体。乡村聚落数量众多，如在一个县内，除县城和少数建制镇外，还有若干集镇及大量村庄，这些村镇规模大小不一，分布地域不同，职能和特点也不一样，根据其人口规模、经济职能、服务范围等因素可将县域内的村镇分为若干等级，等级越高，规模越大，其影响地区越广，数量则越少。不同等级的村镇间往往存在着紧密联系，从而在空间上构成一个具有一定特点的镇村体系。分析研究镇村体系的合理结构与空间布局，对村镇规划与建设工作具有重要意义。

1.1.5　村镇规划

村镇规划是指导村镇建设的依据，是镇（乡）规划与村庄规划的统称。村镇规划一般分为村庄、镇总体规划和村庄、镇详细规划两个部分。村镇规划是为了实现村镇的经济和社会发展目标，确定村镇的性质、规模和发展方向，协调村镇布局和各项建设而制订的综合部署和具体安排，是村镇建设与管理的根据。

1.2　村镇的形成与发展

1.2.1　1949 年之前

（1）早期工业化时期（1840~1911 年）

一般认为，中国传统、封闭的社会结构开始发生重大的变化，开启现代化进程，始于 1840 年的鸦片战争爆发之后。从鸦片战争到 1911 年的辛亥革命之间的数十年中，中国的乡村社会基本上保留了传统农业社会的特征。但是随着现代化进程的推进，以及在各种现代性因素的作用下，中国的乡村与集镇新的特征也逐渐开始显现。

城乡关系开始逐渐由相互依存向分离转变，由原来传统的自然经济为主的一元社会结构开始向传统生产方式与现代生产方式、大部分农业和小部分工业、自然经济和微弱的市场经济以及农村与城市同时并存的二元社会结构过渡。农村人口缓慢增长，1873 年农村人口约为 3.5 亿 ~4 亿，1913 年人口总数在 4.1 亿 ~4.68 亿之间，人口增加了 17%，年均增加低于 0.5%，但由于战争原因，人口在某些时期有所减少。

由于资本主义生产关系的发展，商业资本渗透到农村手工业中，农村商业和手工业有了较大的发展。

早期工业化时期中国乡村社会政治是自治政治，国家的行政权力的边陲是县级，县以下是以保甲制度为基础的、以绅权和族权为纽带的自治。广大乡村政治是以宗族组织为基础的，因此在这一时期宗族势力作为乡村社会的一种秩序得到了进一步的发展。这一秩序的直接控制者由地主、士绅组成，同时这些地主、士绅也是当时农村社会的主导。宗族势力现象构成了当时中国乡村社会的外观形态。

（2）民国时期（1912~1949 年）

民国时期的乡村社会经济发展缓慢，与早期工业化时期相比，乡村人口占全国城乡人口的比例变化不大，1920 年约为 90%，1936 年约为 88%。乡村的知识分子开始大量涌入城市，城市成为知识分子们生活、学习、工作的场所，乡村里大部分留下的都是老人、妇女、儿童，这一时期我国的乡村开始出现人才匮乏、教育落后的景象，乡村的文化生态结构开始蜕化，城乡之间差距开始逐渐拉大。

传统中国所奉行的家长制的权威与地位开始遭受巨大的挑战，与此同时，在家庭中子女的地位开始发生变化，民主、自由、平等的观念开始深入人心。由于乡村的知识青年向城市单向流动，乡村的社会发展开始衰败，社会秩序以及自治性亦不复存在。中国乡村社会发生了千年以来的大变迁，乡村社会的权势开始被土豪劣绅、恶霸乘机窃取。

中国乡村的基层权力结构在 20 世纪前半期发生了两大历史性变革：由于科举制度的废除，乡村的知识青年向城市单向流动而引发的乡村社会权势的蜕变；国家由王朝向政党转型，当时政府企图加强对乡村的主导与控制，但是由于没有解决好乡村财政和乡村管理两大至关重要的问题，造成了民国时期乡村基层政权与村民矛盾尖锐。

1.2.2　1949~1978 年

1949 年中华人民共和国成立，开始对社会主义现代化道路进行初步的探索，全社会的组织化程度较高，社会动员能力较强。到 1978 年的改革开放，这一期间经历了土地改革、合作化、人民公社化运动等一系列重大历史事件，对中国乡村社会结构、社会变迁产生了深远的影响。

随着 1949 年以后的土地改革，大多数农民分得了属于自己的土地，农民对这些土地拥有经营、买卖、出租等权力，大大地激发了农民生产劳动的积极性，农业生产得以快速发展。但是随着合作化、人民公社化运动的进行，经历了互助组、初级社、高级社的形式，土地归集体所有，土地制度在短短数十年中经历了由"地主阶级封建剥削的土地所有制"到"农民个体土地所有制"再到"社会主义集体所有制"

的变化。

此外，为了劝阻农村人口盲目向城市流动，1949年后中国还实行了户籍制度，因此城乡二元结构在这一阶段被强化，1952年起逐步完善户籍制度，并增强户籍制度的执行力度。1958年制定的《中华人民共和国户口登记条例》标志着国家改自由迁徙政策为控制城市人口规模政策。1957~1978年，城市人口比重增长仅2%，城市化水平停滞不前。

农村组织化程度也逐渐加强，中华人民共和国成立初期以乡、村为农村的基层组织。1954年，乡为农村基层政权组织，村为乡政府的辅助或派出机构。而到了1956年，农村的基本经济组织为农业生产合作社，再后来的人民公社时期乡政府又被取消，人民公社成为当时最重要的经济组织，形成了"政社合一、五位一体"的国家在乡村最基层的政权组织。

1.2.3 改革开放以后

（1）小农经济为主体的家庭联产承包责任制阶段（1979~2001年）

党的十一届三中全会以后，在解放思想、实事求是精神的鼓舞下，中国农民创造了以家庭承包为主要形式的包产到户、包干到户等生产责任制。家庭联产承包责任制的实行，明确了以农户为主体的土地承包关系，真正地实现了分田到户，使中国广大农民获得了充分的经营自主权，极大地调动了农民的积极性，解放和发展了农村生产力。

随着农民生产积极性的提高，全国的农业生产效率在较短时间内得到了快速地提升，农民的生活水平也有了显著提升，同时为工业化、城镇化、现代化奠定了良好的基础。改革开放以后乡镇企业快速发展，异军突起，形成了"离土不离乡，进厂不进城"的乡村经济发展模式，但是此阶段的中国城镇化、工业化发展仍然是靠着农户农业生产积极性提升带来的红利支撑。在产业结构方面，随着城市化、工业化快速推进，农业在国民生产总值的比重呈逐渐下降的趋势。城市与乡村之间的差距开始扩大，"三农"问题开始得到广泛关注。

（2）城市反哺农村的城乡统筹发展阶段（2002~2012年）

由于在过去很长时间中国重城市、轻农村，"城乡分治"，伴随着工业化、城镇化的推进，出现了乡村发展的主体呈现老弱化、资源利用率低、环境污染等乡村问题，同时乡村"老龄化""空心化"问题开始逐渐凸显。"三农"问题开始成为中国社会发展需要解决的突出问题。针对于此，党的十六届三中全会《中共中央关于完善社会主义市场经济体制若干问题的决定》提出了"统筹城乡发展、统筹区域发展、统筹经济社会发展、统筹人与自然和谐发展、统筹国内发展和对外开放"五个统筹的新要求，以期建立解决城乡二元结构的体制机制。同时从2006年起废止《中华人民共和国农业税条例》，标志着我国沿袭两千年之久的农业税收的终结。这不仅是解决"三农"问题的重要举措，还减轻了农民的负担，增加了农民的公民权利，同时还符合"工业反哺农业"的发展趋势。农民的生产积极性再次被激活，以社会主义新农村建设为代表的一系列支农惠农的实施，加之科学技术的进步，促使农业生产效率得到了快速提升。但是由于历史原因，我国乡村基础设施确实比较薄弱，城乡的公共服务水平差距依然较大，在地域之间的差异体现亦十分明显，沿海地区已经开始逐渐重视对于乡村人居环境的改善，而在中西部地区乡村的发展、村民的生活水平还较为落后。

（3）城乡融合发展与乡村振兴阶段（2013年以来）

随着我国综合国力的不断提升，国家对乡村发展高度重视，对农业农村投入的逐年增加，乡村的社会面貌和农民的生活水平均发生了翻天覆地的变化，农村的社会事业取得长足发展，同时基本实现了农村社会保障制度全覆盖。要实现全面建成小康社会目标，建设美丽中国，关键是要促进乡村发展，但是当前我国乡村发展仍然面临巨大挑战，乡村"老龄化""空心化"等乡村问题不容乐观。

为了有效缓解"三农"问题，国家陆续实施了新型城镇化、美丽乡村建设、农业供给侧结构性改革、精准扶贫等系列政策措施，旨在重构乡村"三生"空间、推进城乡"等值化"发展、保护传统文化传承与乡村治理。然而，我国的乡村集体经济普遍薄弱，产业组织化、规模化程度较低，同时缺乏对乡村集体产业科学的管理等问题依旧突出，城乡均衡协调发展仍未达到预期目标。

国家精准扶贫政策实施以来，乡村的基础设施与人居环境得到了显著改善，返乡创业群众人数增加，总体来看，乡村的发展取得了一定的成效，但是乡村主体老弱、乡村产业初级、生态环境脆弱、治理能力低下等问题仍不容忽视。为此，党的十九大在总结城乡发展关系的基础上，审时度势地提出了乡村振兴战略，并从政策层面积极推进城乡融合发展，乡村发展重点转向挖掘乡村潜力，培育新型经营主体，发展特色优势产业、优化重组乡村地域系统结构功能，重塑社会、经济、文化、生态价值，实现城乡融合发展。

1.3 改革开放后村镇规划的发展历程

1978年12月安徽省凤阳县小岗村率先发起以"包产到户，包干到组"等为主要形式的农业生产责任制，揭开了我国农村经济体制改革的序幕。党的十一届三中全会后，家庭联产承包责任制在全国得以确立和推广，实现了人民公社制到双层经营体制的转变，既发挥了集体的优越性，又提高了个人的积极性。同时，也完成了由"政社合一"到"乡政村治"（乡镇建立基层政权，乡以下的村通过村委会自治）

的制度框架转变。随后，撤并乡村、乡镇机构改革等一系列举措逐步完善了农村与乡镇的结构。1983 年，社队企业改制为乡镇企业，开始异军突起，迎来了一段黄金发展期，吸纳了大量的农村剩余劳动力，拉开了村镇高速发展的帷幕。

1.3.1 村镇规划初步开展（1978~1993 年）

（1）村镇规划初步发展期——以房屋建设为主（1978~1987 年）

1979 年第一次全国农村房屋建设工作会议在青岛召开，会议提出"全面规划、正确引导、依靠群众、自力更生、因地制宜、逐步建设"的方针用以指导农民建房，提出对农村房屋建设进行规划，并在国家基本建设委员会中设立农村房屋建设办公室负责此项工作。青岛会议的精神充分调动了广大农民的建房积极性，于是在全国范围掀起第一次建设热潮。1981 年，又在北京召开第二次全国农村房屋建设会议，提出把单一的农村房屋建设工作扩大为村镇建设范畴，进行统一规划，综合建设，花两三年时间把全国（近 5 万个镇和 400 万个村）的规划搞起来。1982 年 1 月，国家建委与国家农委联合发布《村镇规划原则》，提出村镇规划分为总体规划和建设规划，村镇总体规划成果包括"两图一书"（公社现状总平面图，公社范围和村镇总体规划图和村镇总体规划说明），村镇建设规划成果包括"三图一书"（村镇现状总平面图，村镇建设规划总平面图，各项工程设施规划和竖向设计图，村镇建设规划说明书）。引导了大规模的小城镇和村庄的规划，遏制了房屋建设乱占耕地的风气，但由于缺乏技术力量、基础资料及现成的规划方法，规划整体水平并不高。1983 年，为培养人才，提高规划质量，在全国范围内开展了自下而上的逐级评议规划竞赛，激发了各地对村镇规划的广泛探索。

（2）村镇规划补充完善期——以集镇规划建设为主（1987~1993 年）

规划人员在初期的农村调研中逐步认识到：由于商品经济的发展和乡镇企业的崛起，村镇的相关性越来越高，单个村规模太小，不能适应现代生产生活的功能要求，对镇形成了越来越强的向心力和依赖心。由镇带动村的发展，人口向镇上集中已成客观必然，因此要加强镇及村镇间联系设施的建设，使镇村体系的整体性增强。为此，建设部于 1987 年 5 月出台文件，要求以集镇为重点分期分批地调整完善村镇的初步规划。1990 年出台《村镇规划编制与审批办法》，将村镇的规划从空间范围上划分为三个层次，即乡（镇）行政辖区范围的镇村体系布局、镇区与村本身的规划、镇重点地段建设的规划。1993 年的《村庄和集镇规划建设管理条例》提出了要改善村庄、集镇生产生活环境，标志着村镇规划开始进入规范化发展和法治化建设阶段。同年，建设部与国家技术监督局一起发布了第一个关于村镇规划的国家标准《村镇规划标准》GB 50188—1993，按照各个村镇在居民点体系中的地位与职能，该标准将其分为基层村、中心村、一般镇、中心镇 4 个层次。

1.3.2 村镇规划调整完善（1993~2001 年）

（1）以小城镇为重点的村镇建设时期——以建制镇规划建设为主（1993~2003 年）

1993 年 10 月召开了全国村镇建设工作会议，确定了以小城镇建设为重点的村镇建设工作方针，提出了到 20 世纪末中国小城镇建设发展目标。随后，建设部等六部委联合颁布了《关于加强小城镇建设的若干意见》（建村〔1994〕564 号），成为小城镇建设的指导性文件。1995 年 6 月，建设部颁布《建制镇规划建设管理办法》，明确了建制镇规划为促进乡镇企业适当集中建设、农村富余劳动力向非农产业转移，加快乡村城市化进程服务。同年，全国展开了推进乡村城市化进程的"625 试点工程"，其中的"5"是指 500 个小城镇建设试点。

1998 年，国家提出"发展小城镇是带动农村经济和社会发展的一个大战略"，并提出"要制定和完善小城镇健康发展的政策措施，要合理布局，科学规划，重视基础设施建设，注意节约用地和保护环境"。2000 年 2 月，建设部发布施行《村镇规划编制办法（试行）》，提出村镇规划的完整成果包括村镇总体规划和村镇建设规划，最终成果体现为"六图及文本、说明书及基础资料汇编"，开始强调近期建设；确定镇总体规划包含镇域体系规划、驻地总体规划两个层面，镇总体规划成果直接指导镇的具体建设活动。2000 年 7 月，中共中央和国务院出台了《关于促进小城镇健康发展的若干意见》，提出小城镇规划要"注重经济社会和环境的全面发展，合理确定人口规模与用地规模，既要坚持建设标准，又要防止贪大求洋和乱铺摊子"。

这一时期，村镇规划特点为从国家和农村发展的战略高度，以推进农村工业化、农业现代化、农村城镇化为目标，重点加强对小城镇的规划建设与管理。小城镇带动了农村建设和城镇化发展，农村出现了第二次建设高潮。

（2）以城市为主导的农村物质环境建设期——社会主义新农村建设（2001~2016 年）

2001 年中国加入 WTO 后，市场活力得到了更大程度的释放，再加上分税制改革的后续影响，使得多数乡镇企业在与资本及拥有现代化经营模式的公司的较量中败下阵来，其释放的劳动力逐步向城市转移。由此，镇对村的吸引力相对减弱，村镇关联程度亦相对弱化，城市与乡村联系则日趋紧密，而小城镇被跃层孤立，更多的是为乡村提供服务功能并维持乡村的稳定。同时，全球化也对农业农村发展有一定的冲击，促使农业提高生产效率，向优质、高效、高质量转型，再加上城乡差距逐步加大的外部因素，使"三农"问题受到广泛关注。

2003 年，十六届三中全会提出"统筹城乡发展"的战略，逐步改变城乡二元思维，树立工农一体化经济发展思路。2004 年，中央一号文件重新开始关注"三农"问题，以促进农民增收为主题提出"多予、少取、放活"的方针，由此拉开了连

续 15 年 "三农"一号文件的序幕。2005 年，十六届五中全会提出"社会主义新
农村建设"的发展战略，按照"生产发展、生活富裕、乡风文明、村容整洁、管
理民主"的要求建设新农村，并着力改善农村基础服务设施。2007 年，建设部出
台《镇规划标准》GB 20118—2007，完善了村庄规划标准。2008 年 1 月，《中华
人民共和国城乡规划法》（简称《城乡规划法》）出台，确立了乡规划和村庄规划
的法律地位。同年 6 月，建设部出台了《村庄整治技术规范》GB 50445—2008，
用于指导我国村庄建设的长远发展。该技术规范突出村庄环境整治规划，通过"三
图、三表一书"指导村庄建设。2013 年，国家提出建设"美丽乡村"，并在各地
展开中国最美休闲乡村和中国美丽田园推介活动，逐步加强农村的人居环境建设。
2014 年 1 月，国家提出精准扶贫政策，要求加强农村基础设施建设，改善生产生
活条件，强化产业扶贫措施，实现共同富裕。2014 年 7 月，住房和城乡建设部发
布《村庄规划用地分类指南》，加强了对村庄用地的管理，提高了村庄规划的准确
性和规范性。

1.3.3　村镇规划系统性发展（2016 年至今）

2016 年 5 月，住房和城乡建设部发布《关于开展 2016 年县（市）域乡村建设
规划和村庄规划试点工作的通知》，要求开展县（市）域乡村建设规划编制试点，
建立以县（市）域乡村建设规划为依据和指导的镇、乡、村庄规划编制体系，统筹
安排乡村重要基础设施和公共服务设施建设。2016 年 10 月，在供给侧改革、城乡
统筹发展的背景下，为增强村镇的内生动力，国家发展改革委（简称"发改委"）
发布《关于加快美丽特色小（城）镇建设的指导意见》，大力推进特色小（城）镇
的建设，引导有资源的小城镇和地区特色化发展。2017 年 2 月，中央一号文件要求
深入推进农业供给侧结构性改革，并将"田园综合体"作为乡村新型产业发展的亮
点措施，使乡村产业能够"接二连三"发展。2017 年 10 月，党的十九大报告中提
出实施乡村振兴战略，要坚持农业农村优先发展，按照产业兴旺、生态宜居、乡风
文明、治理有效、生活富裕，建立健全城乡融合发展机制，加快推进农业农村现代
化。2018 年 1 月，中央一号文件《中共中央国务院关于实施乡村振兴战略的意见》
进一步完善了乡村振兴战略的顶层设计。2018 年 9 月，住房和城乡建设部发布《关
于进一步加强村庄建设规划工作的通知》，提醒村庄规划要避免"一刀切"和"齐
步走"，同月，中共中央国务院印发《乡村振兴战略规划（2018—2022 年）》，推动
乡村振兴战略实施，并提出推动乡村产业振兴、建设生态宜居美丽乡村，繁荣发展
乡村文化、健全乡村治理体系、保障改善农村民生的系统性要求及"三步走"的长
远性谋划。

1.4 村镇规划的发展趋势

1.4.1 精简优化的体系构建

面对村镇规划以邻为壑、政出多门、缺乏统筹的现实问题，2019年《中共中央 国务院关于坚持农业农村优先发展做好"三农"工作的若干意见》提出编制"多规合一"的实用性村庄规划，实现规划管理全覆盖，以县为单位抓紧编制或修编村庄布局规划。按照先规划后建设的原则，通盘考虑土地利用、产业发展、居民点建设、人居环境整治、生态保护和历史文化传承，注重保持乡土风貌，并加强农村建房许可管理。

而在镇层面，2019年5月，在自然资源部部门整合的基础上，国务院发布《中共中央 国务院关于建立国土空间规划体系并监督实施的若干意见》，提出国土空间规划"四梁八柱"的构建，可归纳为"五级（国家、省、市、县、乡镇）三类（总体规划、专项规划、详细规划）四体系（规划编制审批、规划实施监督、法规政策、技术标准）"，其中，乡镇级总体规划作为基层单位的总体规划强调其战略性的内容；村庄规划则体现在城镇开发边界外的详细规划中，强调其建设性的内容。

因此，在国土空间规划改革背景下，村镇规划的框架体系将进一步精简优化，强调纵向层级传导，突出镇域统筹、村镇联动，如在镇域国土空间总体规划中，主要优化镇村体系结构，划定三区三线；在村庄规划中，通过综合整治引导、基础设施配套、房屋建设指导来优化用地布局，提升人居环境，并可因地制宜地制定村规民约，加强规划的可实施性。

1.4.2 有效实用的功能完善

村镇规划有着长期性与阶段性并存的矛盾，其发展是一个连续长期的过程，需要本着能用、管用、好用的原则，走好现阶段的每一步，奠定未来发展的基石。2018年，中共中央国务院印发《乡村振兴战略规划（2018—2022年）》，同年，中央农村工作会议按照两个一百年奋斗目标的战略安排，提出乡村振兴战略"三步走"任务，即到2020年，乡村振兴取得重要进展，制度框架和政策体系基本形成；到2035年，乡村振兴取得决定性进展，农业农村现代化基本实现；到2050年，乡村全面振兴，农业强、农村美、农民富全面实现。而由于地域的特殊性，村镇规划的对象千差万别，村镇规划的内容及侧重需因地施策地找到自己的路子；由于受现阶段区域整体发展水平限制，村镇规划也应与当地的整体发展能力相匹配。

因此，村镇规划要考虑目标导向，传导上位规划的要求，也要寻到一条通往目标的路径，更要把握村镇区别于城市的特殊性，遵循问题导向，针对村镇的实际需求，面向管理与实施，思考规划为谁？谁用？谁管？谁建？村镇规划特别强调进行驻村调查，听取村民意见，充分尊重村民意愿，以更好地解决村镇的现实问题，使规划能够更好地管理和实施。在规划成果上，可结合地方政策引导和建设实际需求，确定基本内容、可选内容及其他内容，让不同地区村镇发展根据自身条件和发展目标明确规划编制必选动作、建议动作和自选动作。

1.4.3 生态本底的观念引导

近年来，生态文明战略得到国家高度重视。2017 年，党的十九大报告明确提出"必须树立和践行绿水青山就是金山银山的理念"。2018 年，十三届全国人大一次会议将生态文明写入宪法，生态文明的优先级不断提高。具体落实在村镇规划中，以国土空间规划为背景，主要体现在"双评价"这一技术性的前置工作上，以及政府、规划师、村民等相关人员的价值观转变上。

2019 年 3 月，全国两会强调坚持底线思维，以国土空间规划为依据，把"三区三线"作为推进城镇化不可逾越的红线。"资源环境承载能力评价"和"国土空间开发适宜性评价"的重要性日益凸显，强调摸清区域家底、提供编制依据，并能承担辅助决策等职责。其分为国家、省级（区域）、市县三个尺度层级，包含陆域和海域两大空间载体，并自上而下进行传导。资源环境承载力评价主要体现资源环境对人类活动的供容能力，强调"约束性"；国土空间适宜性评价主要体现资源环境是否适宜不同的人类开发活动，强调"发展性"和"适宜性"。而在价值观的转变上，村镇规划要秉承生态优先的原则，尊重自然生态环境，实现人与自然和谐相处，促进可持续发展。

1.4.4 科学合理的技术应用

定量的数据分析能够更好地辅助村镇规划，为村镇规划提供决策支撑，使村镇规划更加客观，更具说服力。制作工作底图应在国土调查数据的基础上，按照国土空间用地用海分类标准，统一采用 2000 国家大地坐标系和 1985 国家高程基准作为空间定位基准，形成坐标一致、边界吻合、上下贯通的工作底图。在实际工作中，工作底图数据还可将最新土地变更调查数据、农村地籍调查数据、地理国情普查及监测数据，以及现场探勘调研数据作为补充参考数据，形成多类型数据叠加的工作底图，方便规划成果的编制。同时，村镇规划成果应纳入国土空间基础信息平台实施统一管理和监督，为规划成果全生命周期管理奠定基础。

参考文献

[1] 刘继来，刘彦随，李裕瑞 . 中国"三生空间"分类评价与时空格局分析 [J]. 地理学报，2017，72（7）：1290-1304.

[2] 文琦，郑殿元，施琳娜 .1949—2019 年中国乡村振兴主题演化过程与研究展望 [J]. 地理科学进展，2019（9）：1272-1281.

[3] 何兴华 . 中国村镇规划：1979—1998，城市与区域规划研究 [J]. 2011，4（2）：44-64.

[4] 何兴华 . 规划学在乡村开花结果——村镇规划十年回顾与初步展望 [J]. 小城镇建设，1992（2）.

[5] 彭震伟，陈秉钊，李京生 . 中国小城镇发展与规划回顾 [J]. 时代建筑，2002（4）：21-23.

[6] 邹艳丽，刘海燕 . 我国村镇规划编制现状、存在问题及完善措施探讨 [J]. 规划师，2010（06）：69-74.

[7] 李兵弟 . 改革开放三十年中国村镇建设事业的回顾与前瞻 [J]. 规划师，2009（01）：9-10.

[8] 魏书威，王阳，等 . 改革开放以来我国乡村体系规划的演进特征与启示 [J]. 规划师，2019（16）.

第 2 章

村镇规划相关理论

村镇的复杂性要求规划者必须具有系统的理论观，进而做出科学的规划决策。纵观国内外村镇规划的理论思辨与实践探索，当前"村镇规划理论"已经形成一个庞杂的理论体系，并由于研究领域的分化而形成三类理论集群，包括"村镇的理论"（Theory of Town and Villages）、"村镇规划的理论"（Theory of Town and Rural Planning），以及"村镇规划中的理论"（Theory in Town and Rural Planning）。"村镇的理论"是指从空间、社会、经济、文化等多维视角出发，围绕村镇、村镇要素、村镇发展等特定内容展开的理论探索，是全面认识村镇不同要素及其内在机理的理论基础，但一般不讨论具体的规划内容。"村镇规划的理论"是围绕"村镇规划"行业本身的理论，主要包括"村镇规划"的历史发展、社会功能、工作程序等内容，是用来规范行业发展的规范性理论。"村镇规划中的理论"则从村镇规划本体出发，针对村镇规划的具体操作程序、编制过程与方法等内容展开学术讨论，是指导具体村镇规划编制的技术型理论工具。

2.1　村镇的理论

2.1.1　村镇的空间

　　村镇，指农村聚落与集镇及其周围空间地域，是一个社会、经济、文化、生态都有别于城市，覆盖小城镇、乡村集镇、农村三类空间单元的地域空间聚合体。从我国城乡规划体系及其内容来看，村镇空间的认知主要包括社会、经济、文化、生态等多类型空间系统与"三生"（生产、生活、生态）空间两类解释维度。

（1）空间系统论

作为各类社会、经济、文化活动相交织的复杂地域,村镇的空间也必然是复杂的。科学认识村镇空间是开展村镇空间规划的重要基础。村镇空间系统源于城市空间系统论,是指社会、经济、文化等各类物质要素及其关联系统在村镇地域范围内的空间投影及空间关系的总和。而与城市空间系统的高集聚特征不同,村镇空间系统呈现小集中、大分散格局,其系统内部结构相对简单。早期地理学派从村镇地域空间的居民点空间布局、聚落形态等内容出发,重点关注村镇土地利用格局与社会经济活动的空间分异特征,提出诸如农业区位论、乡村地理学等学说。而后农村经济学、社会学、生态学等多学科学者将村镇空间系统理论研究拓展至村镇社会结构、经济产业、历史文化、生态环境等多个领域,逐渐形成覆盖村镇所有物质要素与非物质要素的系统理论。

当前,国内外对村镇空间系统的认知主要有两类。一类从空间功能要素出发,将村镇空间系统划分为村镇生活空间系统、生产空间系统和生态空间系统;一类从空间属性维度出发,将村镇空间系统划分为社会空间系统、经济空间系统、文化空间系统与生态空间系统（表2-1）。前者强调村镇空间系统是村镇生命体得以延续的重要物质保障;后者则明确了村镇空间系统内部存在着复杂而又密切的关系网络（图2-1）。阿隆·开勒曼（Aharon Kellerman）在著作 *Time, Space and Society* 中曾指出:无论是城市空间还是乡村空间,都是在不同的发育阶段中,由其社会、经济、文化、生态等发展需求所规定而形成的。伴随着村镇社会经济等要素变迁,传统村镇社会、经济与文化结构发生系统变化,造成村镇空间系统的转变。如我国中部地

空间属性维度的村镇空间系统分维解释 表 2-1

空间子系统	含义	类型	特征
社会空间	以村镇居民为主体,承载生活居住、社会交往、公共活动等各类日常活动的空间载体	村镇家庭、邻里、社区等地域性空间实体	村镇主体建成空间,空间联系紧密,趋同化,无分异
经济空间	以村镇内部各类经济生产单元为中心,包含各类生产行为、经济活动及其外部联系的地域空间范围	大型商店、农贸市场、商业街、餐厅、理发店等	城镇:规模化、同质化、类型化、市场化;村庄:小规模、散点式
文化空间	村镇内部实施各类文化教育、文化普及、文化传承的空间场所	文化馆、文化站、祠堂、学校等	数量少、规模小,意义大,是村镇内部治理的重要空间与工具
生态空间	村镇地域范围内承载所有生态系统、维持生态平衡、贡献生态产出的各类空间总和	山、水、林、湖、草及村镇内部公园等自然空间	范围大,面积广,是村镇一切社会经济文化活动的基础

村镇规划理论与方法

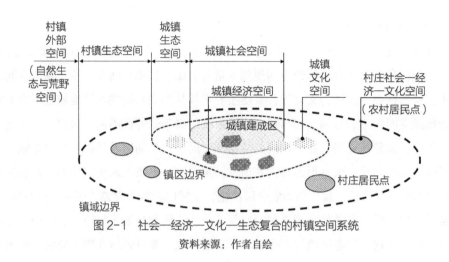

图2-1 社会—经济—文化—生态复合的村镇空间系统

资料来源：作者自绘

区村镇，早期宗族式村镇的"原子化"布局结构在市场化作用下瓦解，并逐渐向沿路带状、网格状和多中心结构转变。

（2）"三生"空间论

"三生"空间是指生态、生产和生活三种功能空间，涵盖了生物物理过程、直接和间接生产以及精神、文化、休闲、美学的需求满足等，是自然系统和社会经济系统协同耦合的产物。其中，生产空间与产业结构有关，是以提供工业品、农产品和服务产品为主导功能的区域，含工矿建设区域和农业生产区域；生活空间与承载和保障人居有关，是以提供人类居住、消费、休闲和娱乐等为主导功能的区域，含城市、建制镇和农村居民点空间，也是地域文化产生的主要场域；生态空间与自然本底有关，是以提供生态产品和生态服务为主导功能的区域，在调节、维持和保障区域生态安全中发挥重要作用。"三生"空间之间相互作用、相互联系，并遵循着一定的逻辑关联，共同构成了一个整体性系统（图2-2）。

党的十八大报告将优化国土空间开发格局作为生态文明建设的首要举措，并提出"促进生产空间集约高效、生活空间宜居适度、生态空间山清水秀"，这标志着国土开发方式将从以生产空间为主导转向生产、生活、生态空间相协调，"三生"空间成为认知村镇空间的重要解释维度。

（3）人地关系论

人地关系是指人类社会及其活动与自然环境之间的相互关系，包括两者之间的相互影响和反馈作用。其中"人"是指从事社会生产活动的个体和群体，具有自然和社会双重属性，"地"是指人类生活的地理环境，既包括自然环境也包括人文环境。人地关系的形成是以人类的出现为前提，以人类劳动方式为手段，以物质技术为中介而构建的。人地关系论是人们对人地关系的认识论，即在认识论层次上对人地关系问题的总的看法，是人们对人地关系进行价值评判的理论依据，对人类的实践活

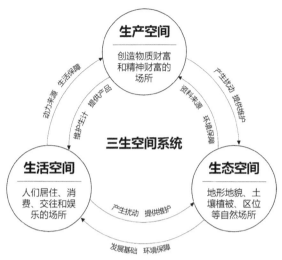

图2-2 村镇"三生"空间系统构成图示

资料来源：作者自绘

动起指导作用。随着人类主观能动性的不断提高及对地理环境客观规律性的逐步认识，人地关系论经历了从古代朴素的人地关系思想（如天命论、人地相称）到近代的地理学中的人地关系理论（如地理环境决定论、人地相关论、适应论、生态调节论、文化景观论、地理系统论）再到协调论、和谐论及可持续发展观的转变。

在村镇地域范围内人地关系的研究对象上，可以按尺度分为微观、中观、宏观三个层次，其中微观层次研究人类与集体土地的关系，将村镇人地关系中"人""地"的具体对象锁定为农村农动力与被利用的集体土地，并总结出乡村人地关系的三种基本关系（依存关系、数量关系及空间关系）、两项基本评价（协调性评价、变动性评价）、四类典型特征（集聚式、轴带式、放射式、散点式）。中观层次研究人类与土地资源的关系，指出人地关系的基本问题是研究人与土地资源之间占有、承载、需求、供给等方面的相互关系，并在快速城镇化的时间领域和小城镇的空间领域内，从"人地矛盾"的现象入手，分析出城镇化背景下小城镇人地关系的结构性、供需性、行为性及阶段性问题。此外，土地利用/覆被变化、土地整理及土地优化配置、土地评价以及土地产权也是土地资源常见的研究内容。宏观层次则是研究人类与资源环境的关系，将城镇化看作是"人"的一种特殊类型，将资源环境承载力看作是"地"的一种特殊类型，将两者的关系视作复杂性的系统问题和自组织现象。

2.1.2 村镇的社会

中国村镇社会是一个处于不断变化之中，却又不断固化的社会形态。变化是伴随着农村经济产业结构转型引发的人口流动与社会重组；固化则表现为传统村镇熟人社会与小家庭社会对村镇生产生活行为的统一支配。

（1）流动的村镇

改革开放以来，伴随着村镇劳动力向城市转移，中国出现大范围的村镇人口流动现象，进而形成"流动的村镇"这一社会形态。村镇人口流动是破解"三农"问题的基础。从各国的历史来看，村镇人口流动在国家的发展中扮演了战略性的角色，一般出现大规模的村镇人口向城市流动，村镇劳动力向非农产业转移，这是经济发展和现代化进程中必由之路，村镇人口向非农业部门的流动可推动一个国家的现代化、工业化和城镇化发展。随着我国实行改革开放和推行现代化的政策，以及加大消除城乡二元结构、城乡一体化统筹发展和对农村人口转移的相关政策放宽，我国农村人口流动现象日趋显现。

村镇人口流动是个长期并且复杂的过程，受到经济、社会等多方面因素的影响。2018年我国的城镇化率为59.58%，农村人口向城市的流动对经济结构和社会结构产生了深远的影响，如对城市的发展和农村的发展，使农村生产方式、生活方式发生了改变。传统人口流动理论的解释理论包含四部分内容（表2-2）。

（2）熟人的交往

20世纪50年代，费孝通先生在其著作《乡土中国》一书中提出"熟人社会"概念，认为中国传统社会有一张复杂庞大的关系网，村镇的社会归根结底是一个由复杂关系网交织而成的熟人社会。在中国的村镇社会中，熟人很大程度上与血

村镇人口流动理论解释模型   表2-2

模型名称	提出者/时间	理论特点	理论改进与突破
刘易斯二元经济结构理论	刘易斯（W. A. Lewis，1954）	阐述了"两个部门结构发展模型"的概念，揭示了发展中国家并存着传统的自给自足的农业经济体系和城市现代工业体系两种不同的经济体系，这两种体系构成了"二元经济结构"	—
刘易斯-费景汉-拉尼斯劳动力模型/理论	费景汉、拉尼斯（H. Fei & G. Ranis，1964）	在古典主义的框架下分析二元经济问题的经典模型。揭示了二元经济发展中劳动力配置的全过程，更重视工业与农业两个部门的平衡增长	修正了刘易斯模型中的假设，在考虑工农业两个部门平衡增长的基础上，完善了农业剩余劳动力转移的二元经济发展思想
乔根森模型	乔根森（D. Jogenson，1967）	在一个新古典主义的框架内探讨工业部门和农业部门的发展问题	将利润最大化和竞争性劳动力市场引入刘易斯的二元结构模型；将经济发展的生长点由刘易斯模型的现代工业部门转到了农业发展上
托达罗模型	哈里斯特和托达罗（Harrist & Todaro，1970）	模型中所使用的假定条件更能贴近发展中国家的现实，拓展了发展中国家产业间的劳动力流动理论	纠正了刘易斯忽视农业发展和只注重农村劳动力流入城市对经济发展积极作用的诸多不足

缘和地缘有着较深的联系。人与人之间的关系建立在"亲亲"的观念之上，按血缘浓度的深浅确定关系的亲疏近远，在此基础上再由一根根私人关系交织成网络。在这样"亲亲"观念的前提下，熟人的交往是以互惠互利为基本原则，以人情和关系为文化基础的社会交换，它既是一种利益交换的工具，也是一种表达情感和履行道德义务的方式。在乡村社会中基于熟人的亲缘社会关系网络进行的交往与互助为"网络性交换"，"交换引起的资本流动和兑换并不重要，重要的是这种交换背后的文化意义阶层归属感、认同感及社会情景社会网络的维系和强化。或者说，网络性交换追求的不是经济资本、文化资本，也不是某种权力，而是社会资本社会关系网。社会成员正是通过这种经常性的交换来保持一定的社会资本规模"。

（3）小家庭社会

在村镇的人口流动与熟人交往过程中，其社会生活仍旧以家庭为中心，以家庭为单元完成劳动力输出。居民在从事农业生产、工业生产、商业服务过程中，仍旧维持着家庭观念、血缘观念，仍然属于传统的小家庭社会结构。所谓小家庭，是相对于多代同居的"大家庭（小家族）"社会的概念，一般指两代人以内的家庭，多形成于"分家"这一家庭事件之后。分家析产后，小家在经济上的独立性是有一定限度的。一方面有抚养双亲的义务，这在经济和文化上均可视作"反哺"功能；另一方面，同一家族内分灶另居的小家庭仍然可以基于家庭伦理关系而开展广泛的劳动协作，即家计独立的同族间各家户仍存在着广泛的合作和互惠关系。小家庭社会由来已久，中国在秦汉以前，普遍实行的是小家庭制；西汉以来，才发展成为大家庭社会。现代社会受社会变革、文化变革及经济变革的影响，现代家庭已发生了实质性的变化，大家庭制度已经让位于小家庭。但是，城乡二元结构的分异致使城市社会与村镇社会受到外界冲击的强度不同，从而导致了两者社会单元不同，其中，城市社会受到外界的冲击较大，其各类活动不再以家庭为单位进行，取而代之的是公司与企业，而公司与企业中的个人则来源于不同的家庭；村镇社会受外界冲击较小，其各类活动仍以家庭为单位进行，如村镇社会中的餐饮零售业仍以家庭为单位经营，2013年中央一号文件首次使用"家庭农场"概念，表明我国农业组织模式仍以农户家庭经营为主，从侧面佐证了村镇社会的细胞仍然是家庭而非个人，属于小家庭社会。

2.1.3 村镇的经济

（1）二元经济结构与小农经济

二元经济结构理论是区域经济学的奠基性理论之一。它是由英国经济学家刘易斯（W. A. Lewis）于1954年首先提出的。在其《劳动无限供给条件下的经济发展》

一文中，阐述了"两个部门结构发展模型"的概念，揭示了发展中国家并存着传统的自给自足的农业经济体系和城市现代工业体系两种不同的经济体系，这两种体系构成了"二元经济结构"，即以社会化生产为主要特点的城市经济和以小农生产为主要特点的农村经济并存的经济结构。我国城乡二元经济结构主要表现为：城市经济以现代化的大工业生产为主，而农村经济以典型的小农经济为主；城市的道路、通信、卫生和教育等基础设施发达，而农村的基础设施落后；城市的人均消费水平远远高于农村。这种状态既是我国经济结构存在的突出矛盾，也是我国农村地区相对贫困和落后的重要原因。我国的城镇化进程，可以说在很大程度上是要实现城乡二元经济结构向现代经济结构的转换。

小农经济亦称"个体农民经济"，是指以家庭为单位、生产资料个体所有制为基础，完全或主要依靠自己劳动，满足自身消费为主的小规模农业经济。其中，有的以自有土地经营，有的以租入土地经营，亦有两者兼之。主要特点是：在小块土地上使用落后的手工工具进行分散经营；生产力水平低，抵抗自然灾害的能力弱；经济地位不稳定，在私有制占统治地位的社会易于走向贫富两极分化；具有分散性（家庭为单位）、封闭性（农业和家庭手工业结合）、自足性（生产的主要目的是满足自家生活需要和纳税）等特性。这是一种自给自足的自然经济，现在偏远的农村地区仍然存在这种经济现象。

小农经济经营规模狭小，生产条件简单，在比较贫瘠的自然条件下也可以存在和再生产；又由于它以家庭为生产和生活单位，容易通过勤劳节俭实现生产和消费的平衡，所以小农经济具有稳固性的一面。但由于经营规模狭小，缺乏积累和储备的能力，经不起风吹浪打。在遭受严重自然灾害，或商人和高利贷者的盘剥等条件下，又经常出现两极分化。除了少数人因生产条件比较优越、家庭生活负担较轻，或适逢市场有利的情况，可以发财致富外，多数人往往陷于贫困和破产。

农业作为国民经济体系中的重要环节，不可能在工商业不断转型升级下，长期脱离经济运行的主轨道而固步自封在落后状态；小农经济低下的劳动生产率已无法承受上游农资产品的涨价压力，农民增收将越来越难。因此，某种程度上小农经济也加重了我国二元经济结构现象。

（2）合作社与集体经济

农村合作社和集体经济是村镇经济发展的重要内容。自 1844 年世界上第一个合作社——罗虚代尔公平先锋社 [①] 成立以来，世界各国的农民便纷纷开始了对合作社的实践探索，合作社在国际社会骤然兴起。关于合作社的定义，国际合作社联

---

① 罗虚代尔公平先锋社：位于曼彻斯特市以北 12 英里的一个小镇，于 1844 年 12 月 21 日成立，属于工人合作社。成立背景：英国产业革命发展普及了雇佣劳动，社会两极分化加剧，劳资对立激化，弱势的群体开始探索改变的途径。而劳工食物供应问题很严重，于是合作社开始经营日常生活必需品。

盟（ICA）在 1995 年提出：合作社是指为了实现自身经济、社会和文化发展的人通过财产共有和民主管理的方式建立的自治经济组织。我国学者对合作社的解释是"合作社是由劳动人民联合自愿组建的具有多种形式的经济组织"，《中华人民共和国农民专业合作社法》（2007）中指出，农民专业合作社是以农村家庭联产承包经营为基础的，由对同类农产品进行生产经营的人或为同类农业生产经营提供服务的人联合起来建立的实行民主管理的经济组织，其目的在于提高农业生产效率及农产品的产量，如养殖合作社、种植合作社等。它是在平等、互利、自愿的基础上以谋求经济利益为目的，把拥有共同利益追求的人聚集在一起，进行规范化的生产经营活动。

农村集体经济，又称"农村集体所有制经济"。依据我国《宪法》第八条规定，农村集体经济是一种组织形式，也是社会主义市场经济的重要组成部分，是以家庭承包经营制为基础的组织化载体，这种组织形式让农民共同拥有生产资料、共同劳动、共享劳动果实。我国村级集体经济经历了"三级所有、队为基础"的基本经济体制、家庭联产承包责任制、"集体所有、统一经营"体制，直到现在的农村也是以农民家庭分散经营与村级集体经营相结合的方式进行生产，衍生出实现形式，如股份合作社、专业合作社等。改革开放以来，由计划经济向市场经济转变的新型农村集体经济很大程度上提高了农民的组织化程度与生产收入。

2.1.4 村镇的文化

（1）村镇文化的价值

村镇是我国人居起源，具有非常悠久的历史。在漫长的发展过程中，村镇文化发端并积淀于一个特定的地域，根据生存环境、其演化路径的不同呈现出多样性特征，成为我国传统文化的重要组成部分。根据村镇文化形态，可将其分为物质文化与非物质文化，前者泛指村镇生活必备的具有地域特征的显性文化载体，后者则涵盖了村镇特有的精神文化、制度文化、生态文化等各种隐性的文化表现形式。这些文化基因为村落注入了灵魂，不断丰富其生产生活的物质与精神财富，同时维系着乡村、宗族、社会经济、文化道德等多方面的发展。随着新时代村镇功能的多元化转型，村镇文化的价值内涵得到进一步延伸，充分挖掘其价值成为村镇发展的新动力。

总体而言，村镇文化价值主要包括：历史价值、科学价值、艺术价值、社会文化价值、使用价值等。村镇文化的历史价值，一方面在于物质文化层面的传统村落、城镇所承载的历史信息，另一方面在于非物质文化层面所折射出的"根"文化，是探究中华文化的宝贵遗产和重要根脉。而村镇空间中无论是单体建筑的结构造型、细部装饰、内部布置，还是建筑的群体组合、聚落的择地观念和布局思想，都凝聚了前人的智慧和汗水，极具科学价值。村镇文化的艺术价值则体现在环境艺术、装饰艺术、人文艺术等各个方面，如人居环境与自然界之间的和谐之美，建筑主体与环境融合的装饰艺术之美，以及人文艺术对人居环境在加工与整理方面所显现的协调之美，这些共同构成了村镇文化的艺术价值。除此之外，村镇文化还具有巨大的内聚力和辐射力，且与社会经济政治有着密不可分的关系，在社会治理、社区凝聚力、社会影响力、文化传播等层面发挥着重要作用。随着信息化、城市化的发展，村镇文化不仅保持了服务村镇自身生产生活的功能，同时也逐渐凸显出新的生产力功能，在提升旅游经济价值、地域性商品经济价值、文化品牌价值等方面，越来越呈现出独特的使用价值和经济价值。

（2）村镇文化的保护

我国关于村镇文化保护的相关工作始于20世纪60年代，并经历了从文物保护单位的个体保护向历史文化村镇整体性保护的重要转变。早期村镇文化保护工作以国家重点文物保护为主。1961年国务院颁发《文物保护管理暂行条例》，同年，国务院公布了首批全国重点文物保护单位。而后至20世纪80年代，随村镇建设逐渐开展村落历史文化整体保护工作，拉开了我国对历史文化村镇保护的序幕。1982年颁布的《中华人民共和国文物保护法》（以下简称《文物保护法》），首次将历史文化名城的保护列为法律内容。2002年修订版中第二章第十四条中明确规定"保存文物特别丰富并且具有重大历史价值或者革命纪念意义的城镇、街道、村庄，由省、自治区、直辖市人民政府核定公布为历史文化街区、村镇，并报国务院备案"，首次提出"历史村镇"这一概念，标志着我国掀开了历史村镇文化整体性保护的新篇章。2003年，伴随着首批历史文化名镇名村名单的公布，表明国家对历史文化村镇保护的认识提升了一个新的高度，并将其保护工作逐步上升到法治层面。如今，历史文化村镇的保护工作无论从重视程度还是保护进度均得到了广泛关注，相关的保护规划也在逐步编制并实施，具体发展历程见表2-3。

我国村镇文化保护的相关法律法规发展历程 　　　　　　　　表2-3

时间（年）	国家法律	政府法规	部分部门规章	保护实践
1961		国务院颁布《文物保护管理暂行条例》《关于进一步加强文物保护和管理工作的指示》		首批全国重点文物保护单位共180处
1963			文化部颁布《文物保护单位管理暂行办法》	

续表

时间 （年）	国家法律	政府法规	部分部门规章	保护实践
1974		国务院颁布《关于加强文物保护工作的通知》		
1982	《中华人民共和国文物保护法》	国务院颁布《关于保护我国历史文化名城的指示》		首批国家级历史文化名城24座，第二批全国重点文物保护单位62处
1984		国务院下发《城市规划条例》		
1987				第三批全国重点文物保护单位258处
1989	《中华人民共和国城市规划法》			
1996				第四批全国重点文物保护单位250处
2001				第五批全国重点文物保护单位518处
2002	《中华人民共和国文物保护法》第一次修订			
2003		国务院颁布《中华人民共和国文物保护法实施条例》		第一批中国历史文化名镇名村
2005				第二批中国历史文化名镇名村
2006				第六批全国重点文物保护单位1080处
2007	《中华人民共和国文物保护法》第二次修订			第三批中国历史文化名镇名村
2008	《中华人民共和国城乡规划法》	国务院颁布《历史文化名城名镇名村保护条例》		第四批中国历史文化名镇名村
2010				第五批中国历史文化名镇名村
2012			住房和城乡建设部、国家文物局联合出台《历史文化名城名镇名村保护规划编制要求》	
2013	《中华人民共和国文物保护法》第三次修订			第七批全国重点文物保护单位1944处

时间（年）	国家法律	政府法规	部分部门规章	保护实践
2014			住房和城乡建设部《历史文化名城名镇名村街区保护规划编制审批办法》	第六批中国历史文化名镇名村
2015	《中华人民共和国文物保护法》第四次修订			
2017	《中华人民共和国文物保护法》第五次修订	《历史文化名城名镇名村保护条例》修订		
2019				第八批全国重点文物保护单位762处 第七批中国历史文化名镇名村

资料来源：本书编写组自制

2.1.5 村镇的生态

（1）村镇生态系统

村镇生态系统是建立在自然生态系统基础上的，且村镇生态系统是在人类出现以后，随着人类社会生产力水平的提高和发展，经过逐渐演变进化才形成的。如今，一般认为村镇生态系统是一个以自然为主的半自然、半人工的生态系统，是指乡村区域内由人类、资源、各环境因子（包括自然环境、社会环境和经济环境）通过各种生态网络机制而形成的一个社会、经济、自然的复合体。它既具有与自然生态系统相类似的生态过程和生态功能，又具有鲜明的人类影响的特性。村镇生态系统包括的范围有狭义和广义之分，狭义的村镇生态系统是指围绕乡村聚落与小城镇空间而形成的包括居民聚集点周边的农田、水体、山地等一切要素，但不包括地球上没有受到人类影响的原始森林、极地、沙漠等地区，广义的村镇生态系统是指除城市生态系统以外的广大乡村区域。在整个系统中，山、水、林、田、湖、草等自然要素与道路、房屋等人工要素有机结合形成一个不可分割的生态整体。同时，村镇生态系统也包括村镇的政治、经济、文化等非物质形态元素等。

村镇生态系统为乡村与小城镇居民提供生活居住空间，使居民享受绿色生活，是村镇文化和经济发展的重要依托。特别是生态旅游已成为我国村镇经济发展的重要"生长点"。截至2017年11月，全国各类乡村旅游经营主体约33万家，年接待旅游人数超过25亿人次，年营业收入近5500亿元。我国乡村旅游经营主体以农家乐模式运营的约17万家，占所有经营主体数量的51.5%。乡村旅游的其他经营模式有民俗风情型、景区配套型、乡村度假型、农业观光型和古村落乡镇型等，数量合计占比约48.5%。

（2）村镇人居环境

吴良镛先生将人居环境定义为"人类的聚居生活的地方，是与人类生存活动密切相关的地表空间，是人类在大自然中赖以生存的基地，是人类利用自然、改造自然的主要场所"。人居环境是一个复杂的空间系统，可划分为城市人居环境与村镇人居环境。村镇人居环境是由村镇社会环境、自然环境和人工环境共同组成的，是对村镇的生态、环境、社会等各方面的综合反映，是城乡人居环境中的重要内容，其规划对于指导村镇经济、环境、社会协调发展以及区域整体协调发展具有重要的意义。虽然村镇人口规模小，经济结构比较单一，但因分布广、数量多，其类型比较繁杂，使村镇人居环境存在多样性。不同要素（如地形、气候、交通、文化等）可形成相应的人居环境类型，村镇人居环境也因其所处区域、地形地貌、自然条件的不同，而呈现显著差异。一方面，区域自然条件造就了不同的人居环境类型，如平原与山区、南方与北方的人居差异。另一方面，地区经济社会发展不均衡也会导致村镇人居环境显著不同，如东部村镇发展较快，居民生活水平较高，村镇人居环境现代化成分浓厚，城市属性显著；西部村镇发展较慢，传统的社会文化习俗保存较好，农村属性突出。

（3）村镇生态设计

中国的传统村落，从选址到建筑都遵循着人与自然和谐的生态观念，也就是我们熟知的"堪舆"观，这中间蕴含着丰富的生态智慧。堪舆是古代村落选址的关键，山水环抱是选址的基本，前有流水、后有靠山是"藏风聚气"的最佳"风水"格局（图2-3）。古村落选址还需要遵循一定的原则与格局标准，即"负阴抱阳、背山面水"，这也是古村落的基本空间形态展现。

而随着自然景观学科的介入，传统生态设计近年来逐渐向自然生态设计与景观生态设计转变。伊安·麦克哈格（Ian McHarg）于1969年首先提出了自然生态设计理论，他在《设计结合自然》（*Design with Nature*）中强调土地利用规划应遵从自然固有的价值和自然过程。约翰·奥姆斯比·西蒙兹（John Ormsbee Simonds）把自然生态研究推向了"研究人类生存空间与视觉总体的高度"。自然生态，首先

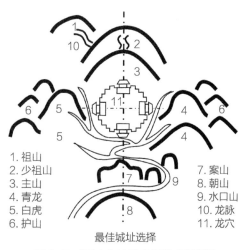

1. 祖山
2. 少祖山
3. 主山
4. 青龙
5. 白虎
6. 护山
7. 案山
8. 朝山
9. 水口山
10. 龙脉
11. 龙穴

最佳城址选择

图2-3 "风水"地的空间模式示意图

是人类对其客体必须是尊重而不是征服，这就意味着人类必须在深刻认识自然环境特征的基础上发展。其次，人类还必须尊重自然界中生物间的普遍联系，并在改造自然的过程中对这种普遍联系担负起维系和存续的责任。景观生态学则从景观结构、景观功能、景观动态及景观规划与管理出发，研究景观单元的类型组成、空间格局及其与生态学过程的相互作用。其中较为经典的是"斑块—廊道—基质"景观结构理论（Forman and Godron，1995）。斑块是指与周围环境不同的相对均质的块状结构，在村镇中主要体现在群落、湖泊、农田、聚居点等。廊道是指与两侧的斑块环境明显不同，对斑块具有阻隔或者通道意义的线性结构，在村镇中主要体现在河流、道路等。基质是指斑块镶嵌在内的人文或自然环境背景的面状结构，在村镇中一般指的是自然保护区。

2.2 村镇规划的理论

村镇规划的理论把村镇规划视作一项相对完整而独立的学科与行业，围绕"为什么""干什么""有什么用"等系列问题展开理论探索，其本质上是用来佐证村镇规划存在的必要性，进而解释村镇规划的功能与作用。

2.2.1 村镇规划的公共性

依据《城乡规划法》，村镇规划是一项服务于村镇社会经济发展的公共政策，既代表了村镇居民的公共利益，也体现了村镇规划由社会共有共享的公共属性，并集中表现在公共产品及公共参与两个维度。其中，公共产品理论认为村镇规划是基层政府向全体村镇居民服务的一项公共产品供给，强调村镇规划也具有其他公共产品所共有的"效用的不可分割性、消费的非竞争性、受益的非排他性"三项基本原则。作为一项普适性政策，村镇规划服务对象是全体居民，不以个人意志为转移，表现为绝对的法律公正。同时，《城乡规划法》赋予规划成果的法律效力要求任何个体不能违背规划或私自变更规划，规划内容本身表现出不可分割的公共所有特征。

村镇规划的公共性还表现在公共参与层面。公共参与是公民直接参与并影响公共政策制定的一项主要权利，是决策者与受决策影响的利益相关人的双向沟通和协商对话的有效通道。在村镇规划的编制、审批与实施过程中，都强调由政府组织公众参与规划决策过程，包括咨询、论证、公示等方式，其目的在于，一方面通过征询公众智慧参与规划编制，对规划成果内容进行科学讨论与修正，避免出现规划决策失误；另一方面实施公共参与是协调群众利益，获得群众对规划认同，保障规划有效实施的重要路径。此外，新公共管理理论认为公共参与本身也是政府权力回归社会的一种重要表现，是村镇规划管理从自上而下向全民参与转型的重要技术路径。

2.2.2 村镇规划的功能与作用

依据国务院颁布的《村庄和集镇规划建设管理条例》，村镇规划是为实现村镇的经济和社会发展目标，确定村镇的性质、规模和发展方向，协调村镇布局和各项建设而制订的综合部署和具体安排，是村镇建设与管理的根据，也是村镇经济社会发展和人居环境建设的基础蓝图。科学组织编制村镇规划，一方面能够深入了解村镇存在的实际问题、农民意愿、村镇发展动力等其他要素，确保村镇建设内容符合村镇的实际发展需求。另一方面，通过规划手段可以有序组织村镇各建设项目的用地与布局，妥善安排建设项目的进程，科学地、有计划地进行农村现代化建设，满足农村居民日益增长的物质生活和文化生活需要。

2.2.3 村镇规划的实施与村庄治理

（1）村镇规划的实施

1）参与理论

参与理论（Participatory Theory）兴起于20世纪60年代的西方社会，并在不同领域被运用。阿诺德·考夫曼（Arnold Kaufmann）首次提出"参与民主"的概念。在参与理论的基本内涵中，哈达尔（Hadar）是这样描述参与的：将来的规划实施方式必然是"全民参与"，而这种新型实施理论应该被认为是一种温和及初步走向民主的方式。张康之指出：参与在本质上是近代以来国家和人民追求形式民主思路的延伸，是政治的民主追求与行政的集权实践的结合体。从权能和范围上看，政府、公众、市场和社会是规划实施过程中最主要的四种力量，其中政府是主导力量，因为政府需要将自己的价值定位和目标诉求指向公共性。公众、市场和社会是辅助力量，在政府行政活动失灵或其权力范围内涉及不到的区域起作用。

2）协商理论

协商理论（Consultative Theory）是民主发展的一大理论创新。其作为一个成长中的新公共管理（New Public Administration）范式，是20世纪90年代后开始形成的。协商理论的主要观点是希望公民在公共的环境下进行理性参与协商，以协商推进规划的进一步实施。从实际运用的成效来看，该理论在中国各个层面的运用十分广泛，成为不同地区介绍和推广的典型规划实施理论。然而，尽管协商理论带有西方式民主的价值导向，同时也在一定程度上能够推动国家公权部门转变政府职能，不断由管控型政府走向服务型政府，以提高公共行政的科学性与效益性，但是在协商运用到中国社会的实际过程中，协商主体的不平等性、协商过程的低规范性、协商结果的低共识性等显性问题，仍然是协商在实际运用过程中所表现出来的弱质性问题。

3）合作理论

合作理论（Cooperative Theory）作为近年来西方社会出现的、旨在为了实现共同目的或利益的规划实施理论，是应对复杂社会问题的一种手段和重要途径；其核心要义是国家公权部门不再是核心主体，社会、公众等与国家公权部门平等、公平，共同为了一项目标而努力。奥利瑞（O'Leary）等，将合作实施定义为"控制那些影响私人部门、公共部门和公民团体联合决策和行为过程的手段"。埃瑞·维戈达（EranVigoda）认为，"合作的内涵在于：在协商、参与、创新、沟通、相互理解及包容的基础上，达成共识、实现权利和资源的公平分配"。克里斯·安塞尔（Chris Ansell）和艾里森·加什（Alison Gash）则认为，"严格意义上的合作治理不仅需要非政府部门直接参与公共政策制定，同时还需要不同的参与主体对最终的公共政策结果负责"。

（2）村庄治理——村民自治理论

村民自治指的是在中国广大乡村地区，由村民开展广泛的自主管理，自己处理自己事务的活动。村民自治最早提出于1982年，我国修订颁布的《宪法》第一百一十一条规定，"村民委员会是基层群众性自治组织"。农村为村民自治制度的形成和发展提供了温床。村民自治是我国乡村治理的一种最有效方式，同时也是具有中国特色的农村基层民主制度。

民政部基层政权司提出"我国的村民自治，是广大农村地区农民在基层社会生活中，依法行使自治权，实行自己的事自我管理的一种基层群众自治制度"。村民自治，指的是"广大农民群众直接行使民主权利，依法办理自己的事情，创造自己的幸福生活，实行自我管理、自我教育、自我服务的一项基本社会政治制度"。民主选举、民主管理、民主决策、民主监督是村民自治的主要方式。

实际上，村庄规划的本质应是以公众参与为主的社区规划。其本身是一种纯农业公共产品，其实施有赖于以村民为本位、多方参与互动而凝聚的公众力量。在村庄发展日趋分散化与去集体化的背景下，村庄规划的核心在于找回农村传统的集体主义、培养村民的自组织能力，以实现村民持久受益。在此实践中，规划师的角色是多样的：既是引导村民参与规划、表达诉求的引导者，也是整理需求、挖掘资源、分析研究、制定方案的规划者，以及联系政府与村民、统筹双方力量的沟通者等。

2.3 村镇规划中的理论

村镇规划中的理论是指在村镇规划过程中所运用到的各项理论。这些理论关系到村镇规划领域中各项行动的内在机理，贯穿在村镇规划实践的各项活动之中，既包括村镇规划长期实践过程中总结的理论经验，如中国古代规划理论，也包括创新村镇发展模式的畅想式规划理论，如霍华德田园城郊理论。

2.3.1 中国传统村镇建设观念

中国传统社会是以农耕文明为基础、地缘和血缘为纽带、传统社会伦理为秩序的乡村社会，聚落的形成大多是自发的，伴随着商品交换产生或国家政权的产生逐渐又形成了城镇，这些传统村镇既因其发展阶段、地域环境、生产方式、社会秩序及宗法观念不同而形态各异，又呈现出在村镇建设观念上的共性特征。

（1）天人合一的生态观

天人合一蕴含着宇宙万物与人相辅相成，共生、共融、可持续发展的美好愿景，是我国传统村镇形成与建设最根本的规划思想。这种规划思想不仅是一种力求人与自然关系的和谐共存的自然观，更是将人和自然界万物看作有机整体，力求实现政治管理之策、生存状态、道德观念、审美境界等综合要素和谐一致的生态观，如（秦）咸阳城、（汉）长安城、（宋）临安城周边规划建设。这种强调整体性、和谐性、统一性的生态观反映了早期村镇建设的美好愿景和规划智慧，也是中国传统村镇得以实现意境优美、乡风文明的根基所在。

（2）崇尚自然和趋吉避凶的"堪舆"观

由于早期人类与自然的依存关系，古代村镇尤其重视人与自然的和谐统一，传统的自然观决定了"顺应自然、因地制宜"成为村镇营建的主导思想，主要体现在选址、布局、理景等方面。在选址方面："择水而居、背山面水"以及"藏风聚气"等都是人类在与自然、气候环境的相处中综合文化、社会、经济、防御、生产等多方面经验而形成的"相地"方法。在布局方面，传统村镇提倡遵循"自然之道"：顺应地势及气候环境，趋利避害，合理布局并巧借环境营造适宜人居的微环境，并逐渐形成了诸如"朝向""风水"等规划方法和"天人合一"的规划思想。在聚落意象方面，一方面"巧于因借"将自然风景纳入聚落环境系统，营造出地域色彩浓郁的聚落景观；另一方面，应用理景、结合堪舆观，塑造饱含村民美好愿景、具有村落特色的人居环境。以浙南、闽北山区村落为例，以村口树为主体，以丰富变化的水口或自然环境为依托，因地制宜，恰当构以相应的亭、台、楼、阁等景观建筑，使山水、村落、田野和木拱桥有机地融为一体——形成独特的村口环境或借助水尾桥（或村尾桥）与周边环境围合，将外界的福瑞之气带进来，围聚住村子的"龙脉"和财运，保佑整个村子的世代繁荣昌盛。

（3）血缘与宗法礼制观

传统村镇多聚族而居，以血缘、地缘、业缘为纽带，逐渐扩张和发展。其中血缘关系和宗族秩序是维持村落社会最早、最自然的纽带，在中国传统村镇中占据重要地位。这种血缘和宗法礼制观念反映在空间结构形态上即以"家庭——家族——宗族——氏族——村落——市镇——郡望"的生长方式，逐步形成以村落为单位，一村或镇一姓、星座式的村镇居民点层次结构。而村落或镇内部常常是以祠堂为核心、以宗法等级制度为秩序展开布局，形成层次、等级有别又内在联系的聚落模式。

2.3.2　近现代村镇规划中的理论

（1）田园郊区（Garden Suburb）与田园城市（Garden City）理论

田园郊区理论源起 18 世纪中期，受前工业化时代设计思潮影响，普遍采用土地、景观与建筑叠合的空间设计手法营造村镇社区，进而营造更加美丽的村镇物质空间环境，形成美丽的田园社区。典型如 1760 年的海尔伍德（Harewood）田园郊区、1794 年的 Eyre Estate 田园郊区以及 1907 年的汉姆斯特德（Hampstead）田园郊区。田园郊区理论坚持以邻里、社区作为村镇规划建设的目标，强调通过外部物质环境建设培育和谐的邻里关系与社区氛围。

田园郊区理论间接催生了田园城市理论的出现。19 世纪中期以后，在种种改革思想和实践的影响下，英国城市规划师埃比尼泽·霍华德针对英国工业革命后，城市规模迅速膨胀所出现的住房拥挤、交通拥堵、环境恶化、社会矛盾等"城市病"，于 1898 年出版《明日——通向真正改革的和平之路》，提出了田园城市（Garden City）理论。1902 年再版《明日的田园城市》。霍华德认为应该建设一种兼有城市和乡村优点的理想城市，一种为健康生活及产业设计的城市，其规模足以为人们提供丰富的社会生活，四周要有永久性农业地带围绕，城市土地归公众所有，公众委托一个委员会进行管理。田园城市实质是一个城市和乡村的结合体，若干个田园城市（3 万人）围绕中心城市（5.8 万人）呈圈状布局，城市之间布置农业用地；田园城市的中央布置公园，六条主干道从中心向外辐射，建设环形的林荫大道，城市外围地区建设工厂、仓库（图 2-4）。

田园城市理论认为要逆转人口向拥挤城市迁移的潮流，必须改变城市磁铁和乡村磁铁的吸力（图 2-5），使"城镇—乡村"结构的田园城市拥有城市和乡村的所有优点——拥有更多社交机会的同时可以身处大自然的美景之中。

（2）卫星城镇理论

卫星城镇理论的提出可追溯到 1898 年，英国社会活动家霍华德提出的"田园城市"理论。1903 年在伦敦郊区最早建起了这样的城镇——莱奇沃斯。根据霍华德的设想，1919 年英国规划设计第二个田园城市——韦林时，即采用了卫星城镇这个名称。事实上，卫星城镇是指在大城市外围建立的既有就业岗位又有较完善的住宅和公共设施的城镇。建立这种城镇旨在控制大城市的过度扩展，疏散过分集中的人口

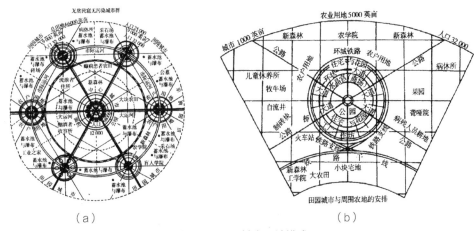

（a）　　　　　　　　　　　　　　　　（b）

图 2-4　田园城市理论模式

（a）圈层图示；（b）城乡结合模式

资料来源：霍华德《明日——一条通向真正改革的和平道路》

和工业。卫星城镇虽有一定的独立性，但是在行政管理、经济、文化以及生活上同它所依托的大城市（母城）有较密切的联系，与母城之间保持一定的距离，一般以农田或绿带隔离，但有便捷的交通联系。卫星城镇的特点是建筑密度低，环境质量高，一般有绿地与中心城区分隔，其目的是分散中心城市的人口和工业。它们多数是借助于大城市中心城区的辐射力并由旧有小城镇发展形成的，少数在新规划的郊区和乡村空地上建设而成。

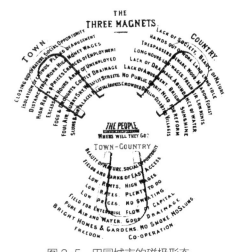

图 2-5　田园城市的磁极形态

资料来源：尹潘，王孟永.重回"三磁体"——百年田园城市的可持续发展之路 [J]. 城市发展研究，2015，22（08）：1-6.

国内外经济发展历程表明，经济的现代化过程必然伴随着城市化过程。城市化水平的高低成为国家和地区经济发达程度的度量计。在一些大型中心城市，城市化的程度已处于较高水平。高度城市化，使城市中人流、物流和信息流在内循环中高速运行和高度摩擦，正面效应表现为经济财富的迅速增值能力，高科技力量和人类智慧知识的高度集中，以及物质的高消费和生活的高水准；而负面效应则是城市变得臃肿和膨胀，城市空间向外摊开，低密度扩展，不仅大量地噬食良田，导致可耕地面积减少，而且人们平均出行距离增大，交通成本提高。城市建成区则形成"水泥丛林"，出现各类资源污染短缺，环境污染加剧，热岛效应增强，传染病难以防治、易于蔓延，自然灾害损失严重上升等"大城市病"，成为影响城市和地区持续发展的制约因素。人类为城市的经济发展付出了巨大的环境代价。每个城市不得不考虑它的可持续发展前景，选择它的最佳发展方案。

卫星城镇作为大城市的子城，它的建设促进了工业生产的发展，适应了国民经济不同发展阶段的建设需要。因此，卫星城镇的工业企业已成为工业生产中的一支重要力量。同时，卫星城镇中实施的"工厂郊迁"策略，一方面改善了市区环境，另一方面工厂有了发展余地，可以进行工艺改革、原材料缘合利用和"三废"治理，对环境的改善有较大影响。最后，建设卫星城镇，既发展了工业，又可以在文化技术、水电交通、医疗、商业服务、农肥等方面支援农村的发展。卫星城镇作为城乡之间联系和交流的中间和重要环节，不仅可以为大城市提供从农村聚集而来的原材料、农副产品和各类劳务人员，而且还可以向农村转移产品、技术、资金、人才，支援农村的发展，为城市开辟广阔的市场。因此，卫星城镇作为连接城乡的纽带，能够充分发挥其城乡经济的网络功能，促进城乡一体化的发展。卫星城镇能疏散大城市中心区过密的人口，缓解住房交通压力，减少环境污染，改善人居环境，同时能聚集人口，吸纳农村剩余劳动力，保证中心区的稳定发展。卫星城镇的建设和发展，既是城市发展的一剂良药，也是我国村镇发展建设的一种重要模式。

2.3.3 当代村镇规划中的理论

（1）城乡一体化时代的村镇规划

国外城乡一体化的理论源自西方各界学者们对城乡关系的探讨。最早有关城乡一体化的理论研究可以追溯至经济（地理）学者提出的相关理论，亚当·斯密（Adam Smith）指出"乡村向城市供应生活资料和制造业所用的原料。城市向乡村居民送回一部分制成品作为回报，两者利得是共同的和相互的，而且遵循自然进程并保持一定比例的城乡关系才是良性的、合理的"，他的论述孕育了城乡一体化思潮；另一经济学家杜能，在他的"孤立国"，以工农业互换为基础，通过理想化的产业布局将城市和乡村融为一体；之后，空想社会主义思想对城乡一体化进行了实践，如托马斯·摩尔的"乌托邦"社会方案，康柏内拉的"太阳城"，巴贝夫的"普遍幸福""人人平等"及后来的傅立叶、欧文的"法郎吉""新协和村"等，他们对资本主义工业化出现的城乡之间不平等进行谴责和批评，提出通过社会改良消除城乡差别，建立工农生产相结合、脑力和体力劳动相结合的理想社会的良好愿望，虽然这些尝试均以失败而告终，但是却将城乡关系引入到社会历史领域，使后来的唯物主义者对城乡关系有了更多的思考。空想社会主义对未来城乡社会的美好勾勒，始终被马克思、恩格斯所重视。19世纪40年代中期，马克思、恩格斯以历史唯物主义观点考察，研究了城乡关系问题，恩格斯在《共产主义原理》中最早提出了城乡一体化的科学概念，并指出城乡遵循"分离—对立—融合"的必然趋势，且其过程十分漫长。

在我国，城乡一体化并非理论工作者学术论证的产物，而是首先由实际工作者在改革实践中提出来的，它的产生与我国改革开放后乡镇企业的兴起、小城镇的发展、乡村城市化在我国的地位密不可分。改革开放以来，城市建设一直都是我国经济发展的重要支柱。与此同时，乡镇企业（特别是苏南等地）的异军突起，打破了城市与农村封闭、隔绝的状态，致使国内多位学者转入促进城乡经济一体化发展的研究中。费孝通、王仲明等指出，乡镇企业的发展能够使生产要素重新组合、高效配置，从而实现城乡关系在产业上的协调发展。苏南乡镇企业的改革实践者为表述该情况，进而提出"城乡一体化"的概念，之后在全国范围内普及。

城乡一体化在我国的提出与发展主要经历了三个时期（图2-6）。①改革开放后到20世纪80年代中后期，是城乡一体化的提出与探索阶段。这一时期的研究成果较少，主要内容在于对城乡一体化合理性的论证，强调在二元体制下乡镇企业发展、乡村工业化和小城镇的建设对加强城乡经济联系、促进城乡要素合理流动的重要作用，而对阻碍城乡一体化实现的根源性问题即城乡二元体制改革却鲜有触及。②20世纪90年代中期至21世纪初期，这一时期城乡一体化的研究主要包含空间一体化、人口一体化、经济一体化、生态环境一体化、市场一体化、社会一体化、制度一体化七个方面的内容。③21世纪初期至今，这一时期研究的理论框架与体系开始建立，在研究内容上趋于具体化与系统化。研究涉及领域不断拓宽，涵盖城乡

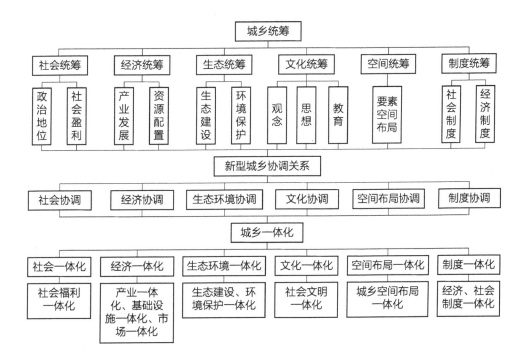

图2-6 城乡一体化的内涵示意图

资料来源：杨玲.国内外城乡一体化理论探讨与思考[J].生产力研究，2005（09）：23-26.

一体化发展水平测度及区域差异定量分析、城市化进程中面临的综合社会问题、社会主义新农村及新型城镇化的建设等多方面内容，更加贴合城乡一体化政策落实过程中面临的现实难题。

"城乡一体化"是改革开放之初，针对中国计划经济时期城与乡在制度与体制层面上的二元分割现象所形成的一个相对概念。因而对城乡一体化的概念阐释也就试图从城乡两个系统的经济、社会、生态等方面出发，去寻求一种城乡共同的发展目标和模式。狭义的理解城乡一体化是指，从系统的观点来看，城市和乡村是一个整体，其间人流、物流、信息流自由合理地流动；城乡经济、社会、文化相互渗透、相互融合、高度依赖，城乡差别很小，各种时空资源得到高效利用。在这样一个系统中，城乡的地位是相同的，但城市和乡村在系统中所承担的功能却有所不同。一般来说，城乡的差别主要表现在社会、政治、经济、人口等方面。因此，城乡一体化的内容主要有城乡政治一体化、城乡经济一体化、城乡人口一体化、城乡文化一体化及城乡生态一体化等。

（2）城乡统筹理念下的村镇规划

19世纪早期，傅立叶、欧文提出空想社会主义，认为和谐社会没有城乡差别，城市和乡村二者是平等的。而后，马克思、恩格斯批判地继承了其思想，并提出城乡融合过程漫长，需先通过消灭私有制来消灭城乡对立。19世纪末期，面对大城市无序扩张带来的社会问题，霍华德提出田园城市理论，以农村空间和农村景观解决城市问题。随后，着眼于城市间有机结合的城市配置理论，重视城乡结合的地域构造改善政策理论，从消除农村内部差距出发，重视农业多功能的收入直接补偿理论等，进一步推动完善了城乡统筹的思想。

而我国由于采取了偏向城市的发展道路来完成工业化的原始积累，并通过户籍制度等政策来限制城乡要素的自由流动，使得乡村与城市之间政策不对等、信息不对称，导致乡村要素不均衡地向城市流动，深化了城乡二元结构，加剧了城乡差距，同时，也因城市与乡村的不协调，产生了诸多矛盾与问题。城市与乡村作为区域内的一个整体，短期的偏向或许是有效率的，但长远来看，两者的协调发展才是最终目标。因此，为缩小城乡差距，缓解城乡矛盾，谋求长远发展，达到城乡发展的共赢局面，并最终达成城乡一体化，需要施行城乡统筹发展，即充分发挥工业对农业的支持和反哺作用、城市对农村的辐射和带动作用，建立以工促农、以城带乡的长效机制，促进城乡协调发展。

将城乡统筹理论具体运用到村镇规划上，认识论上的表现为村镇规划应该吸收城乡统筹的思想，完成价值观上的转变；方法论上主要表现为城乡统筹规划，即对未来一定时间和城乡空间范围内经济社会发展、环境保护和项目建设等所做的总体部署，其实质就是把城市和农村的发展作为整体统一规划，通盘考虑，属于区域规划范畴，是典型的空间规划。2007 年，国家将成都、重庆确定为国家城乡统筹综合改革配套试验区。此后，各省市纷纷启动试点，先行先试，如江苏苏州、浙江嘉兴等（表 2-4）。

国内城乡统筹试点经验总结 　　　　　　　　　　　　表 2-4

城市		城乡统筹政策重点	城乡统筹规划编制体系	地方规划标准
东部地区	上海	①制定统筹城乡发展规划，规划重心从中心城区向农村转变；②推进郊区县工业向园区集中、农民向城镇集中、土地向规模经营集中"三个集中"，排定建设用地总量，加强对农村居民建房的规划指导；③深化农村股份合作、就业制度等各项改革；④加快发展农村社会事业	按照"体系呈梯度，布局成组团，城镇成规模，发展有重点"的原则，规划郊区构建新城－新市镇－居民新村三级规划体系	《上海市郊区新市镇与中心村规划编制技术标准（试行）》
	南京	①城乡规划、产业布局、要素配置、基础设施和公共服务"五个一体化"目标；②明确"三重"（农地重建、村镇重建和要素重组）和"三置换"发展路径；③整镇推进农村土地综合整治，优化镇村布局，发展现代高效农业；④市规划局内设城乡统筹处，进行业务指导	分城市总体－次区域－管理控制与引导－地块与项目建设等4个层次	①《南京市农村地区规划编制技术规定（试行）》②《南京市农村地区基本公共服务设施配套标准规划指引（试行）》
	天津	实行"以宅基地换房"，推进农村居住社区、工业园区、农业产业园区"三区"统筹联动发展，打造拥有薪金、租金、股金、保障金"四金"农民。在全国率先统筹城乡居民基本医疗保险待遇，实现统一标准	分3个层次：①全市性：城市建设总体发展战略概念规划、城市总体规划；②分区、片区性：中心城区分区规划、中心城区以外片区规划和新城、中心镇、功能区规划；③地区性：控制性详细规划、修建性详细规划	《天津市以宅基地换房建设示范小城镇管理办法》
	苏州	①完善农村土地管理、股份合作、社会保障、生态环境补偿、公共服务、行政管理（县级市设区）等制度安排；②发展社区股份合作、土地股份合作和农民专业合作"三大合作组织"，增加农民财产投资性收入；③推进"三形态"和"三集中"；④实行"三置换"	分4个层次：①市域：城市总体规划、农村镇村布局规划、专项规划；②次区域：中心城区、分区规划、新城总体规划、控制性详细规划；③新市镇：总体规划、控制性详细规划；④新型农村社区：村庄建设规划	
	嘉兴	①推进城乡产业差异化发展战略；②按照"土地节约集约有增量，农民安居乐业有保障"要求，开展"两分两换"；③推进就业、社会保障、户籍制度、金融体系、公共服务、规划统筹等九项改革	由市域总体规划—县（市）域总体规划—城市（县城）总体规划—分区规划—镇总体规划—控制性详细规划和村庄（新社区）规划组成的城乡一体化规划体系。其中，新社区规划，包括布点规划和修建性详细规划两个层面，而布点规划一般纳入县域总体规划和镇总体规划	《嘉兴市城乡一体新社区规划技术标准》

续表

城市		城乡统筹政策重点	城乡统筹规划编制体系	地方规划标准
中部地区	武汉	①实行"农村家园建设行动计划",开展村庄环境整治和建设;②创新小城镇建设综合考核办法;③加强都市区范围内统一的城乡规划管理,并注重全市域城乡规划的协调,如建立都市发展区外远城区所辖镇、街总体规划的备案制度等	分3个层次:①市域:城市总体规划、市域新农村建设空间规划;②次区域(分区):区县新农村建设空间分区规划、主城和新城规划、分区规划、详细规划;③乡镇(当地):镇(乡)域村庄布局规划、村庄建设规划	《武汉市城乡规划编制审批办法》
西部地区	成都	①农村产权制度改革:土地、房屋确权;设立耕地保护基金;创建农村产权交易所;②开展土地综合整治:开展城乡建设用地增减挂钩试点,引导农民向城镇和农村新型社区集中;推动土地向规模经营集中;③推进城乡规划、基础设施、市场、管理、公共服务"五个一体化";④将各有关部门涉及城乡建设的规划职能统一划给市规划管理局,从市-区(县)-镇(乡)均组建规划行政管理机构	分6个层次:①市域:全域成都总体规划、市域专业专项规划;②中心城:城市总体规划、分区规划、专业专项规划、控制性详细规划、重点地段城市设计;③中等城市:县城总体规划(城市总体规划)、专业专项规划、控制性详细规划、重点地段城市设计;④小城市(重点镇):镇总体规划、控制性详细规划、重点地段城市设计;⑤新市镇:镇建设规划;⑥农村新型社区:社区建设规划	①《成都市社会主义新农村规划建设管理办法(试行)》;②《成都市农村新型社区建设技术导则(试行)》
	重庆	①以"地票"交易制度为代表的土地制度创新;②以永川为代表的职业教育与农村劳动力转移结合模式创新;③以九龙坡为代表的集体资产管理方式创新(股份改革)	分3个层次:①市域:重庆市城乡总体规划(含城镇体系规划、中心城区城市总体规划、新农村总体规划、专业专项规划);②区县:区县城乡总体规划(含城镇体系规划、新农村总体规划)、控制性详细规划;③乡镇:乡镇城乡总体规划、新农村规划导则、村庄规划	《重庆市城乡村庄规划导则》

资料来源:赵英丽.城乡统筹规划的理论基础与内容分析[J].城市规划学刊,2006(1):32-38.

总体上,各地共性做法都是在不突破国家现行所有制这一"底线"的前提下,通过确权、土地整理、城乡建设用地流转等制度创新,城市得"空间"、农村得"实惠",获得土地级差地租收益,投入新农村建设。在学界,官卫华、陈雯按照市场主导与政府调控相结合的原则,围绕"人、地、钱、设施"四个要素,采取统筹城乡人口和社会资源、统筹有城乡空间布局、统筹城乡经济发展、统筹城乡公共服务四项手段,分别解决"人往何处去""地往何处用""钱从何处来""设施如何配"四大问题(图2-7)。

(3)社区发展模式下的村镇规划

社区,译自英文"Community"一词,泛指实质的社会团体或组织,又指一种抽象的社会关系网络。社区规划理论源于20世纪初期的住区规划,至20世纪60年代末逐渐形成独立的规划形态,是伴随着世界性的社区发展运动而产生的规划编制理

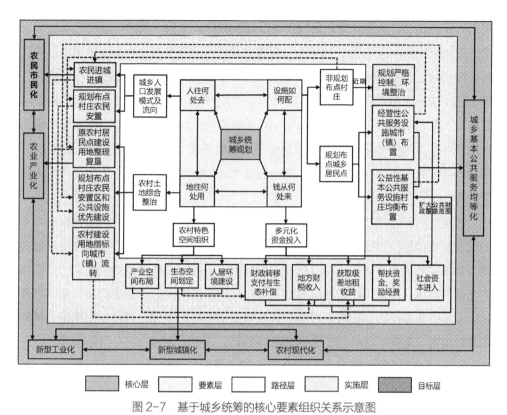

图 2-7 基于城乡统筹的核心要素组织关系示意图

资料来源：官卫华，陈雯. 城乡统筹视野下的规划理论与实践范式转型 [J]. 南京社会科学，2015（8）：79–85.

论。"社区规划"的早期雏形初现于美国。20 世纪中期，美国政府首倡社区行动规划（Community Action Plan），将其作为综合考虑各种项目和地域范围内所有建设行为的综合性规划文件，用以指导社区建设，并划分为城市社区与农村社区两类。英国社区规划发展稍晚于美国。1968 年英国《城市规划法修正案》中将"社区规划"（Community Planning）纳入英国规划编制体系，强调相同社会地位及经济实力的社会成员，聚居于同一住区单元内，而形成稳定的社会关系网络与群体认同的社区文化。而后加拿大、日本、新加坡等各地规划学者经过社区规划实践，推动社区成为城乡主要居住空间单元，并逐渐形成完整的城乡社区规划理论与方法，如"社区行动""社区组织""公众参与"等。

我国社区规划理论则初创于 20 世纪 50 年代，由著名社会学家费孝通先生率先引入"Community"（社区）的概念，并倡导在我国城乡规划实践中借鉴西方社区（住区）规划经验，开展新型城乡社区规划建设。然而，受计划经济体制影响，社区规划实践及其理论建设在我国步入长达半个世纪的"停滞期"。至 20 世纪 80 年代，在充分借鉴欧美城乡规划经验的基础上，社区建设运动开始"复苏"。历经三十余年实践探索，我国社区规划已经形成一套成熟的社区规划编制方法，包括参与式社区规划、社区规划系统理论等。而较于城市社区的丰富实践，我国村镇社区规划理论尚处于成长阶段。直到进入 21 世纪，随着村镇民生问题受到中央高度重视，以新农村社区规划、新型城镇化等为代表的中央政策文件推动村镇社区规划进入规模化、理论化、体系化的发展时期，并在经济发达的沿海地区形成成熟的村镇社区规划编制理论及其技术体系。即围绕村镇新型社区的物质空间环境，基于公众参与式规划方法，对社区内物质空间及配套设施建设做出统筹安排。强调以村镇居民为核心，推动社区多元主体共同参与其中，推动村镇社区的生产、生活与生态的和谐与可持续发展。

当前，村镇社区规划仍多采用模式化、形式化照搬城市的做法，强化自上而下的政府管控作用，忽视自下而上的社区规划嵌入，进而诱发一系列村镇社区规划实施与建设发展的社会矛盾，如服务设施配置需求问题、社区环境卫生问题、社区邻里交往问题等。然而，作为社区生活主体，村镇社区居民的行为路径与设施需求是社区发展的内在动力。因此，村镇社区规划应推行政府引导、村民自主组织、规划师有效沟通、全程参与的上下结合的规划模式。

参考文献

[1]   左大康 . 现代地理学词典 [M]. 北京：商务印书馆，1990.

[2]   李红波，张小林，吴启焰，等 . 发达地区乡村聚落空间重构的特征与机理研究——以苏南为例 [J]. 自然资源学报，2015，30（4）：591-603.

[3]   冉淑青 . 城市空间巨系统 [M]. 北京：社会科学出版社，2018.

[4]   张小林 . 乡村空间系统及其演变研究（以苏南为例）[M]. 南京：南京师范大学出版社，1999.

[5]   金其铭，董新，张小林 . 乡村地理学 [M]. 南京：江苏教育出版社，1990.

[6]   王成，李颢颖 . 乡村生产空间系统的概念性认知及其研究框架 [J]. 地理科学进展，2017，36（8）：913-923.

[7]   Zeng Juxin. Study on the spatial development of rural areas in China[J]. Chinese Geographical Science，1995，5（1）：24-29.

[8]   艾大宾，马晓玲 . 中国乡村社会空间的形成与演化 [J]. 人文地理，2004（5）：55-59.

[9]   吴传钧 . 论地理学的研究核心：人地关系地域系统 [J]. 经济地理，1991，11（3）：1-6.

[10] 蒋金龙 . 人地关系视角下的城市空间生长层次观 [J]. 安徽农业科学，2007（15）：4598-4600.

[11] 洪亮平，郑涛 . 乡村规划中乡村人地关系基本认知方法研究——以扬州市江都区为例 [J]. 城市规划，2018（11）：20-32.

[12] 李京生，吴丹翔 . 快速城镇化时期珠三角典型城镇的人地关系研究 [J]. 小城镇建设，2011（5）：39-45.

[13] 刘凯，任建兰，张理娟，等.人地关系视角下城镇化的资源环境承载力响应——以山东省为例 [J].经济地理，2016（9）：77-84.

[14] （美）阿瑟·刘易斯.二元经济论 [M].北京：北京经济学院出版社，1989.

[15] 李志俊.两种人口流动模型理论的比较与启示 [J].淮海工学院学报（社会科学版），2005（3）：83-85.

[16] 蒋英菊.苏村的互助（下）[J].广西右江民族师专学报.2004，17（2）：24-31.

[17] 徐晓军.转型期中国乡村社会交换的变迁 [J].浙江学刊，2001（4）：74-79.

[18] 夏英.小家庭扛起大农业 [N].中国国土资源报，2013-09-27（007）.

[19] Lewis W A. Economic Development with Un-limited Supplies of Labour[J]. Manchester School, 1954, 22（2）：158-172.

[20] Gustav Ranis, John C. H. Fei. A theory of eco-nomic development[J]. American Economic R eview, 1961, 51（4）：533-565.

[21] 杨华.论中国特色社会主义小农经济 [J].农业经济问题，2016，37（7）：60-73.

[22] 吴雨豪.小农经济的存在逻辑与发展方略 [J].农业经济，2019（12）：48-49.

[23] 孙迪亮.新农村建设历程中的农民合作组织研究 [M].山东人民出版社，2012.

[24] 周道玮，盛连喜，吴正方，等.乡村生态学概论 [J].应用生态学报，1999，10（3）：369-372.

[25] 陈佑启.论农村生态系统与经济的可持续发展 [J].中国软科学，2000（8）：24-30.

[26] Mumtamayee C. Rural ecology[M]. New York：South Asia Books，1990：1-62.

[27] 蔡晓明.生态系统生态学 [M].北京：科学出版社，2000：12.

[28] 吴良镛.人居环境科学导论 [M].北京：中国建筑工业出版社，2001.

[29] 彭震伟，陆嘉.基于城乡统筹的农村人居环境发展 [J].城市规划，2009，33（5）：66-68.

[30] 宁越敏，项鼎，魏兰.小城镇人居环境的研究——以上海市郊区三个小城镇为例 [J].城市规划，2002（10）：31-35.

[31] 巫柳兰.传统古村落选址和布局中的风水研究 [J].科教文汇（下旬刊），2017（12）：162-163.

[32] 常悦，ChangYue.自然生态理论在历史遗址保护设计中的应用研究——以吉林省二龙湖燕国古城遗址保护设计为例 [J].建筑与文化，2015（11）：134-135.

[33] 冯朝圣，陈悦佳.基于景观生态学理论的旅游景区规划研究 [J].旅游纵览（下半月），2017（5）：84.

[34] 邰艳丽，刘海燕.我国村镇规划编制现状、存在问题及完善措施探讨 [J].规划师，2010，26（6）：69-74.

[35] 蔡定剑.民主是一种现代生活 [M].北京：社会科学文献出版社，2010.

[36] 王辉.国内外学界对于城市基层社会管理理论研究综述 [J].北京城市学院学报，2013（4）：17-21.

[37] 王俊程，胡红霞.中国乡村治理的理论阐释与现实建构 [J].重庆社会科学，2018（6）：34-42.

[38] Rosemary O. Leary. Spercial issue on Collaborative Public Management[J]. Public Administration

Review，2006（66）：1–170.

[39] Eran Vigoda.From Responsiveness to Collaboration：Governance，Citizens，and the Next Generation of Public Administration[J]. Public Administration Review，2002（5）：527–539.

[40] 田兴运，李良晨.中国古代村镇规划建设史对当代规划建设的启示 [J]. 小城镇建设，1998（6）：32–35.

[41] 尹潘，王孟永.重回"三磁体"——百年田园城市的可持续发展之路 [J]. 城市发展研究，2015，22（8）：1–6.

[42] [英]亚当·斯密.国富论 [M].杨敬年，译.西安：陕西人民出版社，1999.

[43] [德]约翰·冯·杜能.孤立国同农业和国民经济的关系 [M].吴衡康，译.北京：商务印书馆，1986.

[44] 马克思，恩格斯.马克思恩格斯全集（第三卷）[M].北京：人民出版社，1960.

[45] 朱传耿，仇方道，渠爱雪.试论我国经济地理学对发展观演变的响应 [J]. 经济地理，2004，24（6）：733–737.

[46] 唐伟成，罗震东，耿磊.重启内生发展道路：乡镇企业在苏南小城镇发展演化中的作用与机制再思考 [J]，城市规划学刊，2013（2）：95–101.

[47] 朱天舒，秦晓微.城镇化路径：转变土地利用方式的根本问题 [J]. 地理科学，2012，32（11）：1348–1352.

[48] 甄峰.城乡一体化理论及其规划探讨 [J]. 城市规划汇刊，1998（6）：28–31+64–65.

[49] 赵英丽.城乡统筹规划的理论基础与内容分析 [J]. 城市规划学刊，2006（01）：32–38.

[50] 官卫华.城乡统筹视野下城乡规划编制体系的重构——南京的探索与实践 [J]. 城市规划学刊，2012（03）：85–95.

第 3 章

村镇规划的
政策与法规

近年来，我国逐步制定了相应的政策法规来保障村镇规划的实施建设，这无疑夯实了村镇规划的建设基础。本章首先对村镇规划的法律地位与内容做简要的介绍，其次对村镇规划政策与法规的演变历程、依据，以及村镇规划的技术规范和标准展开详细的介绍，然后选取我国部分省市的特色性政策和村镇规划编制导则与标准作为案例讲解，最后介绍村镇用地管理与建设规划管理等相关内容。

3.1　村镇规划的法律地位与内容

2008年1月1日，《中华人民共和国城乡规划法》（以下简称《城乡规划法》）开始实行，其中第二条明确了村镇规划的具体内容和法律地位，是除城镇体系规划、城市规划、乡规划之外的另外两种规划类型。

《城乡规划法》第二条规定"制定和实施城乡规划，在规划区内进行建设活动，必须遵守本法。本法所称城乡规划，包括城镇体系规划、城市规划、镇规划、乡规划和村庄规划"。

3.1.1　上位规划

《城乡规划法》第三条规定"城市和镇应当依照本法制定城市规划和镇规划。城市、镇规划区内的建设活动应当符合规划要求。县级以上地方人民政府根据……原则，确定应当制定乡规划、村庄规划的区域。在确定区域内的乡、村庄，应当依照本法制定规划，规划区内的乡、村庄建设应当符合规划要求。县级以上地方人民政府鼓励、指导前款规定以外的区域的乡、村庄制定和实施乡规划、村庄规划"。

《城乡规划法》第二十二条规定"乡、镇人民政府组织编制乡规划、村庄规划，报上一级人民政府审批"。

由此可见，镇规划的上位规划是县域镇村体系规划或者城市总体规划；村庄规划的上位规划是县域镇村体系规划或者镇总体规划。

3.1.2　规划内容

《城乡规划法》第二条中指出"城市规划、镇规划分为总体规划和详细规划。详细规划分为控制性详细规划和修建性详细规划"。第十七条中规定镇总体规划的内容应包括"城市、镇的发展布局，功能分区，用地布局，综合交通体系，禁止、限制和适宜建设的地域范围，各类专项规划等"。

《城乡规划法》第十八条中规定村庄规划的内容应包括"规划区范围，住宅、道路、供水、排水、供电、垃圾收集、畜禽养殖场所等农村生产、生活服务设施、公益事业等各项建设的用地布局、建设要求，以及对耕地等自然资源和历史文化遗产保护、防灾减灾等的具体安排"。

《村镇规划编制办法》（2000）中第三条指出"编制村镇规划一般分为村镇总体规划和村镇建设规划两个阶段"。

因此，村镇规划的内容可分为宏观引导控制型的规划和微观指导具体建设型的规划。另外，近些年来随着我国国情以及国家政策的变化，各地出现了一些其他的村镇规划类型，如以偏向宏观型的迁村并点、集中居住为导向的村庄布点规划，以及偏向微观型的针对村庄建设发展的村庄建设规划和针对村庄环境、面貌、卫生等做的整理、引导的村庄整治规划等。

3.2　村镇规划的政策与法规演变历程

3.2.1　村镇规划的政策演变历程

在现代化不断加快的进程中，特别是改革开放后，我国逐渐具备了工业反哺农业、城市支持农村的条件，村镇建设与发展成为我国广大的基层社会环境建设进一步向前发展的难点与关键。为缓解村镇发展的资源、市场、体制制约，缩小日益扩大的城乡差距，改善村镇人民生活条件，实现共同富裕的目标，相继出台了一系列有关村镇建设与发展的政策。

1979年，《中共中央关于加快农业发展若干问题的决定》中指出"有计划地发展小城镇建设和加强城市对农村的支持"。

1980年，国务院批转《全国城市规划工作会议纪要》提出"控制大城市规模、合理发展中等城市、积极发展小城市，依托小城镇发展经济"，这肯定了小城镇的地位作用和发展意见。

1984年，民政部《关于调整建镇标准的报告》中明确了建镇标准、建制镇户籍管理、撤乡建镇模式等，极大地推动了小城镇的发展。

1994年六部委颁布的《关于加强小城镇建设的若干意见》、1995年十一部委颁布的《小城镇综合改革试点指导意见》、1998年党的十五届三中全会通过的《中共中央关于农业和农村工作若干重大问题的决定》等政策文件中提到解决农村发展矛盾、推行集中统一建设方式、推动小城镇发展以带动农村经济和社会的发展等战略指导。

2000年6月13日，中共中央、国务院颁布《关于促进小城镇健康发展的若干意见》，其中明确了小城镇在我国城镇化过程中的重要性，指出"发展小城镇，是实现我国农村现代化的必由之路"。同时，该文件强调要遵循科学合理的原则发展小城镇，从而实现小城镇的健康发展。

2005年10月，党的十六届五中全会提出建设社会主义新农村的重大历史任务，提出了以"生产发展、生活富裕、乡风文明、村容整洁、管理民主"为目标的新农村建设战略。

2006年《中共中央国务院关于推进社会主义新农村建设的若干意见》中明确了要重视加强村庄规划，为当前乡村建设用地管理指明发展方向，确立新农村建设中乡村建设用地管理转型与变革的基本原则，真正发挥规划的龙头和基础作用。

2008年10月12日中共中央颁布《关于推进农村改革发展若干重大问题的决定》，该文件不仅明确了新形势下推进农村改革发展的重大意义，还规定了推进农村改革发展的指导思想、目标任务以及重大原则，从而进一步促进农村改革，加快城乡统筹发展。

2013年3月14日，《住房城乡建设部关于开展美丽宜居小镇、美丽宜居村庄示范工作的通知》中提出"省级建设主管部门要按照村镇自愿申报的原则，参照《美丽宜居小镇示范指导性要求》《美丽宜居村庄示范指导性要求》，选择……村庄和镇作为示范候选点，创建示范"。此项申报工作较大程度上促进了地方政府对村庄建设的重视，促进了村庄环境、风貌等的改善。同年，《中共中央关于全面深化改革若干重大问题的决定》中提出"推进以人为核心的城镇化，推动产业和城镇融合发展，强化小城镇的公共服务和居住功能等。"

2016年7月1日，住房和城乡建设部、发改委和财政部颁布《关于开展特色小镇培育工作的通知》。2016年10月8日，发改委颁布《关于加快美丽特色小（城）镇建设的指导意见》。这两个文件的相继颁布大力促进了我国特色小镇的建设与发展。

2018 年 1 月 2 日，中共中央、国务院颁布了《关于实施乡村振兴战略的意见》，该意见指出："实施乡村振兴战略，是党的十九大作出的重大决策部署，是决胜全面建成小康社会、全面建设社会主义现代化国家的重大历史任务，是新时代'三农'工作的总抓手。"

3.2.2 村镇规划的法规演变历程

1979 年和 1981 年由原国家建委等部牵头召开了两次全国性质的农村房屋建设工作会议（以下简称"村建一次会议""村建二次会议"），以此规范农村房屋建设工作。村建一次会议主要解决村庄规划有无的问题，标志着现代村庄规划已经开始进入探索阶段，对推动农村房屋规划建设具有重要意义。村建二次会议主要解决村庄规划及其法制建设在推进过程中遇到的各种障碍，标志着村庄规划的探索阶段已经深入到纵深领域，开启村庄规划制度建设和法治建设之门。

1990 年施行的《中华人民共和国城市规划法》是我国通过的第一部城市规划领域的法律，它的颁布与实施使得我国城市规划立法工作有了一个质的飞跃。但此法没有将村镇规划纳入规范范畴，没有设置针对村镇地区建设活动的条款，从制度框架上限制了村镇规划建设。这也进一步导致了某些村镇建设未体现当地特色，照搬城市规划模式，造成土地资源浪费和无序性建设等一系列问题。

1993 年以来，建设部颁布了一系列村镇相关的法规与标准文件，包括行政法规《村庄和集镇规划建设管理条例》、部门规章《村镇规划编制办法（试行）》（2000）及国家标准《村镇规划标准》GB 50188—1993。其中国务院于 1993 年 6 月 29 日发布的《村庄和集镇规划建设管理条例》标志着村镇规划开始进入规范化发展和法治化建设阶段。该条例对村镇规划的编制原则、方法和内容进行了初步明确，同时原则性地规定了村镇规划的审批程序、管理要求和实施办法。

2007 年 10 月 28 日，《中华人民共和国城乡规划法》在第十届全国人民代表大会常务委员会第三十次会议上顺利通过。该法是我国城乡规划法律体系中唯一的主干法，将村镇规划纳入了其中。从此，城市规划与村镇规划在同一法律中进行统筹考虑，结束了城、乡规划分别立法的体制。

与之对应，为更好地指导新时期下的村镇建设，住建部颁布了一系列法规规范。包括《镇（乡）域规划导则（试行）》（2010）、《村庄整治规划编制办法》（2013）、《镇规划标准》GB 50188—2007、《村庄整治技术标准》GB/T 50445—2019 及《村庄规划用地分类指南》（2014）等。此外，还有地方政府根据本地的具体情况而制定相关标准规范。如《河北省建制镇总体规划编制导则（试行）》《湖北省新农村建设村庄规划编制技术导则（试行）》及《云南省镇乡规划编制和实施办法》等。

3.3 村镇规划的国家政策和法律法规依据

3.3.1 村镇规划的政策依据

（1）乡村振兴战略

党的十九大提出的乡村振兴战略，是决胜全面建成小康社会、全面建设社会主义现代化国家的重大历史任务，是新时代"三农"工作的总抓手。乡村兴则国家兴，乡村衰则国家衰，实施乡村振兴战略，要坚持把解决好"三农"问题作为全党工作重中之重，坚持农业农村优先发展，按照"产业兴旺、生态宜居、乡风文明、治理有效、生活富裕"的总要求，建立健全城乡融合发展体制机制和政策体系，统筹推进农村经济建设、政治建设、文化建设、社会建设、生态文明建设和党的建设，加快推进乡村治理体系和治理能力现代化，加快推进农业农村现代化。到2050年，全面实现"乡村振兴，农业强、农村美、农民富"的目标。

乡村振兴的提出具备特定的历史背景，当前我国农业农村基础差、底子薄、发展滞后的状况尚未根本改变，经济社会发展中最明显的短板仍然在"三农"，现代化建设中最薄弱的环节仍然是农业农村。主要表现在：农产品阶段性供过于求和供给不足并存，农村一、二、三产业融合发展深度不够，农业供给质量和效益亟待提高；农民适应生产力发展和市场竞争的能力不足，农村人才匮乏；农村基础设施建设仍然滞后，农村环境和生态问题比较突出，乡村发展整体水平亟待提升；农村民生领域欠账较多，城乡基本公共服务和收入水平差距仍然较大，脱贫攻坚任务依然艰巨；国家支农体系相对薄弱，农村金融改革任务繁重，城乡之间要素合理流动机制亟待健全；农村基层基础工作存在薄弱环节，乡村治理体系和治理能力亟待强化。

实施乡村振兴战略要坚持以下几个原则：坚持城乡融合发展，推动城乡要素自由流动、平等交换，推动新型工业化、信息化、城镇化、农业现代化同步发展，加快形成工农互促、城乡互补、全面融合、共同繁荣的新型工农城乡关系；坚持人与自然和谐共生，落实节约优先、保护优先、自然恢复为主的方针，统筹山、水、林、田、湖、草系统治理，严守生态保护红线，以绿色发展引领乡村振兴；坚持因地制宜、循序渐进，科学把握乡村的差异性和发展走势分化特征，做好顶层设计，注重规划先行、突出重点、分类施策、典型引路。

这对城乡规划的制定和实施提出了新要求。统筹城乡国土空间开发格局，按照主体功能定位，对国土空间的开发、保护和整治进行全面安排和总体布局，推进"多规合一"，加快形成城乡融合发展的空间格局；优化乡村生产生活生态空间，分类推进乡村振兴，坚持人口资源环境相均衡、经济社会生态效益相统一，打造集约高效的生产空间，营造宜居适度的生活空间，保护山清水秀的生态空间，延续人和自然有机融合的乡村空间关系。

1）强化空间用途管制

强化国土空间规划对各专项规划的指导约束作用，统筹自然资源开发利用、保护和修复，按照不同主体功能定位和陆海统筹原则，开展资源环境承载能力和国土空间开发适宜性评价，科学划定生态、农业、城镇等空间和生态保护红线、永久基本农田、城镇开发边界及海洋生物资源保护线、围填海控制线等主要控制线，推动主体功能区战略格局在市县层面精准落地，健全不同主体功能区差异化协同发展长效机制，实现山、水、林、田、湖、草整体保护、系统修复、综合治理。

2）完善城乡布局结构

以城市群为主体构建大中小城市和小城镇协调发展的城镇格局，增强城镇地区对乡村的带动能力。加快发展中小城市，完善县城综合服务功能，推动农业转移人口就地就近城镇化。因地制宜发展特色鲜明、产城融合、充满魅力的特色小镇和小城镇，加强以乡镇政府驻地为中心的农民生活圈建设，以镇带村、以村促镇，推动村镇联动发展。建设生态宜居的美丽乡村，发挥多重功能，提供优质产品，传承乡村文化，留住乡愁记忆，满足人民日益增长的美好生活需要。

3）推进城乡统一规划

通盘考虑城镇和乡村发展，统筹谋划产业发展、基础设施、公共服务、资源能源、生态环境保护等主要布局，形成田园乡村与现代城镇各具特色、交相辉映的城乡发展形态。强化县域空间规划和各类专项规划引导约束作用，科学安排县域乡村布局、资源利用、设施配置和村庄整治，推动村庄规划管理全覆盖。综合考虑村庄演变规律、集聚特点和现状分布，结合农民生产生活半径，合理确定县域村庄布局和规模，避免随意撤并村庄搞大社区、违背农民意愿大拆大建。加强乡村风貌整体管控，注重农房单体个性设计，建设立足乡土社会、富有地域特色、承载田园乡愁、体现现代文明的升级版乡村，避免"千村一面"，防止乡村景观城市化。

4）优化乡村生产生活生态空间

统筹利用生产空间：乡村生产空间是以提供农产品为主体功能的国土空间，兼具生态功能。落实农业功能区制度，科学合理划定粮食生产功能区、重要农产品生产保护区和特色农产品优势区，合理划定养殖业适养、限养、禁养区域，严格保护农业生产空间。适应农村现代产业发展需要，科学划分乡村经济发展片区，统筹推进农业产业园、科技园、创业园等各类园区建设。

合理布局生活空间：乡村生活空间是以农村居民点为主体、为农民提供生产生活服务的国土空间。坚持节约集约用地，遵循乡村传统肌理和格局，划定空间管控边界，明确用地规模和管控要求，确定基础设施用地位置、规模和建设标准，合理配置公共服务设施，引导生活空间尺度适宜、布局协调、功能齐全。充分维护原生态村居风貌，保留乡村景观特色，保护自然和人文环境，注重融入时代感、现代性，强化空间利用的人性化、多样化，着力构建便捷的生活圈、完善的服务圈、繁荣的商业圈，让乡村居民过上更舒适的生活。

严格保护生态空间：乡村生态空间是具有自然属性、以提供生态产品或生态服务为主体功能的国土空间。加快构建以"两屏三带"为骨架的国家生态安全屏障，全面加强国家重点生态功能区保护，建立以国家公园为主体的自然保护地体系。树立山、水、林、田、湖、草是一个生命共同体的理念，加强对自然生态空间的整体保护，修复和改善乡村生态环境，提升生态功能和服务价值。全面实施产业准入负面清单制度，推动各地因地制宜制定禁止和限制发展产业目录，明确产业发展方向和开发强度，强化准入管理和底线约束。

（2）田园综合体

2017年2月5日，"田园综合体"作为乡村新型产业发展的亮点措施被写进中央一号文件。田园综合体是集现代农业、休闲旅游、田园社区为一体的特色小镇和乡村综合发展模式，是在城乡一体格局下，顺应农村供给侧结构性改革、新型产业发展，结合农村产权制度改革，实现中国乡村现代化、新型城镇化、社会经济全面发展的一种可持续性模式。

田园综合体发展模式的提出是经济新常态、传统农业园区转型发展、工商资本下乡、农村资源要素制约等多种社会经济背景下探索特色农业产业升级、资源统筹开发的创新举措和必然选择。其有四个目标，即实现村庄美、产业兴、农民富、环境优；实现农业生产生活生态"三生同步"，一、二、三产业"三产融合"，农业文化旅游"三位一体"；积极探索推进农村经济社会全面发展的新模式、新业态、新路径；逐步建成以农民合作社为主要载体，让农民充分参与和受益，集循环农业、创意农业、农事体验于一体的田园综合体。随着田园综合体建设的推进，将逐步发挥其在整合涉农资源并实现高效利用、促进农业产业价值增值和推进城乡经济社会一体化发展等方面的重要作用。

从基本原则看，要遵循四个原则。一是以农为本，以保护耕地为前提，不断提高农业综合效益和现代化水平；二是共同发展，让农民真正受益和分享集体经济发展和农村改革成果；三是市场主导，调动多元化主体参与田园综合体积极性；四是循序渐进，探索一条特色鲜明、宜居宜业、惠及各方的田园综合体建设和发展之路。

建立田园综合体，要求完善生产体系发展条件，加快基础设施建设；打造涉农产业体系发展平台，打造农业现代产业集群；培育农业经营体系发展新动能，带动区域内农民致富增收；构建乡村生态体系屏障，促进农业实现可持续发展；健全优化运行体系建设，处理好政府、企业和农民三者的关系。

一方面田园综合体强调的是多元参与，田园综合体涉及农户、合作社与企业、政府之间的关系，又涉及原居住民、新移民、游客的关系；在田园综合体的建设模式和运营管理模式方面，倡导以合作社为主体、多方共同参与的共建模式，利用市场手段有效盘活农村闲置资产，通过体制机制的创新激发各方的积极性。另一方面，田园综合体强调功能复合化，在现代农业生产功能基础上，一方面强调生态功能，采用绿色节本增效的生产技术，转变发展方式，大力发展循环农业，兼顾生产发展和生态效益。再一方面，在结合生态农业的基础上，打造具有吸引力的田园景观和传统农耕文化项目，为城市居民提供能记得住乡愁的农耕文化载体和农事体验活动空间。在一定的地域空间内，实现现代农业生产、居民生活、游客游憩、生态涵养等多功能的复合，彼此之间形成一种相互依存、相互裨益的能动关系，从而获得农业生产、生活、生态效益的最大化。

但田园综合体的模式并非能完全套用在所有乡村上，从创建要求看，田园综合体或依托于有基础、有优势、有特色、有规模、有潜力的乡村和产业；或创建区域范围内农业基础设施较为完备，农业特色优势产业基础较好，区位条件优越，核心区集中连片，发展潜力较大。此外，田园综合体也对规模有比较严格的要求——以地缘相近、人缘相亲的若干个行政村为片区，进行集中连线连片打造，每个片区以3~5个村为宜；空间划分为核心区、辐射区、衍射区三个层次，其中核心区规划面积不少于1万亩，以1~3万亩为宜。

全国各地立足自身实际，探索形成了形态各异的田园综合体建设模式。主要有以下四种：

1）以休闲观光为主要特色的农业观光模式。

2）以特色产业为主要特色的特色产业模式。

3）以农事体验为主要特色的体验经济模式。

4）以农旅结合和生态休闲旅游融合发展为特色的文旅融合模式。

（3）美丽宜居村镇建设

为了贯彻党的十八大关于建设美丽中国、深入推进新农村建设的精神，住房和城乡建设部大力培育美丽宜居村镇。美丽宜居小镇、村庄的核心是宜居宜业，特征是美丽、特色和绿色。为此，其示范要求是，美丽宜居村镇要达到"风景美、街区美、功能美、生态美、生活美"，共有15个示范要点，32项指导性要求。经过各地上报、住房和城乡建设部严格审查，先后于2013~2016年分4批共公布了190个美丽宜居小镇、565个美丽宜居村庄。

《住房城乡建设部 国家发展改革委 财政部关于开展特色小镇培育工作的通知》对在全国范围内开展特色小镇培育工作做出了全面部署。特色小镇的培育要求是建立特色鲜明的产业形态、创造和谐宜居的美丽环境、彰显特色的传统文化、提供便捷完善的设施服务、制定充满活力的体制机制。改革开放以来，特色小镇经历

了小镇 + "一村一品"、小镇 + 企业集群、小镇 + 服务业、小镇 + 新经济体四种模式。目前小镇 + 新经济体模式以形态、产业构成、运行模式等方面的创新，成为城市修补、生态修复、产业修缮的重要手段。

美丽乡村是生态、经济、社会、文化与政治协调发展，符合科学规划布局美、村容整洁环境美、创业增收生活美、乡风文明身心美且宜居、宜业、宜游的可持续发展的建制村。创建"美丽乡村"是推进生态文明建设的需要，是加强农业生态环境保护，推进农业农村经济科学发展的需要，是改善农村人居环境，提升社会主义新农村建设水平的需要。2015 年 6 月 1 日起正式实施国家质检总局、国家标准委发布的《美丽乡村建设指南》GB/T 32000—2015，从总则、村庄规划、村庄建设、生态环境、经济发展、公共服务、乡风文明、基层组织、长效管理 9 个部分，规范了美丽乡村建设。

近年来农业的快速发展，从一定程度上来说是建立在对土地、水等资源超强开发利用和要素投入过度消耗基础上的，农业乃至农村经济社会发展越来越面临着资源约束趋紧、生态退化严重、环境污染加剧等严峻挑战，广大农村地区基础设施依然薄弱，人居环境脏乱差现象仍然突出。开展"美丽乡村"创建，推进生态人居、生态环境、生态经济和生态文化建设，创建宜居、宜业、宜游的"美丽乡村"，是新农村建设理念、内容和水平的全面提升，是贯彻落实城乡一体化发展战略的实际步骤。美丽乡村建设活动的重点确定为：制定目标体系，组织创建试点，推介创建典型，强化科技支撑，加大农业生态环境保护力度，推动农村可再生能源发展，大力发展健康向上的农村文化。自 2013 年初，农业部在全国开展美丽乡村创建活动以来，各地积极开展美丽乡村建设的探索和实践，涌现出一大批各具特色的典型模式，可分为十大创建模式：

1）产业发展型：主要在东部沿海等经济相对发达地区，其特点是产业优势和特色明显，农民专业合作社、龙头企业发展基础好，产业化水平高，初步形成"一村一品""一乡一业"，实现了农业生产聚集、农业规模经营，农业产业链条不断延伸，产业带动效果明显。

2）生态保护型：主要是在生态优美、环境污染少的地区，其特点是自然条件优越，水资源和森林资源丰富，具有传统的田园风光和乡村特色，生态环境优势明显，把生态环境优势变为经济优势的潜力大，适宜发展生态旅游。

3）城郊集约型：主要是在大中城市郊区，其特点是经济条件较好，公共设施和基础设施较为完善，交通便捷，农业集约化、规模化经营水平高，土地产出率高，农民收入水平相对较高，是大中城市重要的"菜篮子"基地。

4）社会综治型：主要在人数较多、规模较大、居住较集中的村镇，其特点是区位条件好，经济基础强，带动作用大，基础设施相对完善。

5）文化传承型：主要是在具有特殊人文景观，包括古村落、古建筑、古民居以及传统文化的地区，其特点是乡村文化资源丰富，具有优秀民俗文化以及非物质文化，文化展示和传承的潜力大。

6）渔业开发型：主要在沿海和水网地区的传统渔区，其特点是产业以渔业为主，通过发展渔业促进就业，增加渔民收入，繁荣农村经济，渔业在农业产业中占主导地位。

7）草原牧场型：主要在我国牧区半牧区县（旗、市），占全国国土面积的 40% 以上。其特点是草原畜牧业是牧区经济发展的基础产业，是牧民收入的主要来源。

8）环境整治型：主要在农村脏乱差问题突出的地区，其特点是农村环境基础设施建设滞后，环境污染问题较严重，当地农民群众对环境整治的呼声高、反应强烈。

9）休闲旅游型：休闲旅游型美丽乡村模式主要是在适宜发展乡村旅游的地区，其特点是旅游资源丰富，住宿、餐饮、休闲娱乐设施完善齐备，交通便捷，距离城市较近，适合休闲度假，发展乡村旅游潜力大。

10）高效农业型：主要在我国的农业主产区，其特点是以发展农业作物生产为主，农田水利等农业基础设施相对完善，农产品商品化率和农业机械化水平高，人均耕地资源丰富，农作物秸秆产量大。

（4）新型城镇化

改革开放以来，伴随着工业化进程加速，我国城镇化经历了一个起点低、速度快的发展过程，但延续过去传统粗放的城镇化模式，会带来产业升级缓慢、资源环境恶化、社会矛盾增多等诸多风险。随着内外部环境和条件的深刻变化，城镇化进入以提升质量为主的转型发展新阶段，新型城镇化政策应运而生。新型城镇化就是紧紧围绕全面提高城镇化质量，加快转变城镇化发展方式，以人的城镇化为核心，有序推进农业转移人口市民化；以城市群为主体形态，推动大中小城市和小城镇协调发展；以综合承载能力为支撑，提升城市可持续发展水平；以体制机制创新为保障，通过改革释放城镇化发展潜力，走以人为本、四化同步、优化布局、生态文明、文化传承的中国特色新型城镇化道路。

走新型城镇化道路，要坚持七条基本原则：

1）以人为本，公平共享——以人的城镇化为核心，合理引导人口流动，有序推进农业转移人口市民化；

2）四化同步，统筹城乡——推动信息化和工业化深度融合、工业化和城镇化良性互动、城镇化和农业现代化相互协调，促进城镇发展与产业支撑、就业转移和人口集聚相统一，促进城乡要素平等交换和公共资源均衡配置，形成以工促农、以城带乡、工农互惠、城乡一体的新型工农、城乡关系；

3）优化布局，集约高效——根据资源环境承载能力构建科学合理的城镇化宏观布局,严格控制城镇建设用地规模,严格划定永久基本农田,合理控制城镇开发边界,优化城市内部空间结构,促进城市紧凑发展,提高国土空间利用效率;

4)生态文明,绿色低碳——强化环境保护和生态修复,减少对自然的干扰和损害,推动形成绿色低碳的生产生活方式和城市建设运营模式。

5)文化传承,彰显特色。根据不同地区的自然历史文化禀赋,体现区域差异性,提倡形态多样性,防止"千城一面",发展有历史记忆、文化脉络、地域风貌、民族特点的美丽城镇,形成符合实际、各具特色的城镇化发展模式。

6)市场主导,政府引导。正确处理政府和市场的关系,更加尊重市场规律,坚持使市场在资源配置中起决定性作用,更好地发挥政府作用,切实履行政府制定规划政策、提供公共服务和营造制度环境的重要职责,使城镇化成为市场主导、自然发展的过程,成为政府引导、科学发展的过程。

7)统筹规划,分类指导。中央政府统筹总体规划、战略布局和制度安排,加强分类指导。

从区域的角度来说,新型城镇化要求促进各类城市协调发展,优化城镇规模结构,增强中心城市辐射带动功能,加快发展中小城市,有重点地发展小城镇,促进大中小城市和小城镇协调发展。根据土地、水资源、大气环流特征和生态环境承载能力,发展集聚效率高、辐射作用大、城镇体系优、功能互补强的城市群,使之成为支撑全国经济增长、促进区域协调发展、参与国际竞争合作的重要平台。东部地区城市群主要分布在优化开发区域,面临水土资源和生态环境压力加大、要素成本快速上升、国际市场竞争加剧等制约,必须加快经济转型升级、空间结构优化、资源永续利用和环境质量提升。中西部地区城市群要培育发展中西部城镇体系比较健全、城镇经济比较发达、中心城市辐射带动作用明显的重点开发区域,要在严格保护生态环境的基础上,引导有市场、有效益的劳动密集型产业优先向中西部转移,吸纳东部返乡和就近转移的农民工,加快产业集群发展和人口集聚,培育发展若干新的城市群。

从城市的角度来说,新型城镇化要求提高城市规划建设水平,使之适应新型城镇化发展要求,提高城市规划科学性,加强空间开发管制,健全规划管理体制机制,严格建筑规范和质量管理,强化实施监督,提高城市规划管理水平和建筑质量。一要创新规划理念,把以人为本、尊重自然、传承历史、绿色低碳理念融入城市规划全过程。城市规划要由扩张性规划逐步转向限定城市边界、优化空间结构的规划,加强城市空间开发利用管制,合理划定城市"三区四线",合理确定城市规模、开发边界、开发强度和保护性空间;统筹规划城市空间功能布局,促进城市用地功能适度混合。二要完善规划程序,探索设立城市总规划师制度,提高规划编制科学化、民主化水平;加强城市规划与经济社会发展、主体功能区建设、国土资源利用、生态环境保护、基础设施建设等规划的相互衔接。三要强化规划管控，保持城市规划权威性、严肃性和连续性、加强规划实施全过程监管，确保依规划进行开发建设。

3.3.2　村镇规划的法规依据

（1）《中华人民共和国城乡规划法》（2019年修正）

《中华人民共和国城乡规划法》（2019年修正）是城乡规划法律体系的基本法，包括总则、城乡规划的制定、城乡规划的实施、城乡规划的修改、监督检查、法律责任、附则七章，其中，涉及村镇规划的内容的主要有：

1）适用范围

制定和实施城乡规划，在规划区内进行建设活动，必须遵守本法。本法所称城乡规划，包括城镇体系规划、城市规划、镇规划、乡规划和村庄规划。城市规划、镇规划分为总体规划和详细规划。详细规划分为控制性详细规划和修建性详细规划。本法所称规划区，是指城市、镇和村庄的建成区以及因城乡建设和发展需要，必须实行规划控制的区域。规划区的具体范围由有关人民政府在组织编制的城市总体规划、镇总体规划、乡规划和村庄规划中，根据城乡经济社会发展水平和统筹城乡发展的需要划定（图3-1）。

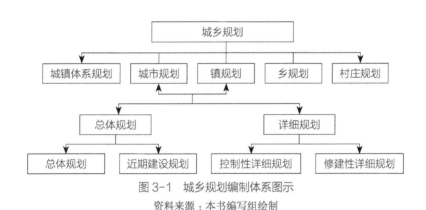

图3-1　城乡规划编制体系图示

资料来源：本书编写组绘制

2）制定和实施要求

城市和镇应当依照本法制定城市规划和镇规划。城市、镇规划区内的建设活动应当符合规划要求。县级以上地方人民政府根据本地农村经济社会发展水平，按照因地制宜、切实可行的原则，确定应当制定乡规划、村庄规划的区域。在确定区域内的乡、村庄，应当依照本法制定规划，规划区内的乡、村庄建设应当符合规划要求。县级以上地方人民政府鼓励、指导前款规定以外的区域的乡、村庄制定和实施乡规划、村庄规划。

制定和实施城乡规划，应当遵循城乡统筹、合理布局、节约土地、集约发展和先规划后建设的原则，改善生态环境，促进资源、能源节约和综合利用，保护耕地等自然资源和历史文化遗产，保持地方特色、民族特色和传统风貌，防止污染和其他公害，并符合区域人口发展、国防建设、防灾减灾和公共卫生、公共安全的需要。在规划区内进行建设活动，应当遵守土地管理、自然资源和环境保护等法律、法规的规定。县级以上地方人民政府应当根据当地经济社会发展的实际，在城市总体规划、镇总体规划中合理确定城市、镇的发展规模、步骤和建设标准。

城市总体规划、镇总体规划以及乡规划和村庄规划的编制，应当依据国民经济和社会发展规划，并与土地利用总体规划相衔接。

3）村镇规划的制定、审批

县人民政府组织编制县人民政府所在地镇的总体规划，报上一级人民政府审批。其他镇的总体规划由镇人民政府组织编制，报上一级人民政府审批。

镇人民政府组织编制的镇总体规划，在报上一级人民政府审批前，应当先经镇人民代表大会审议，代表的审议意见交由本级人民政府研究处理。规划的组织编制机关报送审批省域城镇体系规划、城市总体规划或者镇总体规划，应当将本级人民代表大会常务委员会组成人员或者镇人民代表大会代表的审议意见和根据审议意见修改规划的情况一并报送。

镇人民政府根据镇总体规划的要求，组织编制镇的控制性详细规划，报上一级人民政府审批。县人民政府所在地镇的控制性详细规划，由县人民政府城乡规划主管部门根据镇总体规划的要求组织编制，经县人民政府批准后，报本级人民代表大会常务委员会和上一级人民政府备案。

乡、镇人民政府组织编制乡规划、村庄规划，报上一级人民政府审批。村庄规划在报送审批前，应当经村民会议或者村民代表会议讨论同意。

4）村镇规划的内容

城市总体规划、镇总体规划的内容应当包括：城市、镇的发展布局，功能分区，用地布局，综合交通体系，禁止、限制和适宜建设的地域范围，各类专项规划等。规划区范围、规划区内建设用地规模、基础设施和公共服务设施用地、水源地和水系、基本农田和绿化用地、环境保护、自然与历史文化遗产保护以及防灾减灾等内容，应当作为城市总体规划、镇总体规划的强制性内容。城市总体规划、镇总体规划的规划期限一般为二十年。城市总体规划还应当对城市更长远的发展作出预测性安排。

乡规划、村庄规划应当从农村实际出发，尊重村民意愿，体现地方和农村特色。乡规划、村庄规划的内容应当包括：规划区范围，住宅、道路、供水、排水、供电、垃圾收集、畜禽养殖场所等农村生产、生活服务设施、公益事业等各项建设的用地布局、建设要求，以及对耕地等自然资源和历史文化遗产保护、防灾减灾等的具体安排。乡规划还应当包括本行政区域内的村庄发展布局。

5）村镇规划的实施

城市、县、镇人民政府应当根据城市总体规划、镇总体规划、土地利用总体规划和年度计划以及国民经济和社会发展规划，制定近期建设规划，报总体规划审批机关备案。近期建设规划应当以重要基础设施、公共服务设施和中低收入居民住房建设以及生态环境保护为重点内容，明确近期建设的时序、发展方向和空间布局。近期建设规划的规划期限为五年。

在城市、镇规划区内以划拨方式提供国有土地使用权的建设项目，经有关部门批准、核准、备案后，建设单位应当向城市、县人民政府城乡规划主管部门提出建设用地规划许可申请，由城市、县人民政府城乡规划主管部门依据控制性详细规划核定建设用地的位置、面积、允许建设的范围，核发建设用地规划许可证。建设单位在取得建设用地规划许可证后，方可向县级以上地方人民政府土地主管部门申请用地，经县级以上人民政府审批后，由土地主管部门划拨土地。

在城市、镇规划区内以出让方式提供国有土地使用权的，在国有土地使用权出让前，城市、县人民政府城乡规划主管部门应当依据控制性详细规划，提出出让地块的位置、使用性质、开发强度等规划条件，作为国有土地使用权出让合同的组成部分。未确定规划条件的地块，不得出让国有土地使用权。以出让方式取得国有土地使用权的建设项目，建设单位在取得建设项目的批准、核准、备案文件和签订国有土地使用权出让合同后，向城市、县人民政府城乡规划主管部门领取建设用地规划许可证。城市、县人民政府城乡规划主管部门不得在建设用地规划许可证中，擅自改变作为国有土地使用权出让合同组成部分的规划条件。

在城市、镇规划区内进行建筑物、构筑物、道路、管线和其他工程建设的，建设单位或者个人应当向城市、县人民政府城乡规划主管部门或者省、自治区、直辖市人民政府确定的镇人民政府申请办理建设工程规划许可证。申请办理建设工程规划许可证，应当提交使用土地的有关证明文件、建设工程设计方案等材料。需要建设单位编制修建性详细规划的建设项目，还应当提交修建性详细规划。对符合控制性详细规划和规划条件的，由城市、县人民政府城乡规划主管部门或者省、自治区、直辖市人民政府确定的镇人民政府核发建设工程规划许可证。城市、县人民政府城乡规划主管部门或者省、自治区、直辖市人民政府确定的镇人民政府应当依法将经审定的修建性详细规划、建设工程设计方案的总平面图予以公布。

在乡、村庄规划区内进行乡镇企业、乡村公共设施和公益事业建设的，建设单位或者个人应当向乡、镇人民政府提出申请，由乡、镇人民政府报城市、县人民政府城乡规划主管部门核发乡村建设规划许可证。在乡、村庄规划区内使用原有宅基地进行农村村民住宅建设的规划管理办法，由省、自治区、直辖市制定。在乡、村庄规划区内进行乡镇企业、乡村公共设施和公益事业建设以及农村村民住宅建设，不得占用农用地；确需占用农用地的，应当依照《中华人民共和国土地管理法》（2019）有关规定办理农用地转用审批手续后，由城市、县人民政府城乡规划主管部门核发乡村建设规划许可证。建设单位或者个人在取得乡村建设规划许可证后，方可办理用地审批手续。

在城市、镇规划区内进行临时建设的，应当经城市、县人民政府城乡规划主管部门批准。临时建设影响近期建设规划或者控制性详细规划的实施以及交通、市容、安全等的，不得批准。临时建设应当在批准的使用期限内自行拆除。临时建设和临时用地规划管理的具体办法，由省、自治区、直辖市人民政府制定。

在乡、村庄规划区内未依法取得乡村建设规划许可证或者未按照乡村建设规划许可证的规定进行建设的，由乡、镇人民政府责令停止建设、限期改正；逾期不改正的，可以拆除。

（2）《中华人民共和国土地管理法》（2019年修订）

《中华人民共和国土地管理法》是土地利用总体规划最根本的编制依据，与《中华人民共和国城乡规划法》共同规定了国土空间的资源利用。国土规划体制改革后，制定国土空间规划更需要加强对《中华人民共和国土地管理法》的理解。《土地管理法》包括总则、土地的所有权和使用权、土地利用总体规划、耕地保护、建设用地、监督检查、法律责任、附则八章，其中对乡镇规划编制起着重要指导意义的内容主要有：

1）国家实行耕地保护、土地用途管制制度

十分珍惜、合理利用土地和切实保护耕地是我国的基本国策。各级人民政府应当采取措施，全面规划，严格管理，保护、开发土地资源，制止非法占用土地的行为。

国家编制土地利用总体规划，规定土地用途，将土地分为农用地、建设用地和未利用地。严格限制农用地转为建设用地，控制建设用地总量，对耕地实行特殊保护。前款所称农用地是指直接用于农业生产的土地，包括耕地、林地、草地、农田水利用地、养殖水面等；建设用地是指建造建筑物、构筑物的土地，包括城乡住宅和公共设施用地、工矿用地、交通水利设施用地、旅游用地、军事设施用地等；未利用地是指农用地和建设用地以外的土地。

使用土地的单位和个人必须严格按照土地利用总体规划确定的用途使用土地。

2）土地的所有权和使用权

农村和城市郊区的土地，除由法律规定属于国家所有的以外，属于农民集体所有；宅基地和自留地、自留山，属于农民集体所有。

国有土地和农民集体所有的土地，可以依法确定给单位或者个人使用。使用土地的单位和个人，有保护、管理和合理利用土地的义务。

农民集体所有的土地依法属于村农民集体所有的，由村集体经济组织或者村民委员会经营、管理；已经分别属于村内两个以上农村集体经济组织的农民集体所有的，由村内各该农村集体经济组织或者村民小组经营、管理；已经属于乡（镇）农民集体所有的，由乡（镇）农村集体经济组织经营、管理。

农民集体所有和国家所有依法由农民集体使用的耕地、林地、草地，以及其他依法用于农业的土地，采取农村集体经济组织内部的家庭承包方式承包，不宜采取家庭承包方式的荒山、荒沟、荒丘、荒滩等，可以采取招标、拍卖、公开协商等方式承包，从事种植业、林业、畜牧业、渔业生产。家庭承包的耕地的承包期为三十年，草地的承包期为三十年至五十年，林地的承包期为三十年至七十年；耕地承包期届满后再延长三十年，草地、林地承包期届满后依法相应延长。

国家所有依法用于农业的土地可以由单位或者个人承包经营，从事种植业、林业、畜牧业、渔业生产。

3）土地利用总体规划

国家建立国土空间规划体系。编制国土空间规划应当坚持生态优先，绿色、可持续发展，科学有序统筹安排生态、农业、城镇等功能空间，优化国土空间结构和布局，提升国土空间开发、保护的质量和效率。

经依法批准的国土空间规划是各类开发、保护、建设活动的基本依据。已经编制国土空间规划的，不再编制土地利用总体规划和城乡规划。

乡（镇）土地利用总体规划应当划分土地利用区，根据土地使用条件，确定每一块土地的用途，并予以公告。

城市总体规划、村庄和集镇规划，应当与土地利用总体规划相衔接，城市总体规划、村庄和集镇规划中建设用地规模不得超过土地利用总体规划确定的城市和村庄、集镇建设用地规模。

在城市规划区内、村庄和集镇规划区内，城市和村庄、集镇建设用地应当符合城市规划、村庄和集镇规划。

4）耕地保护

永久基本农田划定以乡（镇）为单位进行，由县级人民政府自然资源主管部门会同同级农业农村主管部门组织实施。永久基本农田应当落实到地块，纳入国家永久基本农田数据库严格管理。

在土地利用总体规划确定的城市和村庄、集镇建设用地规模范围内，为实施该规划而将永久基本农田以外的农用地转为建设用地的，按土地利用年度计划分批次按照国务院规定由原批准土地利用总体规划的机关或者其授权的机关批准。在已批准的农用地转用范围内，具体建设项目用地可以由市、县人民政府批准。

在土地利用总体规划确定的城市和村庄、集镇建设用地规模范围外，将永久基本农田以外的农用地转为建设用地的，由国务院或者国务院授权的省、自治区、直辖市人民政府批准。

县级以上地方人民政府拟申请征收土地的，应当开展拟征收土地现状调查和社会稳定风险评估，并将征收范围、土地现状、征收目的、补偿标准、安置方式和社会保障等在拟征收土地所在的乡（镇）和村、村民小组范围内公告至少三十日，听取被征地的农村集体经济组织及其成员、村民委员会和其他利害关系人的意见。

5）用地管理

乡镇企业、乡（镇）村公共设施、公益事业、农村村民住宅等乡（镇）村建设，应当按照村庄和集镇规划，合理布局，综合开发，配套建设；建设用地，应当符合乡（镇）土地利用总体规划和土地利用年度计划，并依照本法第四十四条、第六十条、第六十一条、第六十二条的规定办理审批手续。

农村集体经济组织使用乡（镇）土地利用总体规划确定的建设用地兴办企业或者与其他单位、个人以土地使用权入股、联营等形式共同举办企业的，应当持有关批准文件，向县级以上地方人民政府自然资源主管部门提出申请，按照省、自治区、直辖市规定的批准权限，由县级以上地方人民政府批准；其中，涉及占用农用地的，依照本法第四十四条的规定办理审批手续。

按照前款规定兴办企业的建设用地，必须严格控制。省、自治区、直辖市可以按照乡镇企业的不同行业和经营规模，分别规定用地标准。

乡（镇）村公共设施、公益事业建设，需要使用土地的，经乡（镇）人民政府审核，向县级以上地方人民政府自然资源主管部门提出申请，按照省、自治区、直辖市规定的批准权限，由县级以上地方人民政府批准；其中，涉及占用农用地的，依照本法第四十四条的规定办理审批手续。

农村村民一户只能拥有一处宅基地，其宅基地的面积不得超过省、自治区、直辖市规定的标准。

人均土地少、不能保障一户拥有一处宅基地的地区，县级人民政府在充分尊重农村村民意愿的基础上，可以采取措施，按照省、自治区、直辖市规定的标准保障农村村民实现户有所居。

农村村民建住宅，应当符合乡（镇）土地利用总体规划、村庄规划，不得占用永久基本农田，并尽量使用原有的宅基地和村内空闲地。编制乡（镇）土地利用总体规划、村庄规划应当统筹并合理安排宅基地用地，改善农村村民居住环境和条件。

农村村民住宅用地，由乡（镇）人民政府审核批准；其中，涉及占用农用地的，依照本法第四十四条的规定办理审批手续。

农村村民出卖、出租、赠与住宅后，再申请宅基地的，不予批准。

国家允许进城落户的农村村民依法自愿有偿退出宅基地，鼓励农村集体经济组织及其成员盘活利用闲置宅基地和闲置住宅。

国务院农业农村主管部门负责全国农村宅基地改革和管理有关工作。

6）监督审查

农村村民未经批准或者采取欺骗手段骗取批准，非法占用土地建住宅的，由县级以上人民政府农业农村主管部门责令退还非法占用的土地，限期拆除在非法占用的土地上新建的房屋。

擅自将农民集体所有的土地通过出让、转让使用权或者出租等方式用于非农业建设，或者违反本法规定，将集体经营性建设用地通过出让、出租等方式交由单位或者个人使用的，由县级以上人民政府自然资源主管部门责令限期改正，没收违法所得，并处罚款。

自然资源主管部门、农业农村主管部门的工作人员玩忽职守、滥用职权、徇私舞弊，构成犯罪的，依法追究刑事责任；尚不构成犯罪的，依法给予处分。

（3）《村庄和集镇规划建设管理条例》（1993年）

《村庄和集镇规划建设管理条例》是指导我国村镇建设的基本法规，有效促进了村镇建设活动及其管理行为的规范化和法制化。其包括总则，村庄和集镇规划的制定，村庄和集镇规划的实施，村庄和集镇建设的设计、施工管理，房屋、公共设施、村容镇貌和环境卫生管理，罚则，附则七章。随着我国社会主义新农村建设深入推进，农村经济社会事业快速发展、全面进步，《村庄和集镇规划建设管理条例》部分规定亟需完善。下面主要对村庄和集镇规划的组织编制工作进行重点说明：

1）适用范围

本条例所称村庄，是指农村村民居住和从事各种生产的聚居点。

本条例所称集镇，是指乡、民族乡人民政府所在地和经县级人民政府确认由集市发展而成的作为农村一定区域经济、文化和生活服务中心的非建制镇。

本条例所称村庄、集镇规划区，是指村庄、集镇建成区和因村庄、集镇建设及发展需要实行规划控制的区域。村庄、集镇规划区的具体范围，在村庄、集镇总体规划中划定。

2）村镇规划的组织编制

村庄、集镇规划由乡级人民政府负责组织编制，并监督实施。

村庄、集镇规划的编制，应当以县域规划、农业区划、土地利用总体规划为依据，并同有关部门的专业规划相协调。

县级人民政府组织编制的县域规划，应当包括村庄、集镇建设体系规划。

编制村庄、集镇规划，一般分为村庄、集镇总体规划和村庄、集镇建设规划两个阶段进行。

村庄、集镇总体规划和集镇建设规划，须经乡级人民代表大会审查同意，由乡级人民政府报县级人民政府批准。

村庄建设规划，须经村民会议讨论同意，由乡级人民政府报县级人民政府批准。

根据社会经济发展需要，依照本条例第十四条的规定，经乡级人民代表大会或者村民会议同意，乡级人民政府可以对村庄、集镇规划进行局部调整，并报县级人民政府备案。涉及村庄、集镇的性质、规模、发展方向和总体布局重大变更的，依照本条例第十四条规定的程序办理。

村庄、集镇规划经批准后，由乡级人民政府公布。

3）村镇规划的编制原则

根据国民经济和社会发展计划，结合当地经济发展的现状和要求，以及自然环境、资源条件和历史情况等，统筹兼顾，综合部署村庄和集镇的各项建设；

处理好近期建设与远景发展、改造与新建的关系，使村庄、集镇的性质和建设的规模、速度和标准，同经济发展和农民生活水平相适应；

合理用地，节约用地，各项建设应当相对集中，充分利用原有建设用地，新建、扩建工程及住宅应当尽量不占用耕地和林地；

有利生产，方便生活，合理安排住宅、乡（镇）村企业、乡（镇）村公共设施和公益事业等的建设布局，促进农村各项事业协调发展，并适当留有发展余地；

保护和改善生态环境，防治污染和其他公害，加强绿化和村容镇貌、环境卫生建设。

4）村镇规划的编制内容

村庄、集镇总体规划，是乡级行政区域内村庄和集镇布点规划及相应的各项建设的整体部署。

村庄、集镇总体规划的主要内容包括：乡级行政区域的村庄、集镇布点，村庄和集镇的位置、性质、规模和发展方向，村庄和集镇的交通、供水、供电、商业、绿化等生产和生活服务设施的配置。

村庄、集镇建设规划，应当在村庄、集镇总体规划指导下，具体安排村庄、集镇的各项建设。

集镇建设规划的主要内容包括：住宅、乡（镇）村企业、乡（镇）村公共设施、公益事业等各项建设的用地布局、用地规划，有关的技术经济指标，近期建设工程以及重点地段建设具体安排。

村庄建设规划的主要内容，可以根据本地区经济发展水平，参照集镇建设规划的编制内容，主要对住宅和供水、供电、道路、绿化、环境卫生以及生产配套设施作出具体安排。

（4）《村镇规划编制办法》（2000 年）

《村镇规划编制办法》是为规范村镇规划的编制，提高村镇规划的质量而制定的，包括总则、现状分析图的绘制、村镇总体规划的编制、附则。

1）适用范围

本办法适用于村庄、集镇，县城以外的建制镇可以按照本办法执行。

2）村镇规划组织编制

编制村镇规划一般分为村镇总体规划和村镇建设规划两个阶段。村镇总体规划是对乡（镇）域范围内村镇体系及重要建设项目的整体部署。在编制村镇总体规划前可以先制定村镇总体规划纲要，作为编制村镇总体规划的依据；村镇建设规划是在村镇总体规划的指导下对镇区或村庄建设进行的具体安排，分为镇区建设规划和村庄建设规划。

村镇规划由乡（镇）人民政府负责组织编制。

3）村镇总体规划纲要应当包括的内容

根据县（市）域规划，特别是县（市）域城镇体系规划所提出的要求，确定乡（镇）的性质和发展方向；

根据对乡（镇）本身发展优势、潜力与局限性的分析，评价其发展条件，明确长远发展目标；

根据农业现代化建设的需要，提出调整村庄布局的建议，原则确定镇村体系的结构与布局；

预测人口的规模与结构变化，重点是农业富余劳动力空间转移的速度、流向与城镇化水平；提出各项基础设施与主要公共建筑的配置建议；

原则确定建设用地标准与主要用地指标，选择建设发展用地，提出镇区的规划范围和用地的大体布局。

4）村镇总体规划的编制

村镇总体规划的主要任务为：综合评价乡（镇）发展条件；确定乡（镇）的性质和发展方向；预测乡（镇）行政区域内的人口规模和结构；拟定所辖各村镇的性质与规模；布置基础设施和主要公共建筑；指导镇区和村庄建设规划的编制。

村镇总体规划应当包括下列内容：

对现有居民点与生产基地进行布局调整，明确各自在镇村体系中的地位。

确定各个主要居民点与生产基地的性质和发展方向，明确它们在镇村体系中的职能分工。

确定乡（镇）域及规划范围内主要居民点的人口发展规模和建设用地规模。

人口发展规模的确定：用人口的自然增长加机械增长的方法计算出规划期末乡（镇）域的总人口。在计算人口的机械增长时，应当根据产业结构调整的需要，分别计算出从事一、二、三产业所需要的人口数，估算规划期内有可能进入和迁出规划范围的人口数，预测人口的空间分布。

建设用地规模的确定：根据现状用地分析、土地资源总量以及建设发展的需要，按照《村镇规划标准》确定人均建设用地标准。结合人口的空间分布，确定各主要居民点与生产基地的用地规模和大致范围。

安排交通、供水、排水、供电、电信等基础设施，确定工程管网走向和技术选型等。

安排卫生院、学校、文化站、商店、农业生产服务中心等对全乡（镇）域有重要影响的主要公共建筑。

提出实施规划的政策措施。

5）村镇建设规划的编制

村镇建设规划的任务是：以村镇总体规划为依据，确定镇区或村庄的性质和发展方向，预测人口和用地规模、结构，进行用地布局，合理配置各项基础设施和主要公共建筑，安排主要建设项目的时间顺序，并具体落实近期建设项目。

镇区建设规划应当包括下列内容：

在分析土地资源状况、建设用地现状和经济社会发展需要的基础上，根据《村镇规划标准》确定人均建设用地指标，计算用地总量，再确定各项用地的构成比例和具体数量。

进行用地布局，确定居住、公共建筑、生产、公用工程、道路交通系统、仓储、绿地等建筑与设施建设用地的空间布局，做到联系方便、分工明确，划清各项不同使用性质用地的界线。

根据村镇总体规划提出的原则要求，对规划范围的供水、排水、供热、供电、电信、燃气等设施及其工程管线进行具体安排，按照各专业标准规定，确定空中线路、地下管线的走向与布置，并进行综合协调。

确定旧镇区改造和用地调整的原则、方法和步骤。

对中心地区和其他重要地段的建筑体量、体型、色彩提出原则性要求。

确定道路红线宽度、断面形式和控制点坐标标高，进行竖向设计，保证地面排水顺利，尽量减少土石方量。

综合安排环保和防灾等方面和设施。

编制镇区建设规划。

镇区近期建设规划要达到直接指导建设或工程设计的深度。建设项目应当落实到指定范围，有四角坐标、控制标高，示意性平面；道路或公用工程设施要标有控制点坐标、标高，并说明各项目的规划要求。

3.4 村镇规划的国家技术规范和标准

3.4.1 《城市用地分类与规划建设用地标准》GB 50137—2011

《城市用地分类与规划建设用地标准》GB 50137—2011 是对《城市用地分类与规划建设用地标准》GBJ 137—1990 的修订，修订的主要内容有：增加城乡用地分类体系，调整城市建设用地分类体系，调整规划建设用地的控制标准，包括规划人均城市建设用地标准，规划人均单项城市建设用地标准以及规划城市建设用地结构三部分。《城市用地分类与规划建设用地标准》也对相关条文进行了补充修改，包括总则、术语、用地分类和规划建设用地标准几个部分。

3.4.2 《镇规划标准》GB 50188—2007

根据建设部建标〔1999〕308号文件的通知要求，在广泛征求意见的基础上，对原标准（即《村镇规划标准》GB 50188—2006）修订，修订的主要技术内容为：在原标准9章的基础上增设了术语、防灾减灾规划、环境规划、历史文化保护规划和规划制图等5章；重点调整了镇村体系和规模分级、规划建设用地标准、公共设施项目配置；公用工程设施规划中增加了燃气工程、供热工程、工程管线综合等3节；并对原有其他各章也作了补充修改。

3.4.3 《村庄规划用地分类指南》（2014年）

《村庄规划用地分类指南》（2014年）由住房和城乡建设部于2014年7月11日发布，适用于村庄的规划编制、用地统计和用地管理工作。

3.5 村镇规划的地方政策和法规

3.5.1 地方特色性政策

（1）浙江杭派民居示范村

为深化"美丽杭州"建设，精心打造"美丽乡村"，根据《国务院办公厅关于改善农村人居环境的指导意见》（国办发〔2014〕25号）、《中共浙江省委关于建设美丽浙江创造美好生活的决定》《"杭派民居"示范村创建工作实施办法》，继承"杭派民居"在历史、人文、自然、空间和建筑等方面的优良传统，发展新的杭派人居环境，是民居建筑乃至乡土景观走向未来的必经之路，也是建设乡村生态文明，实现城乡共同美丽和谐发展的重要途径。

1）总体目标

以改革为动力，以增加农民收入为根本，创建一批市级"杭派民居"重点示范村和一般示范村，通过典型示范、以点带面来带动其他村庄的建设。培育一批依托当地自然风貌和山水资源，开发具有杭州特色的农村新型业态，形成老百姓安居乐业的民居典范。

2）基本原则

A. 规划先导。按照规划布局整体化、土地利用集约化、单体设计差异化、材料首选本土化、功能配置现代化的要求，编制"杭派民居"示范村建设规划和具体的设计方案。突出规划整体布局，做到房屋建筑依山就势、疏密结合；精心设计房屋单体建筑，体现房屋建筑多样化、个性化；充分利用当地的建筑材料和建筑元素，做到建筑风格与自然环境相协调；完善现代生活功能、社会公共服务功能和产业发展功能，提高房屋经营利用率，做到产居融合。

B. 农民主体。强化宣传，积极引导，充分发挥农民主体作用和首创精神，激发农民参与"杭派民居"建设的积极性、主动性。尊重农民意愿，充分发挥农民的聪明才智，实行民主决策、民主管理。

C. 项目带动。将"美丽乡村"精品村、精品区块、精品线路和"风情小镇"建设、农房改造与示范村创建、历史文化村落保护与利用、农村新型业态培育、农村公共服务建设等项目有机结合起来，通过新建与改造、环境整治与文化挖掘、公共服务提升与现代产业培育等项目的实施，加快"杭派民居"示范村建设，注重解决群众最关心、最直接、最现实的利益问题。

D. 改革引领。树立经营农村的理念，充分发挥村庄自然资源的优势，采取企业投资经营、农民股份合作、农民个体经营等市场化运作模式，在坚持"一户一宅、拆旧建新、法定面积"的基础上，探索将农民住房与经营性用房分离，实行封闭运作、规模经营，着力培育发展农村休闲经济、养生养老经济、民宿经济、电子商务等新型业态。

3）基本类型

A. 野趣山居型。注重与所处自然环境的融合，尊重山坡地的独特地形地貌，形成依山就势、高低错落、疏密有致的建筑景观。

B. 杭韵水乡型。注重对自然水环境景观的利用，保护水系水网，塑造临水而居、"小桥流水人家"式的江南水乡独特人居环境。

C. 诗意田园型。注重与现代农业生产的融合，围绕田园条状布局，形成农村住宅建筑与农田及田园风光交相呼应的乡村风貌。

D. 都市风雅型。注重与城镇整体布局的衔接，在满足居住安置需求的同时，营造良好的公共空间环境，展示经济繁荣、大气开放、杭味浓郁的新型城镇风采。

4）建设要求

A. 原则上选择生态环境较好、区位条件优越、文化底蕴深厚、交通安全便捷的中心村、精品村或新型业态培育村；

B. 规划布局合理，基础设施完善，违法违建严格防控，存量用地有效盘活，人均建设用地标准显著下降；

C. 示范效应明显，规划新建农房规模30户以上；

D. 村班子坚强有力，乡风民俗淳朴，社会安定和谐，农民参与"杭派民居"示范村建设积极性高。

E. 要求崇尚自然、融入自然，因地制宜、因势利导，应达到"四个融合"：建筑与环境融合、新建与已建融合、现代与传统融合、产业与居住融合。

5）保障措施

A. 加强组织领导。市政府建立"杭派民居"示范村创建工作协调机制，明确牵头单位和工作责任，抓好工作落实。

B. 明确职能分工。"杭派民居"示范村创建主体与实施主体分别为所在乡镇政府和行政村。有关部门要加强工作协调，明确工作分工，抓好工作落实。

C. 强化规划引领。"杭派民居"示范村规划编制工作以区、县（市）为单位，统一组织有资质的专业机构进行编制。各级建设规划部门要抽调骨干力量，帮助并指导"杭派民居"示范村规划、设计工作。

D. 加大资金扶持力度。2015~2016年，对"杭派民居"示范村达到创建要求的，按竞争性分配或因素法分配等方式给予相关区、县（市）一定的市级资金补助（项目资金管理办法由相关部门另行制定）。

E. 加强用地保障。各级国土资源部门要对"杭派民居"示范村的创建予以必要的政策支持，对因地制宜探索建设"台地村庄""坡地村镇"的，在条件成熟的情况下，优先列入相关试点范围，市本级给予区、县（市）新增建设用地指标奖励，或按上浮标准回购同等比例的增减挂钩指标。

（2）云南人居环境整治

根据《中共中央办公厅、国务院办公厅关于印发〈农村人居环境整治三年行动方案〉的通知》（中办发〔2018〕5号）精神，云南省制定了《云南省进一步提升城乡人居环境五年行动计划（2016—2020年）》（以下简称《五年行动计划》），来推进农村人居环境整治，进一步提升农村人居环境水平。

1）总体要求

云南省在提升人居环境工作中，坚持问题导向，将村庄划分为旅游特色型、美丽宜居型、提升改善型、自然山水型、基本整洁型五类。由于各类村庄的自然资源、旅游资源、交通条件、基础设施条件以及规模等现状条件有一定的差别，因此，这五类村庄在五年内要实现的生活垃圾处置体系、无害化卫生厕所改造的标准不同。不仅要在数量上实现全域村庄的人居环境改善，而且要因地制宜地采取有质量的实施办法。

2）重点任务

在继续深入推进城乡"四治三改一拆一增"、村庄"七改三清"行动的基础上，结合云南省实际，突出问题导向，全面完成以下重点任务。

加强村庄规划编制与实施管理。采用"多规合一"的编制方法，统筹农村生产、生活、生态空间，严格保护空间生态环境，加大力度推进实用性村庄规划编制，配套完善乡村公厕、集贸市场等公共服务设施。全面加强村庄规划实施监管，强化乡村建设规划许可，建立健全违法用地和建筑查处机制，坚决依法依规查处及拆除违法违规违章建筑。

全面推进农村生活垃圾治理。采取"村收集镇转运县处理""组收集村（镇）转运镇（片区）处理""源头减量、就近就地处理"等多种模式，加大农村垃圾治理力度。

深入推进农村生活污水治理。推动城镇污水管网向周边村庄延伸覆盖，积极推广低成本、低能耗、易维护、高效率的污水处理技术，鼓励采用生态处理工艺。加强生活污水源头减量和尾水回收利用，将农村水环境治理纳入河长制、湖长制管理。

大力推进农村厕所革命。加快推进农村无害化卫生户厕改造建设，推广水冲式卫生厕所改造模式，同步实施厕所粪污治理，原则上以"水冲厕＋装配式三格化粪池＋资源化利用"方式为主，推进厕所革命。

着力提升村容村貌。按照国家和省委、省政府的安排部署，建好、管好、护好、运营好"四好农村路"，加强农村道路交通安全管理，努力形成"畅安舒美"的通行环境；实施农村饮水安全巩固提升工程；加快推进农村电网改造升级，完善村庄公共照明设施；加强农村地区通信设施建设；整治村庄公共空间、庭院环境和各类架空管线，消除私搭乱建、乱堆乱放。加大传统村落民居和历史文化名镇名村保护力度；加强自然生态环境修复，保护森林，加强乡村湿地保护与恢复。在有条件的乡村和社区，积极推进乡村湿地建设。

建立完善长效管护机制。各级党委、政府及有关部门要制定明确的制度和措施，县级负责建立县、乡、村有制度、有标准、有队伍、有经费、有督查的村庄人居环境长效管护机制。鼓励专业化、市场化建设和运行管护。

3）有序推进策略

各州（市）要按照本方案制定具体实施办法，县（市、区）制定具体的实施细则，明确分年度实施计划、责任部门、资金筹措、村民参与机制等内容。各地区要结合实际，开展试点示范，总结提炼出符合当地实际的环境整治模式和方法，以及能复制、易推广的建设和运行管护机制。根据典型示范地区整治进展情况，集中推广成熟做法、技术路线和监管模式。省级有关部门要适时开展检查、评估和督导，确保整治工作健康有序推进。

（3）湖南精准扶贫

2013年11月，国家领导人在视察湖南时首次提出"精准扶贫"方略，要求湖南"积极探索可复制的经验"。为坚决打赢新时期全省扶贫开发攻坚战，湖南省积极开展扶贫工作，颁布了《湖南省农村扶贫开发条例》，以此实施精准扶贫，加快推进扶贫开发工作。湖南推出了一系列政策，进一步完善健全了扶贫政策体系，打出了政策"组合拳"。具体表现在以下几个方面：

1）政策举措。2015 年 7 月，中共湖南省第十届委员会第十三次全体（扩大）会议审议通过了《中共湖南省委关于实施精准扶贫加快推进扶贫开发工作的决议（草案）》，目标到 2020 年，实现全省 596 万贫困人口整体脱贫，51 个扶贫工作重点县全部摘帽，贫困村基础设施、基本公共服务主要领域指标接近全省平均水平。

2）保障措施。通过"一进二访"（进村入户、访困问需、访贫问计）活动，做到"户有卡、村有册、乡（镇）有档、省市县乡村信息平台共建共享"。精准到项目，加快实施水、电、路、气、房、环境治理"六到农家"，扎实抓好就医、就学、养老、低保、五保、村级集体经济发展"六个落实"。同时，通过立法保障扶贫开发工作"有法可依"，制定并实施《湖南省农村扶贫开发条例》，实施扶贫考核办法，实现驻村帮扶，省级层面派出 184 支扶贫工作队对 8000 个贫困村全面覆盖。

3）"1+10+17"。采用"1（行动指南）+10（保障措施）+17（具体实施方案）"政策"组合拳"共同构成了湖南大扶贫格局。在目标指南层面，湖南省出台了《中共湖南省委关于实施精准扶贫加快推进扶贫开发工作的决议》，明确了近五年的扶贫目标任务。

4）责任体系。切实强化扶贫开发工作领导责任制，坚决落实"中央统筹、省负总责、市县抓落实"的管理体制和"片为重点、工作到村、扶贫到户"的工作机制。

3.5.2 地方村镇规划编制导则与标准

（1）编制导则列表

本书搜集了部分地方村镇规划编制技术导则，其中省级村镇规划编制导则 12 份（表 3-1），市级村镇技术导则 6 份（表 3-2），以下对部分省市的代表性技术导则进行重点介绍。

部分省级村镇编制导则列表   表 3-1

序号	名称	类别	实行时间	发布单位
1	《湖北省镇域规划编制导则（试行）》	镇	2014 年 1 月 21 日	湖北省住房和城乡建设厅
2	《海南省小城镇规划编制技术导则》	镇	2011 年 11 月 10 日	海南省住房和城乡建设厅
3	《河北省镇、乡和村庄规划编制导则（试行）》	镇、乡、村	2010 年 3 月 17 日	河北省住房和城乡建设厅
4	《湖南省村庄规划编制导则（试行）》	村	2017 年 11 月	湖南省住房和城乡建设厅
5	《甘肃省村庄规划编制导则（试行）》	村	2014 年 5 月	甘肃省住房和城乡建设厅
6	《安徽省村庄规划编制标准》	村	2015 年 4 月 1 日	安徽省住房和城乡建设厅

续表

序号	名称	类别	实行时间	发布单位
7	《福建省村庄规划编制指南（试行）》	村	2019 年 9 月	福建省自然资源厅
8	《贵州省村庄规划编制导则（试行）》	村	2018 年 4 月 11 日	贵州省住房和城乡建设厅
9	《广东省县（市）域乡村建设规划编制指引（试行）》	村	2016 年 8 月 26 日	广东省住房和城乡建设厅
10	《浙江省村庄规划编制导则》	村	2015 年 8 月	浙江省住房和城乡建设厅
11	《广西壮族自治区村庄规划编制技术导则（试行）》	村	2019 年 7 月	广西壮族自治区自然资源厅
12	《山东省村庄建设规划编制技术导则（试行）》	村	2006 年 6 月	山东省建设厅

资料来源：本书编写组绘制

部分城市村镇规划编制导则列表 表 3-2

序号	名称	类别	实行时间	发布单位
1	《成都市城镇及村庄规划管理技术规定（2015）》	镇、村	2015 年 5 月	成都市规划管理局
2	《上海市村庄规划编制导则（试行）》	村	2010 年 8 月	上海市规划和国土资源管理局
3	《广州市村庄规划编制指引（试行）》	村	2013 年 6 月	广州市规划局
4	《内江市村庄规划管理技术导则》	村	2019 年	内江市自然资源和规划局
5	《惠州市村庄规划编制技术导则（修编）》	村	2016 年	惠州市住房和城乡规划建设局
6	《合肥市中心村村庄规划编制导则（试行）》	村	2014 年 12 月	合肥市规划局

资料来源：本书编写组绘制

（2）广东省

1）分级与分类

A.《广东省县（市）域乡村建设规划编制指引（试行）》（2016 年）

根据县（市）域乡镇和村庄的区位、规模、资源条件、发展特色等，村镇等级可分为中心镇（重点镇）、特色镇、一般镇和中心村（重点村）、特色村、一般村（基层村）等。

B.《广州市村庄规划编制指引（试行）》（2013 年）将广州市村庄分为以下四种类别：城中村、城边村、远郊村、搬迁村。

C.《惠州市村庄规划编制技术导则（修编）》（2016 年）

根据村庄规划编制要求分为三类，即分散型或规模较小的村庄（行政村村域范围内村民住宅相对集中的区域户籍户数不超过 50 户的村庄）、特色村庄（包括旅游村庄和特色产业村庄）和一般村庄（除以上两种类型以外的村庄）。

2）用地标准

A.《广东省县（市）域乡村建设规划编制指引（试行）》（2016 年）

明确生态保护、产业发展、村庄建设的主要区域，划定村庄规划区范围，有条件的应按照"多规合一"的要求落实各类控制线。通过人口预测结果，确定村庄各类建设用地的分布、规模和范围线，村庄建设用地规模和范围线应符合城市（镇）总体规划"三区四线"管控要求，并与土地利用总体规划相衔接。

B.《广州市村庄规划编制指引（试行）》（2013 年）

根据村庄人口规模预测和产业发展定位，因地制宜，明确规划期内居住用地、公共服务设施用地、生产设施用地、仓储用地、道路及交通设施用地、公用工程设施用地、绿地及广场等各类建设用地规模，明确各类用地的范围和界线。

C.《广东省县（市）域乡村建设规划编制指引（试行）》（2016 年）

乡村建设用地规模应依据国民经济和社会发展规划，按照县（区）总体规划要求，划定乡村居民点管控边界，合理确定乡村建设用地规模和布局，并与土地利用总体规划相衔接，并结合土地利用总体规划，对乡村土地资源提出管控要求。

3）公共服务设施建设标准

A.《广东省县（市）域乡村建设规划编制指引（试行）》（2016 年）

按照基本公共服务均等化和设施共建共享的原则，结合乡镇和村庄的等级、规模、职能和服务功能等，综合考虑村民的出行距离、设施服务半径等因素，查漏补缺，统筹配置教育、医疗、文化、体育、商业等公共服务设施，明确规划期间公共服务设施建设的主要任务和重点项目，引导村级公共服务资源优化整合，逐步实现乡村基本公共服务全覆盖。

B.《广州市村庄规划编制指引（试行）》（2013 年）

按照广东省宜居城乡建设标准、广东省公共服务均等化、广州市美丽乡村建设以及相关配套要求和村民意愿，对现状配套设施进行评价，按照村庄户籍人口、常住及流动人口规模，根据相关标准和服务半径要求，合理配套村庄的公共管理与公共服务设施，确定设施的位置、规模和数量。

C.《惠州市村庄规划编制技术导则（修编）》（2016 年）

构建公共服务综合平台，综合考虑村民的出行距离、设施服务半径等因素，查漏补缺，统筹配置教育、医疗、文化体育、商业服务、社会福利等公共服务设施。

4）乡村风貌规划指引

A.《广东省县（市）域乡村建设规划编制指引（试行）》（2016年）

深入挖掘和分析地域风貌特色，按照尊重自然、传承特色的原则，提出县（市）域乡村风貌建设的整体目标，结合各类景观载体（包括自然景观、文化景观、历史文化名村、传统村落、古驿道等），划分乡村风貌建设分区，明确田园风光、自然景观、建筑风格和历史文化保护等风貌要素的控制要求，提出片区风貌建设指引。

B.《广州市村庄规划编制指引（试行）》（2013年）

注重农村文化传承，充分挖掘和展示村庄的自然肌理和历史文化遗存，合理利用自然环境、祠堂、传统民居、"风水塘"、古树名木等要素，通过村容村貌整治和规划控制，突出乡村地域特色，保持田园风貌，体现地域文化风格，营造岭南特色乡村风貌。

C.《惠州市村庄规划编制技术导则（修编）》（2016年）

评价影响编制地区风貌构成的要素，确定风貌分区和控制要求，具体内容如下：①按照尊重自然、传承文化的原则，结合各类景观载体，划分乡村风貌建设分区。②根据乡村风貌建设分区，明确田园风光、自然景观、建筑风格和历史文化等风貌要素的控制要求，提出片区风貌规划指引。③加强重点地区的风貌控制指引，结合地方实际提出城乡结合部、交通沿线、相关保护区和连片发展地区等重要节点地区的风貌控制要求。

（3）安徽省

1）分级与分类

A.《安徽省村庄规划编制标准》（2015年）

村庄按其在镇村体系规划中的地位和职能一般分为中心村、自然村两个层次。中心村为乡村基本服务单元。根据村庄建设模式，中心村分为整治（保护）型、提升拓展型、新建型三种模式；自然村一般为整治（保护）型模式。根据产业类型，中心村可分为农林型、旅游型、综合型等。

B.《合肥市中心村村庄规划编制导则（试行）》（2014年）

中心村主要分为提升拓展型、集中新建型和整治型（保护）三种类型。提升拓展型中心村：主要指具有较好的经济基础和对外交通条件，已有一定的建设规模和基础设施配套，周边用地能满足拓展扩建需求的村庄。集中新建型中心村：主要指因城镇建设、重点项目建设和村庄安全需要，必须进行引导新建的村庄。整治（保护）型中心村：主要指具有良好现状基础的中心村，现状配套设施不完善，规划以完善公共服务设施和基础设施为重点，有步骤地开展危旧房改造，改善村庄环境和生产、生活条件；同时包含具有特殊人文景观和自然景观等而需要保护的村庄。

2）公共服务设施标准

A.《安徽省村庄规划编制标准》（2015年）

村域范围内公共服务设施包括公共服务中心、卫生室、教育、文化、商业等生产和生活性服务设施，设置需要考虑村域内外的共建共享，服务半径的合理性。同时根据村庄分级分类及所处的区位条件，按配置要求分为刚性配置和弹性配置（表3-3~表3-5）。

中心村公共服务设施配置一览表 　　　　表3-3

类别	配置要求	序号	配置项目	备注
公共服务设施	刚性配置	1	公共服务中心	村域共享
		2	幼儿园	结合县域教育设施布点
		3	小学	根据规模需求
		4	卫生室	可与公共服务中心合建
公共服务设施	刚性配置	5	图书室	可与公共服务中心合建
		6	文化活动室	可与公共服务中心合建
		7	养老设施	村域内共享
		8	健身活动场地	宜与公共服务中心广场、农民文化活动乐园结合
	弹性配置	9	乡村金融服务网点	根据市场需求
		10	邮政网点	根据市场需求
		11	农资店	根据市场需求
		12	便民超市	根据市场需求
		13	农贸市场	根据市场需求
备注	美好乡村重点示范村应整合上述文化设施，按照"一场、两堂、三室、四强"的标准配建农民文化乐园，刚性配置的公共服务设施项目需要明确配置建设标准，公共服务设施项目可以结合现状房屋进行使用功能改造，同时可以根据集体经济投入和上级补助情况，制定分期建设计划；弹性配置的给予建设标准指引			

资料来源：本书编写组依据《安徽省村庄规划编制标准》（2015年）绘制

自然村公共服务设施配置一览表 　　　　表3-4

类别	配置要求	序号	配置项目	备注
公共服务设施	刚性配置	1	休闲健身活动场地	
	弹性配置	2	便民超市	根据市场需求

资料来源：本书编写组依据《安徽省村庄规划编制标准》（2015年）绘制

中心村公共服务设施建设参考指标一览表　　　　　　表 3-5

类型（m²）	服务人口3000人左右	服务人口2000人左右	服务人口1500人左右	服务人口1000人左右
公共服务中心	350	300	250	200
小学	6000	4000	3000	—
幼儿园	900	600	450	300
文化活动室	200	100	70	50
图书室	60	40	30	30
卫生室	120	100	80	80
健身场地	800	600	500	300
老年活动室	150	100	80	60
邮政网点	40	30	20	20
便民超市	80	60	40	30
农贸市场	200	150	100	60
农资店	60	50	40	30
乡村金融服务网点	40	35	30	25
备注	小学应根据生源实际情况，结合各地县（区）相关教育布点规划要求配置。市场配置的设施建设标准，根据需求配置。中心村服务人口超过3000人的村庄，公共服务设施配置需要专题研究。属于弹性配置的公共服务设施，由经营主体根据市场决定，其功能和规模可以整合兼容			

资料来源：本书编写组依据《安徽省村庄规划编制标准》（2015年）绘制

B.《合肥市中心村村庄规划编制导则（试行）》（2014年）

中心村配置的公共服务设施应以行政村为单位，坚持因地制宜、整合资源、统筹安排。中心村配置的公共服务设施一般包括小学（根据教育布点需求建设）、幼儿园、卫生所、文化活动室、图书室、养老设施、乡村金融服务网点、邮政所、农资店、便民超市、农贸市场、公共服务中心（村两委及提供便民服务、科技服务、就业服务、警务等服务的场所）。

中心村配置的基础设施应包含公交站、停车场、垃圾收集点、污水处理设施、公厕等。

新建中心村各项设施应与住房同步建设，有条件可集中布置；提升拓展型、整治型（保护）村庄应在现有设施的基础上加以改造和完善，并达到美好乡村建设要求（表3-6）。

中心村配建设施一览表　　　　　　　　　表 3-6

类别	序号	项目	配置要求	备注
公共服务设施	1	公共服务中心	必须配置	村域共享
	2	小学	按需配置	村域共享
	3	幼儿园	按需配置	村域共享
	4	卫生所	必须配置	可与公共服务中心合建
	5	图书室	必须配置	可与公共服务中心合建
	6	文化活动室	必须配置	可与公共服务中心合建
	7	乡村金融服务网点	按需配置	村域共享或依托城镇设施
	8	邮政所	按需配置	村域共享或依托城镇设施
	9	农资店	按需配置	村域共享或依托城镇设施
	10	便民超市	按需配置	村域共享或依托城镇设施
	11	农贸市场	按需配置	村域共享或依托城镇设施
	12	养老设施	必须配置	村域共享或依托城镇设施
	13	健身活动场地	必须配置	可与公共服务中心广场结合
基础设施	14	污水处理设施	必须配置	
	15	公交站、停车场	按需配置	公交站结合区域交通规划要求
	16	垃圾收集点	必须配置	
	17	公共厕所	按需配置	

资料来源：本书编写组依据《合肥市中心村村庄规划编制导则（试行）》（2014年）绘制

3）道路交通规划标准

A.《安徽省村庄规划编制标准》（2015年）

村庄对外交通道路要考虑农村混合交通出行，宜采用水泥或沥青路面；村域主干路，路幅宽度应根据不同的地域条件来确定（表 3-7）。

村域主路路面宽度控制　　　　　　　　　表 3-7

名称	建设标准	备注
国道	参照相关标准	建筑后退公路用地外缘起向外的距离不少于20m
省道	参照相关标准	建筑后退公路用地外缘起向外的距离不少于15m
县道	参照相关标准	建筑后退公路用地外缘起向外的距离不少于10m
乡道	参照相关标准	建筑后退公路用地外缘起向外的距离不少于5m

名称		建设标准	备注
村域 主干路	皖北片区	路面宽度控制在 5.0~6.0m	满足会车要求
	皖中片区		
	皖西片区	路面宽度控制在 4.0~6.0m	满足会车要求
	皖南片区		
	皖江片区		

备注：沿国、省、县道有超过本表标准的特殊要求，可依据各地标准执行；山区地形困难段在满足交通安全的前提下，根据实际情况可以酌减；有条件的地方，沿村域主干路建筑适当退道路界线。

资料来源：本书编写组依据《安徽省村庄规划编制标准》（2015 年）绘制

B.《合肥市中心村村庄规划编制导则（试行）》（2014 年）

村庄道路分为村庄干路、村庄巷路两级。中心村的村庄干路尽量满足双向行车，应至少满足单向行车和错车，村庄巷路应满足农用车进出需要（表 3-8）。

村庄道路宽度控制   表 3-8

道路级别	设计车速（km/h）	道路红线宽度（m）	路面宽度（m）
村庄干路	30~20	8~15	≥ 6
村庄巷路	15~10	3~5	≥ 2.5

备注：1000 人以上的村庄可酌情增加等级和宽度；整治型（保护）中心村原则保留现状道路宽度不变，根据满足出行和消防需要适当加宽。

资料来源：本书编写组依据《合肥市中心村村庄规划编制导则（试行）》（2014 年）绘制

4）村庄整治

A.《安徽省村庄规划编制标准》（2015 年）

村庄整治规划主要针对村庄现状条件较好的整治型中心村以及村庄布点规划保留的自然村。主要包括农房改造、道路交通设施整修、公共服务设施和基础设施完善、村庄环境和风貌提升、防灾减灾措施强化等。编制村庄规划应以改善村庄人居环境为主要目的，重视村民主体作用，引导村民积极参与规划编制全过程。

B.《合肥市中心村村庄规划编制导则（试行）》（2014 年）

明确村庄整治目标、原则、措施与项目内容，有风景旅游资源、历史文化遗存与民俗风情的中心村应制定保护规划，提出保护的目标、原则与措施。

3.6 村镇规划管理

3.6.1 用地管理

（1）宅基地的使用

1）宅基地使用权的概念及特征

宅基地使用权是农民因建造自有房屋而对集体所有的土地享有占有、使用的权利。特点有：宅基地的所有权归村集体或者村集体经济组织。宅基地使用权的主体是特定的农民。使用权仅限于本集体经济组织内特定的成员享有，农村集体经济组织以外的人员不能申请并取得宅基地。宅基地使用权具有有限性，即宅基地原则上只能由宅基地使用权人利用宅基地建造住宅及附属设施，供其居住和使用，不能将宅基地使用权出让和转卖。宅基地使用权具有福利性，即农村村民取得宅基地使用权基本上是无偿的，或只交纳了极少的费用。宅基地使用权实行严格的"一户一宅"制。

宅基地使用权人对宅基地享有如下权利，并承担一定的义务：

A. 占有和使用宅基地。宅基地使用权人依法对集体所有的土地享有占有和使用的权利，有权依法利用该土地建造住宅及其附属设施。

B. 收益和处分。宅基地使用权人有权获得因使用宅基地而产生的收益，如在宅基地空闲处种植果树等经济作物而产生的收益。

C. 宅基地因自然灾害等原因灭失的，宅基地使用权消灭。对失去宅基地的村民，应当依法重新分配宅基地。

D. 农村村民出卖、出租、赠与住宅后，再申请宅基地的，不予批准。

2）使用和管理

我国人多地少，一直实行最严格的土地管理制度，且为防止出现农民转让宅基地后流离失所，进而影响社会稳定这一大局，我国立法禁止城镇居民购买宅基地。《土地管理法》在2019年修改时，多款条文均对宅基地使用和管理作出具体规定（表3-9）。涉及宅基地使用和管理的修改主要体现在以下三个方面：

一是健全宅基地权益保障方式。根据乡村振兴的现实需求和各地宅基地现状，规定对人均土地少、不能保障一户一宅的地区，允许县级人民政府在尊重农村村民意愿的基础上采取措施，保障农村村民实现户有所居的权利。

二是完善宅基地管理制度。下放宅基地审批权，明确农村村民申请宅基地的，由乡（镇）人民政府审核批准，但涉及占用农用地的，应当依法办理农用地转用审批手续；落实深化党和国家机构改革精神，明确国务院农业农村主管部门负责全国农村宅基地改革和管理有关工作，赋予农业农村主管部门在宅基地监督管理和行政执法等方面相应职责。

三是探索宅基地自愿有偿退出机制。原则规定允许进城落户的农村村民依法自愿有偿退出宅基地。

2020年5月28日，十三届全国人大三次会议表决通过了《中华人民共和国民法典》，自2021年1月1日起施行，《民法典》也专门辟出第十三章进一步明确有关宅基地使用权的条款（表3-9）。

宅基地使用权相关法律条文一览表　　　　　　　　　　　　　　表 3-9

主题	法律条文
使用权取得	《土地管理法》（2019） 第六十二条： 　农村村民一户只能拥有一处宅基地，其宅基地的面积不得超过省、自治区、直辖市规定的标准。 　人均土地少、不能保障一户拥有一处宅基地的地区，县级人民政府在充分尊重农村村民意愿的基础上，可以采取措施，按照省、自治区、直辖市规定的标准保障农村村民实现户有所居。 　农村村民建住宅，应当符合乡（镇）土地利用总体规划、村庄规划，不得占用永久基本农田，并尽量使用原有的宅基地和村内空闲地。编制乡（镇）土地利用总体规划、村庄规划应当统筹并合理安排宅基地用地，改善农村村民居住环境和条件。 《民法典》 第三百六十三条： 　宅基地使用权的取得、行使和转让，适用土地管理的法律和国家有关规定。 第三百六十四条： 　宅基地因自然灾害等原因灭失的，宅基地使用权消灭。对失去宅基地的村民，应当依法重新分配宅基地
使用权转让	《中华人民共和国土地管理法实施条例》 第六条： 　依法改变土地所有权、使用权的，因依法转让地上建筑物、构筑物等附着物导致土地使用权转移的，必须向土地所在地的县级以上人民政府土地行政主管部门提出土地变更登记申请，由原土地登记机关依法进行土地所有权、使用权变更登记。 　依法改变土地用途的，必须持批准文件，向土地所在地的县级以上人民政府土地行政主管部门提出土地变更登记申请，由原土地登记机关依法进行变更登记。 《民法典》 第三百六十五条： 　已经登记的宅基地使用权转让或者消灭的，应当及时办理变更登记或者注销登记
使用权有偿退出	《土地管理法》（2019） 第六十二条： 　国家允许进城落户的农村村民依法自愿有偿退出宅基地，鼓励农村集体经济组织及其成员盘活利用闲置宅基地和闲置住宅。国务院农业农村主管部门负责全国农村宅基地改革和管理有关工作

续表

主题	法律条文
使用管理	《土地管理法》(2019) 第十一条： 农民集体所有的土地依法属于村农民集体所有的，由村集体经济组织或者村民委员会经营、管理；已经分别属于村内两个以上农村集体经济组织的农民集体所有的，由村内各该农村集体经济组织或者村民小组经营、管理；已经属于乡（镇）农民集体所有的，由乡（镇）农村集体经济组织经营、管理。 第七十八条： 农村村民未经批准或者采取欺骗手段骗取批准，非法占用土地建住宅的，由县级以上人民政府自然资源主管部门责令退还非法占用的耕地，限期拆除在非法占用的土地上新建的房屋。超越省、自治区、直辖市规定的标准，多占的土地以非法占地论处。 《民法典》 第三百六十二条： 宅基地使用权人依法对集体所有的土地享有占有和使用的权利，有权依法利用该土地建造住宅及其附属设施

资料来源：本书编写组依据《民法典》《土地管理法》(2019)、《土地管理法实施条例》绘制

（2）永久基本农田的保护

我国人口多耕地少，耕地后备资源不足，维护国家粮食安全，保持社会稳定，始终是我国的一个重大问题。为此，2019 年全国人大常委会专门对《土地管理法》作出修改，强化耕地尤其是永久基本农田保护。要求地方人民政府确保规划确定的本行政区域内耕地保有量不减少、质量不降低。明确永久基本农田要落实到地块，设立保护标志，纳入国家永久基本农田数据库严格管理，并由乡（镇）人民政府将其位置、范围向社会公告；任何单位和个人不得擅自占用永久基本农田或者改变其用途；国家重点建设项目选址确实难以避让永久基本农田，涉及农用地转用或者土地征收的，必须经国务院批准；禁止通过擅自调整县、乡（镇）土地利用总体规划的方式规避永久基本农田农用地转用或者土地征收的审批（表 3-10）。

永久基本农田划定与保护相关法律条文一览表　　　　表 3-10

方式	法律条文
永久基本农田划定	《土地管理法》(2019) 第三十三条规定，下列耕地应当根据土地利用总体规划划为永久基本农田，实行严格保护： （一）经国务院农业农村主管部门或者县级以上地方人民政府批准确定的粮、棉、油、糖等重要农产品生产基地内的耕地； （二）有良好的水利与水土保持设施的耕地，正在实施改造计划以及可以改造的中、低产田和已建成的高标准农田； （三）蔬菜生产基地； （四）农业科研、教学试验田； （五）国务院规定应当划为永久基本农田的其他耕地。

续表

方式	法律条文
永久基本农田划定	各省、自治区、直辖市划定的永久基本农田一般应当占本行政区域内耕地的百分之八十以上，具体比例由国务院根据各省、自治区、直辖市耕地实际情况规定。 第三十四条规定，永久基本农田划定以乡（镇）为单位进行，由县级人民政府自然资源主管部门会同同级农业农村主管部门组织实施
永久基本农田上图入库落地到户	《土地管理法》（2019）第三十四条规定，永久基本农田应当落实到地块，纳入国家永久基本农田数据库严格管理。乡（镇）人民政府应当将永久基本农田的位置、范围向社会公告，并设立保护标志
永久基本农田特殊保护	《土地管理法》（2019）第三十五条规定，永久基本农田经依法划定后，任何单位和个人不得擅自占用或者改变其用途。国家能源、交通、水利、军事设施等重点建设项目选址确实难以避让永久基本农田，涉及农用地转用或者土地征收的，必须经国务院批准。 禁止通过擅自调整县级土地利用总体规划、乡（镇）土地利用总体规划等方式规避永久基本农田农用地转用或者土地征收的审批

资料来源：本书编写组依据《土地管理法》（2019）绘制

（3）土地征收与补偿

为缩小土地征收范围、规范土地征收程序，2019年修改的《土地管理法》限定了可以征收集体土地的具体情形，补充了社会稳定风险评估、先签协议再上报征地审批等程序；为完善对被征地农民保障机制，还修改征收土地按照年产值倍数补偿的规定，强化了对被征地农民的社会保障、住宅补偿等制度。

一是缩小土地征收范围。删去原《土地管理法》关于从事非农业建设使用土地的，必须使用国有土地或者征为国有的原集体土地的规定；明确因政府组织实施基础设施建设、公共事业、成片开发建设等六种情形需要用地的，可以征收集体土地。其中成片开发可以征收土地的范围限定在土地利用总体规划确定的城镇建设用地范围内，此外不能再实施"成片开发"征地，为集体经营性建设用地入市预留空间。

二是规范土地征收程序。要求市、县人民政府申请征收土地前进行土地现状调查、公告听取被征地的农村集体经济组织及其成员意见、组织开展社会稳定风险评估等前期工作，与拟征收土地的所有权人、使用权人就补偿安置等签订协议，测算并落实有关费用，保证足额到位，方可申请征收土地。个别确实难以达成协议的，应当在申请征收土地时如实说明，供审批机关决策参考。

三是完善对被征地农民合理、规范、多元保障机制。将公平合理补偿，保障被征地农民原有生活水平不降低、长远生计有保障作为基本要求；明确征收农用地的土地补偿费、安置补助费标准由省、自治区、直辖市制定公布区片综合地价确定，制定区片综合地价要综合考虑土地原用途、土地资源条件、土地产值、安置人口、区位、供求关系以及经济社会发展水平等因素，在实践中稳步推进，防止攀比；考虑到农村村民住宅补偿、被征地农民社会保障费用对被征地农民住有所居和长远生计的重要性，将这两项费用单列，明确征收农村村民住宅要按照先补偿后搬迁、居住条件有改善的原则，尊重农村村民意愿，采取重新安排宅基地建房、提供安置房等方式，保障其居住权，并将被征地农民纳入相应的养老等社会保障体系（表3-11）。

土地征收与补偿相关法律条文一览表　　　　　表3-11

主题	法律条文
征收范围	《土地管理法》（2019） 第四十五条： 为了公共利益的需要，有下列情形之一，确需征收农民集体所有的土地的，可以依法实施征收： （一）军事和外交需要用地的； （二）由政府组织实施的能源、交通、水利、通信、邮政等基础设施建设需要用地的； （三）由政府组织实施的科技、教育、文化、卫生、体育、生态环境和资源保护、防灾减灾、文物保护、社区综合服务、社会福利、市政公用、优抚安置、英烈保护等公共事业需要用地的； （四）由政府组织实施的扶贫搬迁、保障性安居工程建设需要用地的； （五）在土地利用总体规划确定的城镇建设用地范围内，经省级以上人民政府批准由县级以上地方人民政府组织实施的成片开发建设需要用地的； （六）法律规定为公共利益需要可以征收农民集体所有的土地的其他情形
征收程序	《土地管理法》（2019） 第四十六条： 征收下列土地应由国务院批准： （一）永久基本农田； （二）永久基本农田以外的耕地超过三十五公顷的； （三）其他土地超过七十公顷的。 第四十七条： 国家征收土地的，依照法定程序批准后，由县级以上地方人民政府予以公告并组织实施。 县级以上地方人民政府拟申请征收土地的，应当开展拟征收土地现状调查和社会稳定风险评估，并将征收范围、土地现状、征收目的、补偿标准、安置方式和社会保障等在拟征收土地所在的乡（镇）和村、村民小组范围内公告至少三十日，听取被征地的农村集体经济组织及其成员、村民委员会和其他利害关系人的意见。 多数被征地的农村集体经济组织成员认为征地补偿安置方案不符合法律、法规规定的，县级以上地方人民政府应当组织召开听证会，并根据法律、法规的规定和听证会情况修改方案。 拟征收土地的所有权人、使用权人应当在公告规定期限内，持不动产权属证明材料办理补偿登记。县级以上地方人民政府应当组织有关部门测算并落实有关费用，保证足额到位，与拟征收土地的所有权人、使用权人就补偿、安置等签订协议；个别确实难以达成协议的，应当在申请征收土地时如实说明。相关前期工作完成后，县级以上地方人民政府方可申请征收土地

村镇规划理论与方法

主题	法律条文
征收补偿	《土地管理法》（2019） 第四十八条： 征收土地应当给予公平、合理的补偿，保障被征地农民原有生活水平不降低、长远生计有保障。 征收土地应当依法及时足额支付土地补偿费、安置补助费以及农村村民住宅、其他地上附着物和青苗等的补偿费用，并安排被征地农民的社会保障费用。 征收农用地的土地补偿费、安置补助费标准由省、自治区、直辖市通过制定公布区片综合地价确定。 征收农用地以外的其他土地、地上附着物和青苗等的补偿标准，由省、自治区、直辖市制定。对其中的农村村民住宅，应当按照先补偿后搬迁、居住条件有改善的原则，尊重农村村民意愿，采取重新安排宅基地建房、提供安置房或者货币补偿等方式给予公平、合理的补偿，并对因征收造成的搬迁、临时安置等费用予以补偿，保障农村村民居住的权利和合法的住房财产权益。 第四十九条： 被征地的农村集体经济组织应当将征收土地的补偿费用的收支状况向本集体经济组织的成员公布，接受监督。 禁止侵占、挪用被征收土地单位的征地补偿费用和其他有关费用。 第五十一条： 大中型水利、水电工程建设征收土地的补偿费标准和移民安置办法，由国务院另行规定

资料来源：本书编写组依据《土地管理法》（2019）绘制

（4）集体经营性建设用地入市

  允许集体经营性建设用地入市是《土地管理法》的一个重大制度创新，为破除城乡二元土地制度打开了法律之门，也为城乡一体化发展扫除了制度性的障碍。《土地管理法》（2019）明确规定了集体经营性建设用地入市的条件和入市后的管理措施（表3-12）。

集体经营性建设用地相关法律条文一览表   表3-12

主题	法律条文
入市条件	《土地管理法》（2019） 第六十三条： 土地利用总体规划、城乡规划确定为工业、商业等经营性用途，并经依法登记的集体经营性建设用地，土地所有权人可以通过出让、出租等方式交由单位或者个人使用，并应当签订书面合同，载明土地界址、面积、动工期限、使用期限、土地用途、规划条件和双方其他权利义务。 前款规定的集体经营性建设用地出让、出租等，应当经本集体经济组织成员的村民会议三分之二以上成员或者三分之二以上村民代表的同意。 通过出让等方式取得的集体经营性建设用地使用权可以转让、互换、出资、赠与或者抵押，但法律、行政法规另有规定或者土地所有权人、土地使用权人签订的书面合同另有约定的除外。 集体经营性建设用地的出租，集体建设用地使用权的出让及其最高年限、转让、互换、出资、赠与、抵押等，参照同类用途的国有建设用地执行。具体办法由国务院制定

主题	法律条文
管理措施	《土地管理法》（2019） 第二十三条： 土地利用年度计划应当对本法第六十三条规定的集体经营性建设用地作出合理安排。 第三十五条： 为破解集体经营性建设用地入市的法律障碍，删去了从事非农业建设必须使用国有土地或者征为国有的原集体土地的规定。禁止通过擅自调整县级土地利用总体规划、乡（镇）土地利用总体规划等方式规避永久基本农田农用地转用或者土地征收的审批。 第六十六条： 收回集体经营性建设用地使用权，依照双方签订的书面合同办理，法律、行政法规另有规定的除外。 第八十二条 擅自将农民集体所有的土地通过出让、转让使用权或者出租等方式用于非农业建设，或者违反本法规定，将集体经营性建设用地通过出让、出租等方式交由单位或者个人使用的，由县级以上人民政府自然资源主管部门责令限期改正，没收违法所得，并处罚款

资料来源：本书编写组依据《土地管理法》（2019）绘制

3.6.2 建设规划管理

（1）一书两证

"一书两证"改革之前是由城市规划行政主管部门核准发放建设项目选址意见书、建设用地规划许可证和建设工程规划许可证。2019年9月17日，自然资源部印发《关于以"多规合一"为基础推进规划用地"多审合一、多证合一"改革的通知》（自资规〔2019〕2号）。通知要求将建设项目选址意见书、建设项目用地预审意见合并，自然资源主管部门统一核发建设项目用地预审与选址意见书，不再单独核发建设项目选址意见书、建设项目用地预审意见；将建设用地规划许可证、建设用地批准书合并，自然资源主管部门统一核发新的建设用地规划许可证，不再单独核发建设用地批准书。因此，改革后新的"一书两证"为建设项目用地预审与选址意见书、建设用地规划许可证和建设工程规划许可证。

1）一书

"一书"指"建设项目用地预审与选址意见书"，将改革前的建设项目选址意见书、建设项目用地预审意见合并，由自然资源主管部门统一核发建设项目用地预审与选址意见书。

涉及新增建设用地，用地预审权限在自然资源部的，建设单位向地方自然资源主管部门提出用地预审与选址申请，由地方自然资源主管部门受理；经省级自然资源主管部门报自然资源部通过用地预审后，地方自然资源主管部门向建设单位核发建设项目用地预审与选址意见书。用地预审权限在省级以下自然资源主管部门的，由省级自然资源主管部门确定建设项目用地预审与选址意见书办理的层级和权限。

使用已经依法批准的建设用地进行建设的项目，不再办理用地预审；需要办理规划选址的，由地方自然资源主管部门对规划选址情况进行审查，核发建设项目用地预审与选址意见书。

建设项目用地预审与选址意见书有效期为三年，自批准之日起计算。

2）两证

"两证"是指"建设用地规划许可证""建设工程规划许可证"。

"建设用地规划许可证"是将原建设用地规划许可证、建设用地批准书两项行政许可合并为一项行政许可，合并后名称仍为"建设用地规划许可证"，保留划拨决定书和土地出让合同，在程序上实行同步办理。

以划拨方式取得国有土地使用权的，建设单位向所在地的市、县自然资源主管部门提出建设用地规划许可申请，经有建设用地批准权的人民政府批准后，市、县自然资源主管部门向建设单位同步核发建设用地规划许可证、国有土地划拨决定书。

以出让方式取得国有土地使用权的，市、县自然资源主管部门依据规划条件编制土地出让方案，经依法批准后组织土地供应，将规划条件纳入国有建设用地使用权出让合同。建设单位在签订国有建设用地使用权出让合同后，市、县自然资源主管部门向建设单位核发建设用地规划许可证。

"建设工程规划许可证"是规划指导建设、保证符合规划的重要环节，是有关建设工程符合城市规划要求的法律凭证。《城乡规划法》第四十条规定："在城市、镇规划区内进行建筑物、构筑物、道路、管线和其他工程建设的，建设单位或者个人应当向城市、县人民政府城乡规划主管部门或者省、自治区、直辖市人民政府确定的镇人民政府申请办理建设工程规划许可证。申请办理建设工程规划许可证，应当提交使用土地的有关证明文件、建设工程设计方案等材料。需要建设单位编制修建性详细规划的建设项目，还应当提交修建性详细规划。对符合控制性详细规划和规划条件的，由城市、县人民政府城乡规划主管部门或者省、自治区、直辖市人民政府确定的镇人民政府核发建设工程规划许可证。城市、县人民政府城乡规划主管部门或者省、自治区、直辖市人民政府确定的镇人民政府应当依法将经审定的修建性详细规划、建设工程设计方案的总平面图予以公布。"建设工程规划许可证所包括的附图和附件，按照建筑物、构筑物、道路、管线以及个人建房等不同要求，由发证单位根据法律、法规规定和实际情况制定。附图和附件是建设工程规划许可证的配套证件，具有同等法律效力。

（2）乡村建设规划许可

2014年，住房城乡建设部印发《乡村建设规划许可实施意见》，对于乡村建设规划许可实施的范围、内容，规范程序等内容进行了相应的规定：

1）乡村建设规划许可的适用范围

在乡、村庄规划区内，进行农村村民住宅、乡镇企业、乡村公共设施和公益事业建设，依法应当申请乡村建设规划许可的，应按本实施意见要求，申请办理乡村建设规划许可证。城乡各项建设活动必须符合城乡规划要求。城乡规划主管部门不得在城乡规划确定的建设用地范围以外作出乡村建设规划许可。乡村建设规划许可证的核发应当依据经依法批准的城乡规划。

在乡、村庄规划区内，进行农村村民住宅、乡镇企业、乡村公共设施和公益事业建设，依法应当申请乡村建设规划许可的，应按本实施意见要求，申请办理乡村建设规划许可证。

确需占用农用地进行农村村民住宅、乡镇企业、乡村公共设施和公益事业建设的，依照《中华人民共和国土地管理法》有关规定办理农用地转批手续后，应按本实施意见要求，申请办理乡村建设规划许可证。

在乡、村庄规划区内使用原有宅基地进行农村村民住宅建设的，各省、自治区、直辖市可参照本实施意见，制定规划管理办法。

乡村建设规划许可证的核发应当依据经依法批准的城乡规划。

城乡各项建设活动必须符合城乡规划要求。城乡规划主管部门不得在城乡规划确定的建设用地范围以外作出乡村建设规划许可。

乡镇企业是指乡、村庄内的各类企业。乡村公共设施和公益事业包括垃圾收集处理、供水、排水、供电、供气、道路、通信、广播电视、公厕等基础设施和学校、卫生院、文化站、幼儿园、福利院等公共服务设施。

2）乡村建设规划许可的内容

乡村建设规划许可的内容应包括对地块位置、用地范围、用地性质、建筑面积、建筑高度等的要求。根据管理实际需要，乡村建设规划许可的内容也可以包括对建筑风格、外观形象、色彩、建筑安全等的要求。

各地可根据实际情况，对不同类型乡村建设的规划许可内容和深度提出具体要求。要重点加强对建设活动较多、位于城郊及公路沿线、需要加强保护的乡村地区的乡村建设规划许可管理。

3）乡村建设规划许可的主体

乡村建设规划许可的申请主体为个人或建设单位。

乡、镇人民政府负责接收个人或建设单位的申请材料，报送乡村建设规划许可申请。城市、县人民政府城乡规划主管部门负责受理、审查乡村建设规划许可申请，作出乡村建设规划许可决定，核发乡村建设规划许可证。

城市、县人民政府城乡规划主管部门在其法定职责范围内，依照法律、法规、规章的规定，可以委托乡、镇人民政府实施乡村建设规划许可。

4）乡村建设规划许可的申请

进行农村村民住宅建设的，村民应向乡、镇人民政府提出乡村建设规划许可的书面申请，申请材料应包括：

A. 国土部门书面意见。

B. 房屋用地四至图及房屋设计方案或简要设计说明。

C. 经村民会议讨论同意、村委会签署的意见。

D. 其他应当提供的材料。

进行乡镇企业、乡村公共设施和公益事业建设的，个人或建设单位应向乡、镇人民政府提出乡村建设规划许可的书面申请，申请材料应包括：

A. 国土部门书面意见。

B. 建设项目用地范围地形图（1：500 或 1：1000），建设工程设计方案等。

C. 经村民会议讨论同意、村委会签署的意见。

D. 其他应当提供的材料。

乡、镇人民政府应自申请材料齐全之日起十个工作日内将申请材料报送城市、县人民政府城乡规划主管部门。

城市、县人民政府城乡规划主管部门和乡、镇人民政府应对个人或建设单位做好规划设计要求咨询服务，并提供通用设计、标准设计供选用。乡镇企业、乡村公共设施和公益事业的建设工程设计方案应由具有相应资质的设计单位进行设计，或选用通用设计、标准设计。

5）乡村建设规划许可的审查和决定

城市、县人民政府城乡规划主管部门应自受理乡村建设规划许可申请之日起二十个工作日内进行审查并作出决定。对符合法定条件、标准的，应依法作出准予许可的书面决定，并向申请人核发乡村建设规划许可证。对不符合法定条件、标准的，应依法作出不予许可的书面决定，并说明理由。

6）乡村建设规划许可的变更

个人或建设单位应按照乡村建设规划许可证的规定进行建设，不得随意变更。确需变更的，被许可人应向作出乡村建设规划许可决定的行政机关提出申请，依法办理变更手续。

因乡村建设规划许可所依据的法律、法规、规章修改或废止，或准予乡村建设规划许可所依据的客观情况发生重大变化的，为了公共利益的需要，可依法变更或撤回已经生效的乡村建设规划许可证。由此给被许可人造成财产损失的，应依法给予补偿。

随着国土空间规划改革工作的不断推进，2019 年 5 月，自然资源部办公厅根据《中共中央 国务院关于建立国土空间规划体系并监督实施的若干意见》和《中共中

央 国务院关于坚持农业农村优先发展做好"三农"工作的若干意见》等文件精神，发布了《关于加强村庄规划促进乡村振兴的通知》，对村庄规划编制和乡村建设规划许可工作提出了明确要求：

"村庄规划是法定规划，是国土空间规划体系中乡村地区的详细规划，是开展国土空间开发保护活动、实施国土空间用途管制、核发乡村建设项目规划许可、进行各项建设等的法定依据。暂时没有条件编制村庄规划的，应在县、乡镇国土空间规划中明确村庄国土空间用途管制规则和建设管控要求，作为实施国土空间用途管制、核发乡村建设项目规划许可的依据。乡村建设等各类空间开发建设活动，必须按照法定村庄规划实施乡村建设规划许可管理。"

3.6.3　违章建设的处罚规定

违法建筑是指未经规划土地主管部门批准，未领取建设工程规划许可证或临时建设工程规划许可证，擅自建筑的建筑物和构筑物。根据《城乡规划法》第四十条的规定："在城市、镇规划区内进行建筑物、构筑物、道路、管线和其他工程建设的，建设单位或者个人应当向城市、县人民政府城乡规划主管部门或者省、自治区、直辖市人民政府确定的镇人民政府申请办理建设工程规划许可证。"我国法律明确规定，拆除违章建筑和超过批准期限的临时建筑，不予补偿。

违法占用土地和建设行为的处罚：

1）依据《中华人民共和国土地管理法》第七十七、第七十八条规定："未经批准或者采取欺骗手段骗取批准，非法占用土地的，由县级以上人民政府自然资源主管部门责令退还非法占用的土地，对违反土地利用总体规划擅自将农用地改为建设用地的，限期拆除在非法占用的土地上新建的建筑物和其他设施，恢复土地原状，对符合土地利用总体规划的，没收在非法占用的土地上新建的建筑物和其他设施，可以并处罚款；对非法占用土地单位的直接负责的主管人员和其他直接责任人员，依法给予处分；构成犯罪的，依法追究刑事责任。超过批准的数量占用土地，多占的土地以非法占用土地论处。

农村村民未经批准或者采取欺骗手段骗取批准，非法占用土地建住宅的，由县级以上人民政府农业农村主管部门责令退还非法占用的土地，限期拆除在非法占用的土地上新建的房屋。超过省、自治区、直辖市规定的标准，多占的土地以非法占用土地论处。"

2）依据《城乡规划法》第六十四条、第六十五条规定："未取得建设工程规划许可证或者未按照建设工程规划许可证的规定进行建设的，由县级以上地方人民政府城乡规划主管部门责令停止建设；尚可采取改正措施消除对规划实施的影响的，限期改正，处建设工程造价百分之五以上百分之十以下的罚款；无法采取改正措施消除影响的，限期拆除，不能拆除的，没收实物或者违法收入，可以并处建设工程造价百分之十以下的罚款。在乡、村庄规划区内未依法取得乡村建设规划许可证或者未按照乡村建设规划许可证的规定进行建设的，由乡、镇人民政府责令停止建设、限期改正；逾期不改正的，可以拆除。"

3）对历史和社会原因形成的违建行为，如居民房屋存在大量未办理土地使用手续或规划手续的情况，这种情况下不宜按照违章建筑处理。根据《国有土地上房屋征收与补偿条例》的原则，应当组织规划、土地、执法等部门对于未办理相关手续的建筑物进行认定，认定为合法的要给予补偿，认定违法的不予补偿；但是也不能排除一些地方为实现拆迁速度，将一些历史原因形成的违章建筑强制拆除。

3.6.4 乡村规划师制度

在城市的快速发展过程中，规划的空间范围从城市向乡村延伸，规划的编制范围从城市向全域覆盖，规划的管理范围从城市向城乡一体转变，相关制度保障从城市向乡村倾斜。各方面都体现出统筹城乡规划管理的新趋势，由重点关注城市向重点关注乡村转变。成都首创乡村规划师制度，在《成都市乡村规划师制度实施方案》中确定了三大要点：一是定框架，确立市、区共同推进乡村规划师制度的组织架构；二是定职能，明确乡村规划师是乡镇专职规划负责人，具有六大职责；三是定保障，设立乡村规划专项资金，每年财政拨付 3000 万。成都市乡村规划师制度从 2010 年底开始实施，已进行了多年的探索，为我国各地乡村规划师制度建设提供了经验。

成都乡村规划师主要有四个特点：一是全域覆盖，除纳入各级城市规划区的 27 乡镇外，其余 196 个乡镇都配备了专职乡村规划师；二是事权分离，乡村规划师的主要任务是代表乡镇党委、政府履行规划编制职责，不替代相关职能部门的行政审批和监督职能；三是广泛参与，乡村规划师通过面向全社会公开招募、征集等多种途径吸引海内外、行业内的专业技术人员参与世界现代田园城市建设，通过与公众进行面对面的交流，与参与者一同参与决策的规划方案，在应对公共治理和集体行动问题时采取全程陪同式治理与规划；四是持续长效，自 2010 年 9 月成都在全国首创乡村规划师制度以来，每年面向社会公开招募优秀的规划专业人才派驻到乡镇，代表乡镇政府履行规划职能，为全市新农村建设提档升级、乡村规划质量和建设水平的提高起到了积极的作用。

乡村规划师工作在第一线，通过对镇、村进行深入实地调查，熟悉地形地貌、历史文化资源，能够充分了解乡镇发展及村民生产生活需求，并掌握了新农村建设、产业发展、公共服务设施、农村土地综合治理等基本情况，有助于加强乡村规划实施过程的指导。

参考文献

[1] 李京生.乡村规划原理 [M].北京：中国建筑工业出版社，2018.

[2] 叶昌东.村镇总体规划 [M].北京：中国建筑工业出版社，2018.

[3] 蒲向军,马昭君.中华人民共和国成立 70 年来小城镇发展历程研究 [C]// 中国城市规划学会.活力城乡　美好人居——2019 中国城市规划年会论文集（19 小城镇规划）.北京：中国城市规划学会，2019：1035-1045.

[4] 王德,唐相龙.日本城市郊区农村规划与管理的法律制度及启示 [J].国际城市规划,2010（02）：17-20.

[5] 中华人民共和国中央人民政府.中共中央国务院关于实施乡村振兴战略的意见（中发〔2018〕1 号）[EB/OL]. http：//www.gov.cn/zhengce/2018-02/04/content_5263807.htm.2018.

[6] 白春明,尹衍雨,柴多梅等.我国田园综合体发展概述 [J].2018（02）：1-6

[7] 应子义.田园综合体建设模式与思路 [J].浙江经济，2018（01）：54-55.

[8] 鲍光翔.中国"美丽乡村"十大创建模式 [N].建筑时报（2018-05-07）（008）.

[9] 全国人大常委会.中华人民共和国土地管理法 [Z].北京：全国人大常委会，2019.

[10] 中华人民共和国住房和城乡建设部.村庄和集镇规划建设管理条例 [EB/OL]. http：//www.mohurd.gov.cn/fgjs/xzfg/200611/t20061101_158933.html.1993.

[11] 中华人民共和国住房和城乡建设部.关于发布《村镇规划编制办法（试行）》的通知 [EB/OL]. http：//www.mohurd.gov.cn/wjfb/200611/t20061101_157338.html.2000.

[12] 杭州市人民政府办公厅."杭派民居"示范村创建工作实施办法 [Z].2014.

[13] 云南省人民政府.云南省农村人居环境整治三年行动实施方案（2018—2020 年）[EB/OL]. http：//yn.yunnan.cn/html/2018-06/06/content_5240310_3.htm.2018.

[14] 国务院扶贫开发领导小组.湖南：精准扶贫怎么扶？湖南精准扶贫政策大全在这里 [EB/OL]. http：//www.cpad.gov.cn/art/2016/3/8/art_5_46301.html.2016.

[15] 李建伟.民法 [M].北京：中国政法大学出版社，2011.

[16] 吴远来.农村宅基地产权制度研究 [M].长沙：湖南人民出版社，2010.

[17] 魏振瀛.民法 [M].5 版.北京：北京大学出版社，2013.

[18] 国务院.中华人民共和国土地管理法实施条例 [Z].

[19] 中华人民共和国住房和城乡建设部.乡村建设规划许可实施意见 [Z].2014.

[20] 全国人大常委会.中华人民共和国乡村规划法 [Z].2019.

[21] 自然资源部.关于以"多规合一"为基础推进规划用地"多审合一、多证合一"改革的通知 [Z].2019.

[22] 黑龙江省国土资源勘测规划院.基本农田调查理论及上图技术研究 [M].北京：气象出版社，2016.

[23] 何佰洲.工程建设法规与案例 [M].2 版.北京：中国建筑工业出版社，2004.

[24] 吕彦 . 物权法学 [M]. 成都：四川大学出版社，2010.

[25] 李凤奇，王金兰 . 我国宅基地"三权分置"之法理研究 [J]. 河北法学，2018，36（10）：147-159.

[26] 王建峰，刘云华 . 公共政策视角下城市规划师的角色转变 [J]. 城市问题，2018（09）：99-103.

[27] 张惜秒 . 成都市乡村规划师制度研究 [D]. 北京：清华大学，2013.

[28] 中国人大网 . 中华人民共和国民法典 [EB/OL]. http：//www.npc.gov.cn/npc/c30834/202006/75ba6483b8344591abd07917e1d25cc8.shtml.

[29] 中共中央　国务院关于建立国土空间规划体系并监督实施的若干意见（中发 [2019]18 号）[EB/OL]. http：//www.gov.cn/zhengce/2019-05/23/content_5394187.htm.

[30] 中共中央　国务院关于抓好"三农"领域重点工作确保如期实现全面小康的意见（中发〔2020〕1 号）[EB/OL]. http：//www.gov.cn/zhengce/2020-02/05/content_5474884.htm.

[31] 关于加强村庄规划促进乡村振兴的通知（自然资办发〔2019〕35 号）[EB/OL]. http：//www.gov.cn/xinwen/2019-06/08/content_5398408.htm.

[32] 湖北省镇域规划编制导则（试行）[EB/OL]. http：//www.jianbiaoku.com/webarbs/book/110367/3224323.shtml.

[33] 海南省小城镇规划编制技术导则（试行）[EB/OL]. http：//zjt.hainan.gov.cn/szjt/0414/201111/938ebdb592c14efe8f05faf41d277c82.shtml.

[34] 河北省镇、乡和村庄规划编制导则（试行）[EB/OL]. http：//www.jianbiaoku.com/webarbs/book/24307/728329.shtml.

[35] 湖南省村庄规划编制导则 [EB/OL]. http：//zjt.hunan.gov.cn/xxgk/tzgg/201711/t20171108_4671180.html.

[36] 甘肃省村庄规划编制导则（试行）[EB/OL]. http：//www.jianbiaoku.com/webarbs/book/135854/3954789.shtml.

[37] 安徽省村庄规划编制标准 [EB/OL]. http：//www.mohurd.gov.cn/dfxx/201505/t20150505_220786.html.

[38] 福建省村庄规划编制指南（试行）[EB/OL]. http：//zrzyt.fujian.gov.cn/xxgk/zfxxgkzl/zfxxgkml/flfgjgfxwj/201909/t20190918_5025427.htm.

[39] 贵州省村庄规划编制导则（试行）[EB/OL]. http：//www.guizhou.gov.cn/zwgk/zdlyxx/gh_31717/cxgh/201811/t20181107_1896962.html.

[40] 广东省县（市）域乡村建设规划编制指引（试行）[EB/OL]. http：//zfcxjst.gd.gov.cn/cxjs/zcwj/content/post_1385827.html.

[41] 浙江省村庄规划编制导则 [EB/OL]. http：//www.jianbiaoku.com/webarbs/book/75071/1690308.shtml.

[42] 广西壮族自治区村庄规划编制技术导则（试行）[EB/OL]. http：//dnr.gxzf.gov.cn/show?id=69638.

[43] 山东省村庄建设规划编制技术导则（试行）[EB/OL]. http：//www.jianbiaoku.com/webarbs/book/

112466/3399331.shtml.

[44] 成都市城镇及村庄规划管理技术规定（2015）[EB/OL]. http：//gk.chengdu.gov.cn/govInfoPub/ detail.action?id=72882&tn=6.

[45] 上海市村庄规划编制导则（试行）[EB/OL]. http：//www.cqvip.com/Main/Detail.aspx?id=36011958.

[46] 广州市村庄规划编制指引（试行）[EB/OL]. https：//max.book118.com/html/2015/0902/24549079. shtm.

[47] 内江市村庄规划管理技术导则 [EB/OL]. http：//www.jianbiaoku.com/webarbs/book/134962/ 3928259.shtml.

[48] 惠州市村庄规划编制技术导则（修编）[EB/OL]. http：//www.jianbiaoku.com/webarbs/book/ 114028/3488931.shtml?rm=fs.

[49] 合肥市中心村村庄规划编制导则（试行）[EB/OL]. http：//www.hefei.gov.cn/xxgk/zcwj/szfbmwj/ 105803601.html.

第 4 章

村镇规划的
调研分析方法

与大中城市相比，村镇规划的规模虽然偏小，但编制内容齐全，形成了一个完整的体系，既包含了镇域层面宏观的发展指引，也包含具有实际操作性的村庄发展建设内容。我国村镇众多，在地理、自然、文化、资源、产业等方面具有难以简单归纳和全盘复制的特色，需要有针对性的村镇规划来指导建设与发展。村镇规划涉及主体广而多、涉及内容全而深，且直接获取数据难度较大，因此结合现场踏勘与访谈的田野调查法是当前村镇规划前期调研的理想选择。田野调查（Field Research）是人类学特有的研究方法，随后扩展至城乡规划学、考古学、民族学等诸多学科领域。当前村镇田野调查工作有着一套成熟的方法体系，且拥有客观性、科学性和尊重性等诸多原则与特点，既是做好村镇规划的必要前提，也是推敲各类设计与建设方案的工作基础。

4.1 村镇规划的工作特点

由于村镇所处的空间地理位置、地形条件、自然环境和文化区域的不同，形成了差异多元的村镇环境、空间形态、社会结构与文化特色。而村镇规划的主要任务，不仅要充分认识山、水、林、田、湖、草等自然景观要素，发掘与营造景观风貌特色，保护与修复自然生态环境，同时也要深度认知社会、产业、文化、建设等多维度的特征与问题，以开展具有针对性、适用性与实用性的村镇规划。因此，田野调查成为村镇规划的重要环节与方法。在田野调查时，规划工作者需要带着明确目的，用自己的感官和辅助工具去直接、系统、针对性地深入了解村镇正在发生和变化着的现象与问题，并根据观察到的事实做出客观、系统的分析和解释。相比城市而言，村镇体量虽小，但是其中蕴含问题与内容的复杂性、特色性与系统性并不亚于城市问题。因此，村镇规划的调研与分析方法也显得更加重要。

4.1.1　综合性与系统性

村镇在人口规模方面虽然较城市人口少，但是规划编制内容涵盖广泛，深度要求细致、具体，因而同样具有相当的复杂性。首先，村镇规划是综合性的规划，不仅需要根据不同的实情落实差别化发展需求，同时还要解决建设中涉及的安全、经济、实用、生态等若干问题。村镇规划有明确的编制要求，但需要根据不同的地域环境特征、不同的生产发展阶段、产业特色和地域文化来进行布局安排和考虑。其次，村镇规划也具有很强的系统性特征，规划实施过程直接面临以农民为主的广泛的、思维差异化的受众群体，规划在兼顾地方总体发展的基础上需自下而上解决多变、复杂的社会问题。相较城市而言，村镇的人口与空间规模相对较小，但是编制内容涵盖广泛，涉及社会、产业、建设、治理等各项领域，包含人口、农业、生态、空间等多种要素。各种要素互为依据，又相互影响。同城市规划一样，村镇规划要对村镇的各项要素进行统筹安排，使其达到协调发展、共生互促的发展目标。因此，综合性是村镇规划编制的重要特点。在实际工作中，村镇规划不仅要根据村镇特色在宏观发展层面制定具有针对性的总体战略，还需要落实和解决建设中的安全、经济、实用、生态等具体问题；不仅要关注物质空间环境的提升和优化，还要系统地研究村镇产业发展定位、社会结构特征、公共服务配置等发展质量问题；不仅要对妥善安排资源在村镇空间内部的有效配置，还要充分协调村镇与外部环境的资源互动以增强村镇自身发展动力。其次，村镇规划也具有很强的系统性。村镇规划涉及的众多领域与要素，都不是孤立的存在，而是密切相关的。一方面，村镇规划本身包含了城乡、镇村、工农等多种社会经济关系，其规划体系需要进行系统梳理；另一方面，村镇规划也不仅是单项工程设计、建设与实施的依据，也要统筹考虑各项工程之间的矛盾与协调。因此，如何抓住村镇发展中的主要矛盾，厘清村镇发展中各要素之间的关系，是村镇规划工作的关键问题。同时，村镇规划编制工作涉及众多参与主体，尤其是在编制过程中要直接面临以农民为主的广泛的、思维差异化的受众群体，其过程具有一定的复杂性。因此，村镇规划编制本身也要具有工作的条理性和系统性，注意协调编制主体、参与主体与研究对象之间的有机联系。

4.1.2　微观性与具体性

由于乡村地区发展的区域差异性大，需要制定村镇地区协调发展的宏观引导政策，提出政策分区，科学分类指导村庄发展、明确各层次规划作用、发挥多部门管理职能等有效引导措施。但是村镇规划作为实施性规划，最易见实效，也最容易体现规划的实用性价值，因此，需要结合具体的建设来落实。因地制宜对村庄的各种要素进行整体规划与设计,规范和指导居民点的设施和面貌,着力改善配套设施不足、居住环境脏、乱、差等问题,有效改善居民生活水平,发展村镇经济。新时代国土空间规划提出以镇域为单元推进村庄规划全域覆盖,分阶段推进村庄全域规划和村庄详细规划,通盘考虑土地利用、产业发展、居民点布局、人居环境整治、生态保护和历史文化传承,确定各村庄农村居民点布局和用地边界,明确重大基础设施布局和市政、公服等各级公益设施配置标准。具体的微观层面上,各村需要编制村庄详细规划,确定村庄空间结构和平面布局,明确公共服务设施、市政设施、道路交通设施的位置及建设标准,提出旧房整治、新屋户型,以及一般性的建筑造型指引。

4.1.3 地域性与个体性

每一个村镇都根植于广袤的地域环境中,兼具自然地理、社会经济、人文资源等方面的独特价值和功能。村镇规划既要发扬每个村镇的地域特色,又要为其长远发展制定合理的引导策略。当经济社会发展到一定阶段,村镇的价值取向与目标定位开始受到重视。国家推行的美丽宜居村镇、传统村落、特色小镇等政策,均从村镇的特色风貌外观的打造到更重视可持续发展的价值内涵,逐渐完成了村镇发挥地域功能和实现个性价值的科学指导。因此,村镇规划需要把握村镇建设的基本特点,立足本地资源进行统筹安排,实现多功能的全面发展。保护村镇自然风貌、传统文化、空间格局,在传承和保护历史风貌的过程中发掘出新的特色,充分结合规划创新、技术创新、风貌焕新、基础设施完善等措施,开辟地方性发展道路。所以说村镇建设需要克服"千镇一面"的现象,把握地域文化、乡村景观和地理标志产品等,从规划的层面上制定合理的规则与建设方案。

4.1.4 多元性与复杂性

相比于城市规划,村镇规划的多元性一方面体现在涉及的主体众多,如村委会自治组织、基层公共服务性组织、群众团体等,需要了解乡村发展的基础条件和居民需求,厘清制约因素和设施短板等,探索适应村镇多元化的发展路径规划。另一方面体现在人们对乡村地区的多元需求,以及乡村发展的多元追求,也驱动着村镇规划产生不断的演变,助推乡村融入多尺度的经济、政治和社会发展过程中。

村镇规划的复杂性,一方面体现在村镇治理特征与城市不同,要求规划工作者深入乡村现场进行详细踏勘,运用扎实的专业理论知识和社会实践经验,参与到乡村基础数据收集的过程中去。但村镇规划中直接进行数据获取的难度较大,往往需要以最新的土地调查数据作为空间底图支撑,充分整合政府相关部门的统计数据与信息,并且在此基础上进一步结合现状,利用现场踏勘与田野访谈相结合的方式进行深入的调查研究。另一方面,村镇规划的复杂性还体现在编制内容上,例如在功能用地划定方面，除了考虑生产功能以外，还包括再生资源管理、提供生产服务、美丽宜居环境、保护生态及文化多样性等功能，以及结合环境发展农业旅游项目等，展示农业延续和保存乡村生态文化的重要性等技术层面和文化层面的内容。

4.2 村镇田野调查工作原则与步骤

4.2.1 村镇田野调查工作原则

（1）客观性原则

客观性又称客观实在性，即调查中应当秉持的客观态度。客观性原则体现在真实性与可靠性两大方面，真实性要求调研资料必须符合调研的实际情况；可靠性要求田野调查以客观事实为依据，实事求是，不以人的主观意志为转移。在村镇田野调查工作中，田野调查者必须认真地进行现场踏勘，客观地观察事物以及对不同群体进行深度访谈。调研资料必须反复核对，针对同一个问题，向多类人群进行观点的核实，保证调研资料的可靠性，在田野调查工作中实现资料可靠、内容真实、数据准确。

（2）科学性原则

在村镇田野调查工作中，调研资料与所得结论必须具有普遍性和逻辑性，资料的获取与收集应该全面、系统，不能以偏概全。保障调查工作的科学性原则需要遵循以下几点要求：一是保证获取信息的全面性；二是在踏勘中理顺信息的关联性，包括空间和社会的功能关系、逻辑关系、相关关系等方面；三是尊重调研对象的差异性，村镇规划可能会涉及不同地域、民族、文化习俗的乡镇与村庄，调研方法、标准、模式需要尊重各地区差异化，进行合理、灵活的调整；四是将理论与实践相结合，既要通过既有理论来指导调研工作，又要基于现有理论基础，在调研过程中不断完善、更新理论知识。

（3）尊重性原则

在调研工作中既需要尊重被调查者，也需要尊重当地的民俗与文化，这不仅是村镇田野调查的原则，也是规划师的必备职业素养。第一，必须尊重当地的生活习惯、民俗、宗教信仰、禁忌，特别是地方或民族禁忌，在调研时入乡随俗，调研者需要做好充分的前期准备工作；第二，要尊重被调研对象，在进行访谈、观察时必须事先征得当事人的同意，同时与当地政府部门提前进行积极有效的沟通；第三，保护好被调研对象的隐私，在收集整理调研资料时，进行必要的保护处理。涉及当事人信息公开时，需要事先征得其同意。

4.2.2 村镇田野调查工作特点

（1）长期性与综合性

村镇规划不仅要解决当前村镇建设问题，也要预计未来村镇一定时期的发展要求。社会是不断发展变化的，因此村镇建设与发展是一个动态过程，村镇的田野调研工作需要不断调整与补充，调研资料要真实反映村镇现状实际，因此村镇田野调查工作具有长期性与综合性的特征。在调研工作中，调研者需要在调研点进行一定时间的居留，必要时应反复前往调研地点进行补充调研与信息反馈，充分了解当地的综合情况，具体涉及社会经济发展、居民生活方式、自然资源、历史文化、民族风俗和地区风貌等，通过收集第一手资料，作为村镇规划定量、定性分析的主要依据。

（2）地方性与参与性

相比于城市的复杂性，村镇的现场调查能够较好地集中紧凑地展开，因此要与当地有关部门积极开展密切合作，同时也要充分尊重当地居民意愿。使调查工作成为地方居民参与规划制定与实施的过程，体现村镇规划的公众参与性。参与观察同样是村镇调查的特色之一，要避免走马观花式的调查，仅看见表面现象与特征，会导致调查资料的失真。调查者不仅要作为旁观者来从外部观察村镇的发展情况，也要相当程度地融入村镇生活之中，获取感性资料，从而深入理解村镇所具有的发展潜力以及可能面临的困难与挑战。

（3）深入性与实践性

村镇田野调查工作者需要深入地了解村镇的社会，展开扎实的调查研究工作，与当地居民建立良好的社会关系，融入当地日常生活，切实获取居民真实诉求。村镇田野调查工作的实践性，在于其目的是服务于村镇建设，村镇规划方案要能充分解决村镇发展实践中的问题。因此，调研者需要有扎实的专业理论知识，还要有丰富的社会实践经验。同时，规划方案对于村镇发展的指导与实践中问题的解决不可能面面俱到，一成不变，需要在实践中不断丰富与完善。

4.2.3　村镇田野调查工作步骤

村镇田野调查是村镇规划的必要前提工作，扎实的调研工作、及时地获取第一手调研资料，是正确认识村镇、制定合理科学的村镇规划设计方案的基础。同时，也是村镇规划设计方案孕育的过程，是对于村镇从感性认识到理性认识的必要阶段。因此，合理科学的工作方法与实事求是的工作精神至关重要，村镇田野调查应按照以下三个阶段性内容依序展开：

（1）准备工作阶段

在田野调查前应详细确定调研对象与访谈内容，与当地的城乡规划主管部门以及相关主管部门展开有效沟通，获取各种专业性的历史与现状资料。

（2）现场踏勘阶段

村镇田野调查工作者必须对村镇的概貌、生产空间、生态空间、生活空间、原有建设地区以及发展意向有明确的认知，村镇内重要的工程设施也需要进行现场踏勘。

（3）成果整理阶段

将村镇田野调查中收集到的各类资料以及在现场踏勘所呈现出来的问题，需要加以科学、系统的分析整理，由浅入深、由表及里、去伪存真、从定性到定量研究村镇发展的内在决定性因素，从而提出应对这些问题的对策，这是制定村镇规划方案的核心部分。当现有基础资料不能够满足未来的规划需求时，可以进行专项性、针对性的补充调研，必要时可以采取抽样调查或典型调查的方法。

4.3 村镇田野调查工作内容

4.3.1 基础资料收集

（1）村镇历史背景资料

村镇背景资料包括历史沿革，即村镇的形成、发展历程和村镇形态演变的影响因素；村镇社会经济发展状况；不同阶段人口规模的变化；交通运输条件；当地村镇的特色文化、民族习俗，具有标志性特征的历史文化建筑遗址、古村落的位置等。

通过对村镇历史沿革和背景资料的收集与整理，可以从村镇在历史上的地位和作用的角度，分析村镇未来发展的趋势，有利于确定村镇的性质与发展方向，在未来规划建设中，有助于保护和利用地方特色及文化遗产。掌握这些资料可以查看当地县志、族谱、名人记述、民间传说等史料，也可以在政府的官方网站上搜集相关资料。

（2）区域资料

区域资料包括区域的范围界定、村镇在区域中所处的地理位置与作用、经济发展水平与产业状况、城乡互动关系等。掌握这些资料能够较为准确地为村镇规划定位，处理好整体与局部的关系，充分发挥村镇在区域中的作用（表4-1）。

区域资料名录　　　　　　　　　　　　　　　　　表4-1

区域资料	相关内容与要求
地形图	村镇总体规划用地图：一般较小的乡镇用1：5000或1：10000，较大的乡（镇）采用1：20000或1：25000。图上应标明乡镇用地范围，与邻县或邻乡（镇）的交通联系，河流、湖泊、水库、名胜古迹、已有的工程设施，以及基本农田、林地等各类用地的范围等
	集镇建设规划用地图：是指具体集镇建设范围内的地形图。图纸比例一般采用1：2000，当规划人口规模超过一万人时，可采用1：5000。图上应详细标明各种地物、地貌、各类建筑物、构筑物、道路以及村镇范围内的农田、菜地等
	村庄建设规划用地图：图纸比例一般采用1：2000或1：1000。图上应标明内容同集镇建设规划用地图

续表

区域资料	相关内容与要求
地质	工程地质：土壤情况和地基承载力、地震、滑坡、岩溶、采空区等（应根据当地实际情况收集相关资料）
	水文地质：主要是收集地下水的资料
水文资料	包括河湖的水位、流向、流量、含沙量等。水文资料是选择村镇用地的重要依据
气象	包括风、日照、气温、湿度、降水量等，气象对村镇规划与建设影响较大
自然灾害情况	自然灾害资料是选择村镇用地和经济合理地确定村镇用地范围的依据

资料来源：本书编写组自制

（3）村镇人口结构资料

1）人口基本情况

村镇现状总人口、农业人口与非农业人口、劳动人口与非劳动人口、常住人口与户籍人口的数量，以及其在总人口中所占的百分比。

2）村镇产业以及人口就业情况

村镇工业是指工业现状与近远期发展的展望，包括产品种类、产量、职工人数、用地面积、用水量、运输方式、三废污染以及综合利用情况、企业之间的协作关系等。村镇工业布局对村镇空间形态、道路交通网络有着决定性影响，搜集与整理村镇工业现状及未来设想的相关资料，有助于更合理地进行村镇总体布局。

手工业和农副产品加工业的种类、产量、员工数量、场地面积、原料来源、产品销售情况、运输方式等。

集市贸易作为村镇的第三产业，主要包括占地面积、用地现状、服务设施状况、存在的问题。集市贸易商品的种类、成交额、平时和高峰期的摊位数、赶集人数和影响范围、赶集人距城镇的最远距离等。

就业人口情况主要包括从事农业、工副业、服务业、商贸业及文教卫生、交通、建筑等就业人口数量及其百分比。

3）人口年龄结构

年龄构成是指各年龄段的人数占总人数的百分比。一般按照年龄段分为6组：0~3岁为托儿组，4~6岁为幼儿组，7~12岁为小学组，13~18岁为中学组，19~60岁为成人组，60岁以上为老年组。

4）教育水平构成

按照大学、高中、初中、小学、文盲不同文化水平分别统计出人数和百分比，尤其是劳动力的受教育程度。

5）人口变化资料

包括历年出生和死亡人数、人口自然增长率；历年迁入和迁出人口数、人口机械增长率，以及迁入人口的来源、迁出人口的去向等。

收集与了解人口资料的目的包括：一是通过分析人口的现状分布和存在问题，后期作为合理调整各村镇的人口规模与人口分布情况的可靠依据；二是按照现有的人口数、年龄构成、自然增长率和机械增长率等数据，预估未来村镇的人口规模，合理配置住宅、公共建筑和市政工程设施等；三是通过分析年龄构成与受教育水平等资料，可以预估新增劳动力的数量和文化水平；四是通过分析职业构成和各行业的发展情况，有效调整村镇产业结构。

（4）居住建筑与公共配套设施

村镇居住建筑的相关数据包括居住用地总面积、不同使用性质的建筑面积、建筑质量等级、建筑平均层数、建筑密度、容积率、户型结构等。同时还需要掌握村镇的现状居住水平，预估需要增加的居住用地数量。

村镇公共服务设施的相关数据主要包括村镇政府办公楼、各类商店、医院、卫生站（室）、活动中心、图书馆、运动场等公共设施用地的分布、数量、用地面积、建筑质量等，以及近远期的发展设想。通过调研掌握和分析村镇公共设施的现状水平、分布是否合理等，有助于在规划中提出改善方案，同时也要考虑远期的预留发展用地。

（5）市政工程实施（表4-2）

市政工程设施名录　　　　　　　　　表4-2

市政工程设施	调研内容
交通运输	有无公共交通，公共交通的线路布设，机动车与非机动车的拥有量，主要道路的日交通量，高峰小时交通量，交通堵塞，对外交通等
道路与桥梁	主要道路的长度、密度、路面等级、通行能力，以及桥梁位置、密度、载重等级等
供水	水源地、水厂、容量、水管网长度、走向、水质、供水量等
排水	排水体制、管网长度、走向、出口位置；污水处理厂的数量、位置及处理能力等
供电	电厂、变电站容量及位置；输配电网络概况、用电负荷、高压走廊等
通信	各类通信手段及设施概况
环境卫生	"三废"的危害程度、污染来源以及污染范围，农业污染、垃圾处理场、饲养场、屠宰场公共厕所等位置及其概况
防灾设施	灾害种类、防灾减灾工程以及措施等

资料来源：本书编写组自制

4.3.2 现场踏勘认知

（1）现场踏勘准备

现场踏勘前应该准备如下几个方面：村镇类别判断；政策法规研读；资料清单准备（资料清单包括现状资料和规划资料等）；问题清单准备（如公众调查问题、咨询村镇有关部门问题等）；公众参与准备（包括公告文本、公告方式、公告范围、调查问卷等）。

（2）现场踏勘过程

准备工作完成后，进行正式的现场踏勘：首先规划工作者向有关领导请示相关事宜，批准后开展工作；联系村镇政府主管部门，请其联系相关单位，确定现场踏勘日期，并作简要沟通、明确注意事项；确定参与人员，预约车辆和调研工具；携带完备资料清单、公众参与文本等进行现场踏勘考察；踏勘完毕后，进行总结，并向相关主管部门进行汇报交流确定进一步工作计划。此外现场踏勘过程中应当注意：踏勘工作一般在征得政府有关部门的意见后进行；注意工作的目的性；踏勘工作一般需要2~3次，合理计划，以求高效；现场踏勘与部门单位沟通时，应注意举止有分寸；注意特殊用地、项目、领域的调查禁忌与纪律，避免触犯法律法规。

（3）现场踏勘目标

现场踏勘的基本目标是进行现状调查并对实际情形与书面资料进行对照和确认，同时为提高村镇田野调查工作的有效性和工作效率，现场踏勘还要完成下列工作：确认相关方联系人与联系方式，如建设单位、科研编制单位、当地相关部门单位等；索取基本资料，如现状分析所需的地理地质、气候气象、水文、功能区划、政府规划、社会环境等，又如已有的村镇规划数据及相关的图形资料；确认重要公共设施选址具体位置、平面布置，选址选线周围的环境，拟定的水源和排放点、纳污水体，拟定的大气排放点和固废排放位置，各类土地性质和归属等；开展公众参与的相关事项，如村镇规划公告与意见收集等；其他必要的事项。

4.3.3 田野访谈交流

（1）访谈对象的确认

在村镇田野调查工作中需要深度开展调研访谈工作，调研涉及部门包括乡镇政府相关部门以及镇域内中小学、幼儿园、福利院、卫生院、乡镇企业、省市驻地企业、农业园等。访谈对象包括乡镇政府相关部门负责人、镇域各企业事业单位负责人、当地居民、游客、村支书（主任）等。

（2）访谈内容的确认

调研访谈后对于资料进行收集与整理，以下为调研成果样例：①乡镇资料清单，②乡镇居民调研访谈表，③村庄资料清单，④村民调研访谈表。

1）乡镇资料清单样例

1. 近5年政府工作报告
2. 近5年人口（常住人口和户籍人口）情况
3. 精准扶贫相关情况
4. 镇域内农业园现状及规划情况一览表

序号	农业园名称	农业园位置	农业园性质与规模	农业园投资来源	备注
1					
2					
3					

5. 镇域内乡镇企业、省市驻地企业现状情况

序号	企业名称	位置	用地面积（m²）	主要产品	产值（万元）	备注
1						
2						
3						

6. 镇域内村镇中学、小学及幼儿园现状情况

序号	学校名称	位置	用地面积（m²）	建筑面积（m²）	年级数（含6年级）	班级数（班）	学生人数（人）	教职工人数（人）	服务范围	备注
1										
2										
3										

7. 镇域内卫生院（站）及福利院现状情况

序号	名称	位置	用地面积（m²）	建筑面积（m²）	职工人数（人）	床位数（床）	服务范围	备注
1								
2								
3								

8. 镇域内市政工程设施现状情况

序号	设施类型	设施名称	设施规模（等级）	服务范围	备注
1	给水				
2	排水				
3	供电				
4	邮政				
5	通信				
6	环卫				

资料来源：本书编写组自制

2）乡镇居民调研访谈表样例

调查问卷（在相应选项后打√即可）					
性别	男　/　女				
年龄	18岁以下	18~32岁	32~45岁	45~60岁	60岁以上
婚姻状况	未婚　/　已婚				
本人户籍	农村户口	城镇户口	有迁户口意愿（××市/外地）		
家庭人口情况	全部留在老家	部分留在老家	全部户口迁移	部分户口迁移	
教育水平	无	小学	初中	高中、技校	大专及本科以上
住所类型	城镇自建房	乡村自建房	城镇购房	社区居住用房	安置房
工作地点	××市	××市	其他城市	集镇	乡村
工作性质	事业单位/公务员	企业经营者——企业名称：企业性质、规模：就业岗位数：经营模式：	企业职工——企业名称：企业性质、规模：就业岗位数：经营模式：	合作社——名称：规模：就业岗位数：经营模式：	个体户　外出打工　农民家庭耕地规模：
年收入（元）	10000以下	10000~20000	20000~30000	30000~40000	30000~50000　50000以上
对本乡镇服务设施满意度	教育设施	满意	不满意（原因）	想法建议	
	文化体育设施	满意	不满意（原因）		
	医疗设施	满意	不满意（原因）		
	养老设施	满意	不满意（原因）		
	市政设施（自来水、污水、电、燃气）	满意	不满意（原因）污水处理方式——化粪池/统一污水处理设施/自由排放		
环境卫生设施	环境满意度		垃圾处理方式	想法与建议	
	环境较好　环境一般　环境污染严重		填埋　焚烧　倾入河道水系		
迁并意愿	愿意（迁并方向）		不愿意（原因）		
对本乡镇发展建议					

资料来源：本书编写组自制

3）村庄资料清单样例

一、基础设施调查表

1.道路交通（位置图纸上一一对应）

道路名称	道路宽度	路面材质
过境公路		
村庄主要道路		
村庄次要道路		

2.停车场位置、规模信息

3.给水及供水方式、供输水设施

水源位置	取水方式	管网布局	给水管长度	管径	重要供水设施

4.排水

排水沟渠断面	标高	设置形式	河道防洪要求	排水管位置	长度	管径	坡度

5.电力

变压器位置	数量	容量	进线电压	供电量	用电量	工业用电量	农业用电量	生活用电量

6.电信及广播电视

程控交换机位置	数量	容量	电话装机数	电话普及率

二、公共设施统计表

名称	位置	建筑面积（m²）	占地面积（m²）	职工人数（人）	在校学生（人）
村委会					
学校					
幼儿园					
敬老院					
卫生室					
党员活动中心					
商业集贸市场					
运动场地					

三、卫生环境设施

垃圾收集点及垃圾中转站位置、数量、面积

垃圾中转站	位置	面积（m²）

四、河流情况一览表

名称	境内长度（km）	河宽（m）	正常年份流量（m³/s）	最大洪水流量（m³/s）	最大洪水位（m）	20年水位标准	上游流域面积（km²）

五、水库一览表

水库名称	流域面积（km²）	总库容（m³）	兴利库容（m³）	坝顶高程（m）	位置

六、主要地质状况、地质灾害防治情况

资料来源：本书编写组自制

4）村民调研访谈表样例

一、答卷人社会特征

1. 性别：_____

A. 男　　B. 女

2. 年龄：_____

A. 20岁及以下　　B. 21~35岁　　C. 36~50岁　　D. 51岁及以上　　E. 60岁以上

3. 学历：_____

A. 小学　　B. 初中（中专）　　C. 高中（大专）　　D. 大学及以上

4. 您的家庭年收入：_____

A. 5000元及以下　　B. 0.5万~1万元　　C. 1万~2万元　　D. 2万元以上

5. 您家庭的主要收入来源为：_____

A. 农业收入　　B. 政府部门或事业单位工资收入　　C. 打工工资收入

D. 集体分红　　E. 生意经营收入　　F. 其他收入

6. 您家共有_____口人；常住有_____口人；外出打工_____口人；家中儿童_____口人。（填入数字）

7. 您目前主要从事工作类型：_____

A. 务农　　B. 干部　　C. 进厂打工　　D. 餐饮服务业

E. 开店做生意　　F. 没有工作　　G. 其他

二、调查问卷

（一）交通出行状况

8. 您的主要出行方式：

A. 农村客运汽车　　B. 私家车　　C. 摩托车　　D. 自行车　　E. 步行　　F. 其他 ____

9. 您所在的行政村是否已通公交？

A. 是　　　B. 否　　　如您所在的行政村已通公交，请回答以下问题：

10. 您认为如何改善村民出行条件：

A. 加快道路建设　　B. 发展农村公交　　C. 增加客运车辆　　D. 优化道路网

（二）经济和产业状况

11. 您家拥有耕地 ____ 亩，林地 ____ 亩，每亩年收益 ____ 元；谁来耕种？

A. 自己或家人　　B. 邻居　　C. 流转给公司　　D. 抛荒

12. 您家庭一年最大的开销是 ___ 和 ___

A. 吃穿用度　　B. 看病就医　　C. 子女学费　　D. 外出打工生活费

E. 接济子女或孙辈　　F. 照顾老人　　G. 其他 ____

13. 您对本村开发农家乐、民宿等休闲旅游产业，是否支持 ____ 您是否愿意参与 ____

A. 是　　B. 否　　C. 说不清楚

14. 您对近几年的农村建设是否满意 ____

A. 很满意　　B. 基本满意　　C. 一般　　D. 不太满意　　E. 很不满意

15. 您认为针对本村实际，最适合进行的生产是？

A. 传统农业种植　　B. 林业　　C. 养殖业　　D. 乡村旅游业　　E. 房地产业

F. 工业　　G. 其他

资料来源：本书编写组自制

4.4 村镇规划数据分析方法

4.4.1 空间数据分析方法

（1）生态承载力分析与评价

生态承载力是生态系统的自我维持、自我调节能力，资源和环境的供容能力及其可维系的社会经济活动强度和具有一定生活水平的人口数量。它具有以包括人类在内的复合生态系统为研究对象，既考虑自然系统的自我维持和调节能力、也考虑人类社会活动对系统的正负动能反馈以及显著的时空尺度依赖性三个特性。

根据遥感影像数据，利用波段运算的方法得到地表信息，如归一化差值不透水面指数（NDISI）、植被覆盖度（FVC）、归一化水体指数（NDWI）、归一化差值裸地与建筑值数（NDBBI）等。将获取的地表信息进行空间叠化分析，按照不敏感、轻度敏感、中度敏感、高度敏感、极敏感进行生态敏感度分级，找出高敏感区分布与呈现特征。根据当地生态敏感性、水资源总量及人均量、林业资源总量及人均量、建成区面积及人均面积等数据，可对生态承载力做出分析和评价（图4-1）。

（2）用地适宜性评价

按照可量化、主导性、适宜性等原则，根据地区实际情况和遥感图空间数据构建评价指标体系。主要影响因素有产业特征、生态敏感度和村庄分布、三生空间特征，评价指标有聚落特征、人口特征、区位交通条件、经济产业条件、自然条件以

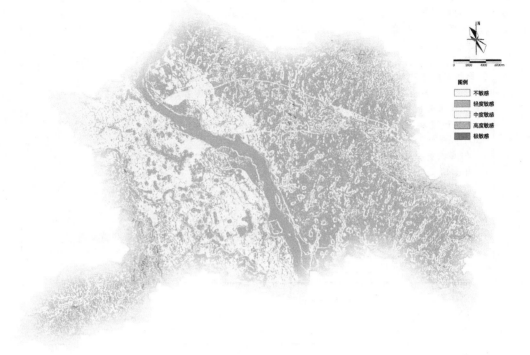

图 4-1　生态敏感度分级分布图

及配套设施评价。可利用统计分析软件SPSS和空间分析软件ArcGIS进行相关性分析、地理加权回归（GWR）、空间主成分分析（PCA），辨识指标体系中多因子联动影响方式与空间异质性作用机制。

依据各评价指标对用地的影响程度，将其划分为适应性较好、一般、较差三个用地适宜性等级。山林地带、高敏感度地区如重点保护的基本农田区、水系等或坡度偏大、交通较为不便的偏远山区地带以及水系附近一般为适应性较差区域；交通较为便捷、产业发展较为发达地区一般为适应性一般区域；人口聚集呈稳定或上升态势、交通便捷、产业发展基础好、公共配套设施较齐全的地区或试点村庄一般为适应性较好区域（图4-2）。

（3）居民点迁并分析与评价

中国乡村在历史演化、社会环境、经济影响等条件下，逐渐形成了"大分散小集中"的非均衡分散化空间形态。在农业现代化的作用下，乡村居民点的人口在城乡间流动，同时也在乡村社会内部流动，进一步带来了乡村社会关系的分异。这种现象体现在人口有序适度向适应性强的聚集点集聚，如丘陵和山地部分居民向宜居农村社区或镇区聚集。

同时，不同地形地貌的村庄布局和建设也有较大不同。平原型村庄建设用地分布比较集中，丘陵型村庄建设用地分布则小而分散，山地型村庄建设用地分布往往会依山就势。为此，一般采用三种类型实施居民点迁并，分别是强村带动型村庄、直改型村庄和拆迁安置型村庄。按照生态保护、循序渐进的原则和规划的具体迁并范围，进行村庄拆迁整治、居民点重建等（图4-3）。

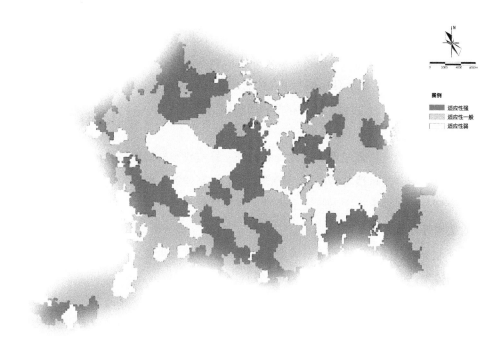

图 4-2 村庄发展适应性评价图

图 4-3 村庄人口迁并聚集方案示意

4.4.2 统计数据分析方法

（1）经济与产业数据

村镇经济分析包括对个人经济和集体经济的分析。

1）个体经济方面

村镇个体经济是指村镇中从事个体劳动和个体经营的经济形态。村镇个体经济分析中所需要的数据包括居民从业数据和居民收入数据，一般通过绘制统计图表进行分析。通过分析居民从业结构（非农产业和农业从业人员的数量）和收入结构（收入来源及构成），进而为促进居民就业和增收提供建议。

2）集体经济方面

村镇集体经济形式呈现多元化发展态势。目前我国村镇集体经济主要包括三种形式：统分结合的村镇集体经济、村镇股份合作制经济、村镇专业合作经济。村镇集体经济分析主要聚焦于财政支出水平、合作社数量和规模、土地流转水平、三次产业结构等方面。

财政支出反映了政府对于公共服务的投入。财政支出数据不仅是财政支出分配结构的体现，更是政府投资项目、民生投资决策的重要依据。

合作社的数量和规模的增加反映了农业生产方式的转变，标志着村镇产业发展从单一农产品销售走向集农产品的销售、加工、运输、贮藏以及与农业生产经营有关的技术、信息等服务为一体的模式。分析合作社的数量和规模，对保持一定的社员规模以实现规模经济、为农户生产高质量的农产品提供更多的盈余返还，以及增强农户生产高质量农产品的动力有着积极意义。

土地流转是村民将自己的土地给企业去经营获取收益的方式。常见的土地流转模式有：村集体自主经营企业、村集体间合作经营企业、本地企业入股村集体共同经营，以及本地、外地企业入股村集体共同经营四种模式。分析土地流转的规模、类型、交易情况和去向，可以构建规模化、市场化、标准化的村镇土地流转市场，促进村民持续增收，帮助政府监督土地流转去向，提高政府监控和服务效率，使土地流转定价机制更透明，引导土地流转市场健康发展。

三次产业结构最直观地反映了产业结构情况，具体深入分析还需要调查企业数量、耕地面积、居民收入。通过分析产业比例，可以促进产业结构协调发展，提升村镇综合经济实力。

（2）社会数据

社会数据包括公共服务设施和基础设施数据、村镇联系数据、村镇道路数据等。

公共服务设施数据反映了养老院、学校、文化体育等设施配置水平、服务共享能力和下沉的水平。分析村镇公共服务设施的数量、布局、规模有助于促进城乡居民同等化、村镇服务均等化、村镇服务品质化和服务效用最大化。同时，对于在空问上调整公共服务设施布局、完善公共服务设施内容、提升公共服务设施标准也有重要意义。村镇基础设施数据则反映了村镇生命基础工程的建设水平，可以判断村镇基础设施是否匹配村镇发展需求，科学预测村镇社会经济发展潜力。

村镇联系数据指村镇之间的联系程度，具体表现在村民就业、上学、医疗以及日常活动与镇区联系是否紧密。通过调查村民就业、上学和居住地点来获取相关数据，分析村镇之间的联系数据，有助于协调村镇一体化发展，指导村镇基础设施和公共服务设施配比。

村镇道路数据指村镇道路等级分布、道路长度、路网密度等，道路网数据的分析对提高村镇道路网密度、增强道路通达性、统一配建停车场地和公交交通有积极作用。

4.4.3 访谈资料分析方法

（1）问卷统计

问卷数据的统计方法可以分为三种。第一种是简单描述。当问卷调查的内容是受访者的基本情况，如性别、学历、收入情况等，可以用简单的描述性语言直接呈现原始数据。但此方法过于简单，不能很好地展现问卷中各因素之间的关系，没有体现问卷设计的逻辑和思考。第二种方法是方差分析。方差分析是一种常用的分析方法，分析中会纳入多个因子，即研究对象。所采用的方法是通过检验各总体均值是否相等来判断各类型自变量对数值型因变量是否有显著性影响。生成的统计表需要较多的篇幅去阐述各个因子之间的相关关系，但对于多个总体均值是否相等的问题采用方差分析更加便捷高效。第三种是回归分析。回归分析是确定两种或两种以上变量间相关关系的一种统计分析方法，可以运用回归分析模型预测数据未来的发展趋势。当问卷调查涉及众多非计量的数据资料，需要把资料转译成计量数据才能进行回归分析。与方差分析相似，回归分析也适用于问题较多的调查问卷。

（2）访谈总结

访谈总结可以分为定性总结和定量总结。其中定性总结是为了对问题定位和项目启动能有更深入的认识，需要调查者有一定的专业水平，能够对访谈情况有准确的理解。定量的分析方法常用的有矛盾分析法、比较分析法和因素分析法等。通过总结访谈揭示某种现象，或发现某些问题，分析和归纳出导致这一现象或问题的影响因素有哪些，进而构建多层级的网络结构，把握各因素之间的表现特征、内部联系和转化规律，重点是最后提出可能的解决方案。定量总结是对访谈结果中某一现象或事物的规模、程度、范围等方面做出数量方面的特征归纳，是较为基础的内容总结，不需要很强的专业知识，掌握基本的数理统计和分析方法即可。具体的分析方法有统计分析法、社会测量法。统计分析法是对基础的资料数据进行整理加工，用图或表的方式展示数据的基本特征，通常运用简单的描述性和推导性语言对数据进行总结。社会测量法是将所研究的对象人群内部各成员之间相互作用的关系数量化，用来厘清人物关系。

目前运用定量和定性相结合归纳出访谈结果是最常见的，以问题和目标作为双导向对访谈内容进行分析。访谈过程中把需要确认和探讨的内容铺开，从中抓住村镇发展的主要问题，了解村镇内部、人群内部、人与产业、人与自然等方面的关系，并采集受访者对项目的期待和建议，再结合某些政策或理论进行深入的讨论，提出因地制宜的发展目标和策略。

参考文献

[1] 张尚武. 乡村规划：特点与难点 [J]. 城市规划，2014（2）：17–21.

[2] 王冠贤. 乡村地区协调发展的宏观引导政策探讨——对《广州市城市总体规划（2010—2020）》村庄专题研究工作的思考 [J]. 规划师，2009，25（02）：62–67.

[3] 张晓山. 中国农村改革 30 年的基本经验 [J]. 中国乡村建设，2009（1）：1–7.

[4] 何星亮，杜娟. 文化人类学田野调查的特点、原则与类型 [J]. 云南民族大学学报（哲学社会科学版），2014，31（4）：18–25.

[5] 杜文鹏，闫慧敏，杨艳昭，等. 生态承载力的评估方法与研究趋势展望 [J]. 资源与生态学报：英文版，2018（2）：115–124.

[6] 王广州. 中国人口预测方法及未来人口政策 [J]. 财经智库，2018，3（3）：112–138+144.

[7] 孟向京. 我国农村地区人口年龄结构变化特点与趋势分析 [J]. 人口学刊，1996（5）：45–49.

[8] 赵静. 当前中国农村家庭结构现状调查研究 [J]. 经济研究导刊，2010（3）：42–43.

[9] 秦岭. 从农村劳动力受教育程度分析农民增收问题 [J]. 南京人口管理干部学院学报，2004（1）：14–18.

[10] 张瑞清. 盂县农民就业与收入浅析 [J]. 吉林农业，2010（11）：10.

[11] 杨新海，洪亘伟，赵剑锋. 城乡一体化背景下苏州村镇公共服务设施配置研究 [J]. 城市规划学刊，2013（03）：22–27.

第 5 章

镇（乡）规划
编制方法

镇（乡）规划是统筹乡村地区各类开发保护建设活动的重要依据，也是促进城乡经济、社会和环境协调发展的重要工具。镇（乡）规划的编制需充分考虑镇（乡）自身的区位条件、资源禀赋、人口结构、产业类型、社会服务等基本特征，同时结合区域要素管控与利用的实际需要进行整体统筹，并从镇（乡）域规划、镇区规划、镇区控制性详细规划三个部分开展相关规划编制工作。镇（乡）域规划在于镇村布点及相应各项建设的整体部署；镇区规划在于镇（乡）政府驻地的空间结构优化与综合功能提升；控制性详细规划在于镇区人居环境改善与各项建设活动管控。通过镇（乡）规划编制，有效落实市（县）相关要求，并系统指导村庄规划的科学编制。

5.1 镇（乡）域规划

镇是城乡之间联系的纽带，是我国城乡居民点体系中的重要组成部分。镇（乡）域规划是镇、乡域内村镇布点及相应各项建设的整体部署，是中心镇、集镇、村庄规划的依据。镇（乡）域规划的主要任务是落实市（县）社会经济发展战略及城镇体系规划所提出的相关要求，指导镇区、村庄规划的编制。

5.1.1 镇（乡）域规划内容、要求与目标

（1）规划依据、规划范围与规划期限

镇、乡是《中华人民共和国宪法》中规定的基层行政区划。镇（乡）域规划以

《中华人民共和国城乡规划法》为依据，是《城乡规划法》所明确规定的镇规划、乡规划的一种形式。根据镇（乡）域经济社会发展和统筹城乡发展的需要，其规划区范围覆盖镇（乡）行政辖区的全部，即镇域、乡域。镇（乡）域规划的规划期限一般为20年，其中近期为5年，并与国民经济与社会发展规划期限相协调。镇（乡）域规划的组织编制和审批应当分别按照《中华人民共和国城乡规划法》对镇规划和乡规划组织编制和审批的要求执行。

镇（乡）域规划编制应坚持全域统筹、注重发展、节约用地、因地制宜的原则，突出对镇（乡）全域发展的指导，协调农村生产、生活和生态，统筹对建设用地和非建设用地合理布局。体现地域特色、乡村特色和民族特色，尊重农村地区的多样性和差异性。节约和集约利用资源和能源，保护生态环境。

（2）镇（乡）域规划内容

镇（乡）域规划是对镇（乡）行政区域经济社会发展和空间资源配置的总体部署，是镇区和村庄规划的重要依据。镇（乡）域规划的主要内容包括：提出镇的发展战略和发展目标，确定镇（乡）域产业发展空间布局；确定镇（乡）域人口规模；明确规划强制性内容，划定镇（乡）域空间管制分区，确定空间管制要求；确定镇区性质、职能及规模，明确镇区建设用地标准与规划区范围；确定镇村体系布局，统筹配置基础设施和公共设施，制定专项规划；提出实施规划的措施和有关建议，明确规划强制性内容。具体通过以下专项工作来完成：

1）镇（乡）域发展条件评价及发展定位。准确评价镇（乡）域发展条件是合理确定镇（乡）域发展方向的重要基础。通过研究分析区域内自然条件、资源条件、区位条件、社会经济发展基础条件等，总结区域发展的优势、劣势、机遇、挑战等，作为确定区域发展定位和发展水平的依据。

2）镇（乡）域规划目标及发展战略。研究确定镇（乡）行政区域范围内主要的村庄、镇居民点选址、性质定位、人口规模以及建设用地的发展方向和布局，确定建设用地范围和基本农田的保护区范围。制定明确的区域发展战略目标，主要包括经济发展、社会发展、生态发展等内容，将区域发展战略目标在空间上予以落实。

3）镇（乡）域总体规划布局。通过对现状资料的研究分析、各项目标的预测、专项规划的统筹安排，做出镇（乡）域规划的总体布局。

4）镇（乡）域经济社会发展与产业布局。根据镇（乡）域发展定位和社会经济发展目标；分析农村人口转移趋势和流向，预测镇（乡）域人口规模；明确镇（乡）域产业结构调整目标、产业发展方向和重点，提出三次产业发展的主要目标和发展措施。统筹规划镇（乡）域三次产业的空间布局，合理确定农业生产区、农副产品加工区、产业园区、物流市场区、旅游发展区、工矿园区等产业集中区的选址和用地规模。

5）镇（乡）域镇村体系规划。镇（乡）域镇村体系规划应包含以下内容：综合分析与评价镇（乡）域资源与环境等发展条件，预测一、二、三产业的发展前景及劳动力和人口流向趋势；落实镇区（乡镇政府驻地）的规划人口规模，划定发展用地控制范围；根据产业发展和生活提高的要求，明确中心村和基层村；结合村民意愿，提出村庄建设、集并调整的方向、路径等设想；确定镇（乡）域内主要道路交通、公用工程设施以及生态环境、历史文化保护、防灾减灾防疫系统。

6）镇（乡）域基础设施布局规划。镇（乡）域基础设施是保证区域经济发展和人民生活正常运行的必要性物质保障，也是衡量社会经济发展现代化水平的重要标志。区域基础设施布局规划主要分为两大类，一类是生产性基础设施的规划，主要包括镇（乡）域综合交通运输，镇（乡）域供水、供电、通信与能源工程规划，镇（乡）域排水与环境卫生整治规划、镇（乡）域综合防灾减灾规划；另一类是社会性基础设施的规划，主要包括镇（乡）域公共服务设施规划等内容。

7）镇（乡）域空间利用布局与管制规划。划定镇（乡）域山区、水面、林地、农地、草地、城镇建设、基础设施等用地空间的范围，结合气候条件、水文条件、地形状况、土壤肥力等自然条件，提出各类用地空间的开发利用、设施建设和生态保育措施。根据生态环境、资源利用、公共安全等基础条件划定生态空间，确定相关生态环境、土地和水资源、能源、自然与文化遗产等方面的保护与利用目标和要求，综合分析用地条件划定镇（乡）域内禁建区、限建区和适建区范围，提出镇（乡）域空间管制原则和措施。

8）镇（乡）域生态与环境保护规划。镇（乡）域的社会经济发展必须保持各要素的平衡关系不被打破，自然环境不遭到破坏，构建可持续的生态系统。镇（乡）域生态与环境保护规划的主要内容应包括：调查分析镇（乡）域生态环境质量现状与存在的问题，重点是人类活动与自然环境长期影响和相互作用的关系和结果，包括经济、社会、自然、生态方面；镇（乡）域空间的生态环境适宜性评价，该评价结果可为空间开发潜力和空间管制提供依据；分析生态环境对镇（乡）域经济社会发展可能的承载能力，主要表现为土地资源、水资源，以及针对人口适宜规模的生态环境承载力；制定镇（乡）域生态环境保护目标和总量控制规划；进行生态环境功能分区；提出生态环境保护、治理和优化的对策。

（3）镇（乡）域规划成果要求

镇（乡）域规划的规划成果包括文本、图纸和附件三部分。文本应当规范、准确、含义清晰。图纸内容应与文本一致。附件包括规划说明书、重要基础资料汇编以及专题研究报告等。规划说明书的内容包括现状分析、规划意图论证、规划文本解释等。规划成果应当以书面和电子文件两种形式表达。

镇（乡）域规划的图纸除区位图外，图纸比例尺一般要求为1∶10000，根据镇、乡行政辖区面积大小 一般在1∶5000~1∶25000之间选择。应出具的规划图纸和内容见表5-1。

规划图纸名称和内容　　　　　　　　　　　　表5-1

序号	图纸名称	图纸内容	必选/可选
1	区位图	标明镇（乡）在大区域范围中所处的位置	必选
2	镇（乡）域现状分析图	标明行政区划、村镇分布、交通网络、主要基础设施、主要风景旅游资源等内容	必选
3	镇（乡）域经济社会发展与产业布局规划图	可选择绘制镇（乡）域产业布局规划图或镇（乡）域产业链规划图，重点标明镇（乡）域三次产业和各类产业集中区的空间布局	必选
4	镇（乡）域空间布局规划图	确定镇（乡）域山区、水面、林地、农地、草地、村镇建设、基础设施等用地的范围和布局，标明各类土地空间的开发利用途径和设施建设要求	必选
5	镇（乡）域空间管制规划图	标明行政区划，划定禁建区、限建区、适建区的控制范围和各类土地用途界限等内容	必选
6	镇（乡）域居民点布局规划图	标明行政区划，确定镇（乡）域居民点体系布局，划定镇区（乡镇政府驻地）建设用地范围	必选
7	镇（乡）域综合交通规划图	标明公路、铁路、航道等的等级和线路走向，组织公共交通网络，标明镇（乡）域交通站场和静态交通设施的规划布局和用地范围	必选
8	镇（乡）域供水供能规划图	标明镇（乡）域给水、电力、燃气等的设施位置、等级和规模，管网、线路、通道的等级和走向	必选
9	镇（乡）域环境环卫治理规划图	标明镇（乡）域污水处理、垃圾处理、粪便处理等设施（集中处理设施和中转设施）的位置和占地规模	必选
10	镇（乡）域公共设施规划图	标明行政管理、教育机构、文体科技、医疗保健、商业金融、社会福利、集贸市场等各类公共设施在镇（乡）域中的布局和等级	必选
11	镇（乡）域防灾减灾规划图	划定镇（乡）域防洪、防台风、消防、人防、抗震、地质灾害防护等需要重点控制的地区，标明各类灾害防护所需设施的位置、规模和救援通道的线路走向	必选
12	镇（乡）域历史文化和特色景观资源保护规划图	标明镇（乡）域自然保护区、风景名胜区、特色街区、名镇名村等的保护和控制范围	可选

资料来源：《镇（乡）域规划导则（试行）》（建村〔2010〕184号）

（4）镇（乡）域规划目标

镇（乡）域规划的主要目标在于引导建成高标准的城镇化地区，指导镇（乡）域集聚生产要素来发展经济、提升人居环境水平、指导各类建设活动和保护美丽乡村环境等。第一，引导人口向城镇空间集中，以宜居镇区建设和城镇开发的弹性管控为导向，提高镇（乡）域城镇化水平。第二，引导产业向园区集中，大力发展二、三产业，促进镇（乡）域经济提升与就业增长；鼓励农村土地规模经营，推动农业现代化。第三，实施高标准和均等化基础设施建设，支撑镇（乡）域生产发展和生活质量改善；以镇（乡）域生活圈的构建为契机，形成公共服务设施向乡村地区有效延伸与覆盖。第四，开展特色保护与品牌塑造，挖掘和保护镇（乡）域自然环境与历史文化特色，塑造和展现现代化的美丽城镇景观。最后，要制定镇（乡）域规划编制目标，还应区分不同类型的镇（乡），制定差异化发展目标。一般而言，可根据等级规模区分中心镇和一般镇（乡）；同时可根据镇域发展特色或区位特征等因素，划分出特色镇和卫星镇等。

镇（乡）域规划应遵循如下原则：因地制宜，统筹全域；保护生态本底，重视农业生产；尊重农民意愿，强化公众参与；突出乡村特点，彰显地域特色。镇（乡）域规划应落实"多规合一"理念，统筹镇（乡）域山、水、林、田、路、村要素，保障国家"粮食安全"和"生态安全"，破解农业、农民和农村"三农问题"，实现建设山清水秀、生态宜居、农业发达、农村繁荣、农民富足、乡风文明的"美丽中国"乡村发展和建设目标。

案例 5-1：汪集街总体规划发展目标

汪集街位于武汉市新洲区中部，东临邾城，西接倒水河与阳逻经济开发区相连，南近涨渡湖与双柳接壤，北向与李集、仓埠相连。汪集街依托汉施公路成为邾城与阳逻联系的重要节点。

汪集街街域范围为汪集街行政辖区，包括孔埠、冯铺、洪寨、宝龙、人胜、大泊、湖西、柏树、陶咀、新畈、陈墩、安仁、湖东、余楼、复兴、胡三、程山等 50 个行政村和汪集街荣生社区，总面积约为 142.1km²。规划区范围东起新港高速、西至大泊村、南至安仁村、北到武英高速，总面积约 54.33km²。镇区范围东至汪园路、西至黎河、南至汪辛路、北至锦辉大道，总面积 5.83km²。

总体发展目标：生态健康新市镇，田园休闲美乡村

紧紧围绕"创新、协调、绿色、开放、共享"发展理念，与新时代新洲区整体发展进程相适应，以建设"生态健康新市镇，田园休闲美乡村"为总体发展目标，创建"生态城乡、健康城乡、乐居城乡、休闲城乡"，努力打造武汉市健康休闲新市镇典范。

经济产业发展目标

到 2025 年，产业结构调整至 12.7∶56.5∶30.8，生产总值达到 179.4 亿元；到 2035 年，产业结构调整至 9.6∶49.4∶41.1，生产总值达到 321.4 亿元。

社会发展目标

到 2025 年，常住人口城镇化水平达到 35%~40%，九年义务教育入学率达到 100%，居民人均可支配收入达到 3.5 万元；到 2035 年，常住人口城镇化水平达到 60%~65%，九年义务教育入学率达到 100%，居民人均可支配收入达到 9.8 万元。

生态建设目标

到 2025 年，森林覆盖率达到 32%，人均公共绿地面积达到 12m^2；到 2035 年，森林覆盖率达到 35%，人均公共绿地面积达到 14m^2 以上。

案例来源：本书编写组提供

5.1.2 镇（乡）域职能结构与规模等级

镇（乡）域职能结构是指镇村体系的内在职能，特别是服务于镇村以外的职能结构及其相互关系，主要包含社会职能和经济职能两种。

（1）镇（乡）域职能结构

1）职能等级

职能等级是指镇村体系中村、镇在村域、镇（乡）域乃至更大地域范围承担的社会方面的主要职能所划分的等级。根据镇村体系中镇村在承担社会方面的主要职能的服务和影响范围，一般划分为五个等级，即：基层村、中心村、集镇、一般镇、中心镇。常见的镇（乡）域职能等级构成见表 5-2。

镇（乡）域职能等级构成表 表 5-2

范围	职能等级构成	备注
乡域	基层村、中心村、集镇	一般没有中心镇
镇域	基层村、中心村、建制镇	—
	基层村、中心村、中心镇	建制镇为跨行政区中心镇
	基层村、中心村、建制镇、中心镇	建制镇为跨行政区中心镇，并有非乡建制集镇
跨镇行政区域	基层村、中心村、集镇、一般镇、中心镇	二个镇（乡）以上行政区域，五个层次一般齐全
县域	基层村、中心村、集镇、一般镇、中心镇	县域内五个镇村层次齐全

资料来源：本书编写组绘制

2）职能类型

经济职能类型是指镇村在一定区域范围内承担的经济方面职能中最主要的类别。集镇具有工业、交通、金融、贸易、商业、农业服务、旅游等职能；基层村、中心村有林业、牧业、种植业、渔业、养殖业和传统手工业、农产品初加工业、采矿业、旅游业等职能。

镇村职能类型一般由一至两个起主导作用的行业决定。当由两个行业主导其职能类型时，在表述上一般是前者的作用和地位比后者更突出和重要（表5-3）。在多业均衡发展，难以确定主导产业时，一般确定为"综合型"。镇村职能类型是确定镇村性质的重要依据之一。镇村主导行业需要通过定性分析、定量分析的方法综合确定，由于镇村经济发展的情况差异较大，职能类型种类多样，应根据镇村的实际情况确定。

镇（乡）域镇村职能类型表 表5-3

等级		职能
镇	中心镇	工业（工矿）型、交通型、旅游型、工贸型、商贸型、农贸（农副产品贸易）型、边（境）贸（易）型、综合型
	一般镇	
村	中心村	农业种植型、农林型、农牧型、农工（农业手工业）型、林业型、牧业型、渔业型、农旅型
	基层村	

资料来源：《镇规划标准》GB 50188—2007

（2）镇（乡）域规模等级

根据《镇规划标准》GB 50188—2007，镇（乡）域规模等级分为镇、中心村、基层村三个等级。①镇指建制镇或集镇，一般是镇域行政中心，设有基本的生活设施和部分公共设施。②中心村一般是村民委员会所在地，是镇村中从事农业、家庭副业和工业生活活动的较大居民点，拥有为本村庄和附近村庄服务的一些基本的生活服务设施。③基层村是中心村以外重点发展的村庄，每个行政村一般不多于三个，是从事农业生产活动的最基本居民点，设有简单的生活服务设施，可参考图5-1、图5-2。

依据城镇所处地理位置的重要程度以及在区域社会经济活动中所处的地位及发挥作用的大小，城镇呈现明显的等级层次分布，而这种等级层次分布又与城镇的规模大小和性质、职能特点有很大的相关性。一般而言，在一定地域空间范围内的城镇，等级层次越高，其相应的职能地位越高，职能类型越全面，城镇规模也就越大，在这个范围内数量也就越少。城镇的规模等级在本质上也反映了各级城镇不同功能及其不同层次之间的组织协调程度。

镇区和村庄的规划规模应按人口数量划分为大、中、小型三级。在进行镇区和村庄规划时，应以规划期末常住人口的数量按表5-4的分级确定级别。

镇（乡）域镇村体系等级规模　　　　表 5-4

等级	规模（常住人口）		占村镇数量比重
中心镇	大型：> 10000		占总数的 5% 左右
	中型：3000~10000		
	小型：< 3000		
一般镇	大型：> 3000		占总数的 10% 左右
	中型：1000~3000		
	小型：< 1000		
中心村	大型：> 1000		占总数的 25% 左右
	中型：300~1000		
	小型：< 300		
基层村	大型：> 300		占总数的 60% 左右

资料来源：《镇规划标准》GB 50188—2007

案例 5-2：汪集街总体规划镇村体系规划

统筹区位、交通、产业和资源等条件，构建"1-9-4"的镇村体系，即一个镇区、9 个农村社区、4 个一般村。

镇村等级规模结构规划

规划以镇区为中心，构建"镇区—中心村（农村社区）——一般村"的三级镇村体系。

第一级为镇区

通过规划引导和项目入驻，集约化特色化发展，实现城镇人口有效集聚，规划 2025 年镇区城镇人口 2.4 万人，流动人口 0.5 万人，规划 2035 年镇区城镇人口 5 万人，流动人口 1.5 万人。

第二级为中心社区

中心社区共 9 个，规划每个社区人口规模达到 2000~4000 人，包括孔埠、冯铺、洪寨、宝龙、人胜、大泊、湖西、柏树、陶咀。

第三级为一般村

2025 年迁并为 20 个，包括童畈村、欧咀村、蔡湾村、新畈村、程山村、胡三村、曹寨村、双河村、王瓦村、王泗村、陈敦村、茶亭村、白洋村、复兴村、湖东村、安仁村、咀埠村、王龙村、州上村、余楼村等，规划人口规模为 500~1000 人／村。2035 年继续收缩为 4 个，包括新畈、安仁、余楼、复兴，规划人口规模为 800~1200 人／村。

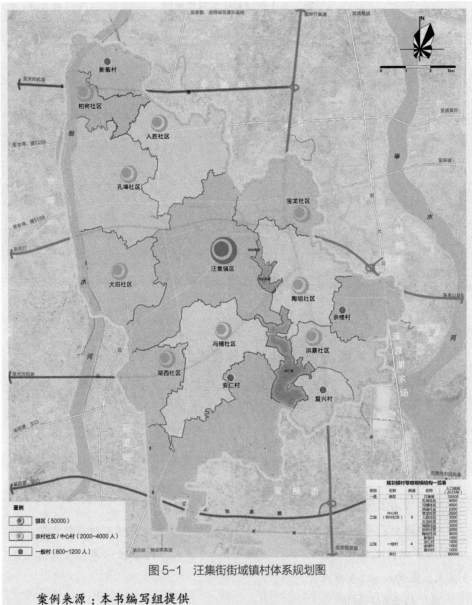

图5-1　汪集街街域镇村体系规划图

案例来源：本书编写组提供

案例5-3：小河镇总体规划镇村体系规划

结合城镇化发展战略和城镇化水平分析预测，明确镇村布局的基本原则，统筹安排镇域城乡居民点的空间布局，构建镇区—农村社区—美丽乡村三级镇村体系结构，确定镇村人口规模。

镇村等级规模结构规划

规划小河镇镇村等级规模结构分为三级："镇区—农村社区—美丽乡村"。

第一级为小河镇区

通过规划引导和项目入驻，集约化特色发展，实现城镇人口有效集聚，规划2022年镇区城镇人口1.5万人，流动人口0.5万人，规划2035年镇区城镇人口5.5万人，流动人口1.5万人。

第二级为中心社区

中心社区共5个，分别为朱市社区、砖庙社区、高康社区、谭湾社区和胡湾社区。规划朱市社区为12000人，其余各社区人口规模进行弹性控制，预计规划期末达到2000~5000人。

第三级为特色村

包括符埫村、山河村和大冲村，规划人口规模为500~1500人／村。

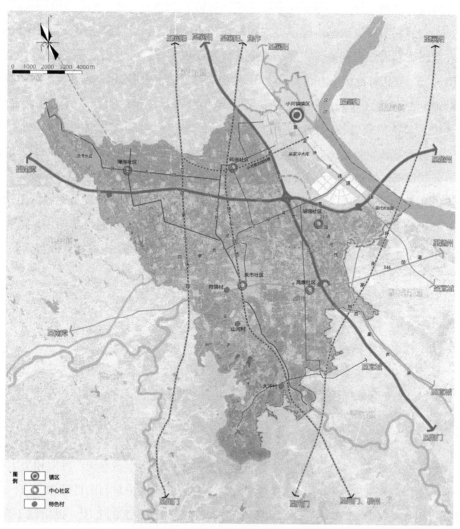

图5-2　小河镇镇域镇村体系规划图

案例来源：本书编写组提供

5.1.3 镇（乡）域空间分区与管制

（1）镇（乡）域空间

镇（乡）域空间主要包含划定镇（乡）域山区、水面、林地、农地、草地、城镇建设、基础设施等用地空间的范围，结合气候条件、水文条件、地形状况、土壤肥力等自然条件，提出各类用地空间的开发利用、设施建设和生态保育措施。

①山区保护与开发。以保护和改善生态环境为核心，提出山区农林产品、旅游开发、矿藏采掘等开发利用措施。②水资源与滨水空间保护与利用。优先确定保护和整治水体环境方案，合理安排农田灌溉设施布局，提出滨水空间、特色水产品、水上观光等水资源利用与开发规划，对河道清淤及其长效管理提出建议。③林地保育与利用。完善水土保持、林地保育等生态空间；规划苗圃、生态林、经济林等林地及其种植范围；安排林地道路系统、林特产品加工、林区生态旅游等设施用地。④农地利用及农田基本建设。规划农业种植项目，并确定其空间分布；统筹安排农业设施和农田水利建设工程，确定其分布和规模等；科学划定需要改造的中低产田区域、农田整治区域和可复垦农田地区，并提出相应的农田基本建设工程项目。⑤草地利用与牧区布局。划定草场，进行草场载畜量评价，实行以草定畜确定生产规模，避免超载过牧；划定需要实施草地改良的区域，并提出相关的水利、道路、虫害治理和轮牧措施；规划牧区生产和防灾抗灾的生命线工程和必备的基础设施、公共设施。⑥镇村建设布局。确定村镇居民点体系，结合空间管制确定镇（乡）域建设用地的规模和布局，分别划定保留的原有建设用地和新增建设用地的范围。⑦基础设施用地布局。划定各类交通设施、公用工程设施和水利设施的用地范围。构建镇（乡）域机耕路、林区作业路、农田水网、灌溉渠网、运输管道等与工农业生产密切相关的通道网络，确定其线路走向和控制宽度。

各类用地空间可能的开发利用途径、设施建设重点和生态保育要求可参考表5-5。

（2）镇（乡）域空间分区

镇（乡）域空间分区主要是对城镇空间、农业空间和生态空间进行"三区"划定（图5-3）。应充分依据和落实上位县（市）相关空间规划的成果，具体可参照表5-6执行。

（3）镇（乡）域空间管制

根据生态环境、资源利用、公共安全等基础条件划定生态空间，确定相关生态环境、土地和水资源、能源、自然与文化遗产等方面的保护与利用目标和要求，综合分析用地条件划定镇（乡）域内禁建区、限建区和适建区的范围，提出镇（乡）域空间管制原则和措施（图5-4、图5-5）。其中，城镇空间的划定和调整应适应人口城镇化发展需要，在城镇开发边界控制范围内集中布局城镇建设用地与产业发展

镇（乡）域空间利用导引   表5-5

类型	分类	开发利用	设施建设	生态保育
山区	植被覆盖	农林产品种植、旅游开发	山林管理设施、旅游服务设施	依据生态敏感度评价，实行分级保护
	裸岩砾石	旅游开发、矿藏采掘	旅游服务设施、矿产采掘设施	
水面	河流湖泊	水产品养殖、滨水旅游、农业灌溉	养殖设施、旅游服务设施、取水设施	严格保护水面范围
	水库坑塘	水产品养殖、滨水旅游、农业灌溉	养殖设施、旅游服务设施、取水设施、防渗设施	
	滩涂	水产品养殖、滨水旅游	养殖设施、旅游服务设施	
	沟渠	农业灌溉	沟渠疏浚、防渗设施	
林地	园地	林果种植、茶叶种植、其他经济林种植（橡胶、可可、咖啡等）、采摘旅游	林业管理设施、林区作业路、旅游服务设施、防（火）灾设施	依据生态功能评估，实行较严格保护，园地与林地之间、林地与农田之间可进行一定的转用
	林地	用材林木、竹林、苗圃、观光旅游	林业管理设施、林区作业路、旅游服务设施、防（火）灾设施	
农地	水田	水生农作物种植、观光农业	排涝设施、节水灌溉设施、机耕路、旅游服务设施	严格保护田地范围，保育水土条件，进行土地整理
	水浇地	旱生农作物种植、采摘农业	灌溉渠网、灌溉设施、大棚等农业设施、机耕路、旅游服务设施	
	旱地	旱生农作物种植、采摘农业	节水灌溉设施、防旱应急设施、大棚等农业设施、机耕路	较严格保护，符合规划的条件下可转用为建设用地，进行土地整理
草地	牧草地	牲畜养殖、旅游开发	生产设施、防灾抗灾设施	实行以草定畜，控制超载过牧
村镇	镇区（乡镇政府驻地）	城镇建设	基础设施、公共服务设施、经营设施等	村镇绿化建设及矿区复垦等
	村庄	农村居民点建设	基础设施、公共服务设施、经营设施等	
	产业园区与独立工矿区	工业开发、矿产采掘	工矿基础设施、配套生活服务设施	
设施	基础设施用地	—	交通设施、公用工程设施、水利设施、生产通道	—

注："—"表示空缺。

资料来源：《镇（乡）域规划导则（试行）》（建村〔2010〕184号）

案例5-4：小河镇总体规划空间分区规划

镇域"三类空间"划定与管控

生态空间

　　小河镇生态空间主要包括镇域范围内的山体、林地、水体及相对应保护区，总面积约为70km^2，占镇域面积的40%。

　　生态空间要加强林地、河流、湖泊等生态空间的保护和修复，提升生态产品服务功能。要实行严格的产业和环境准入制度，严控开发活动，控制开发强度。对其中的禁止开发区要划定生态保护红线，实施强制性保护。

农业空间

　　小河镇农业空间主要为襄荆高速以西的平原地带，面积约为88km^2，占镇域面积的45%。

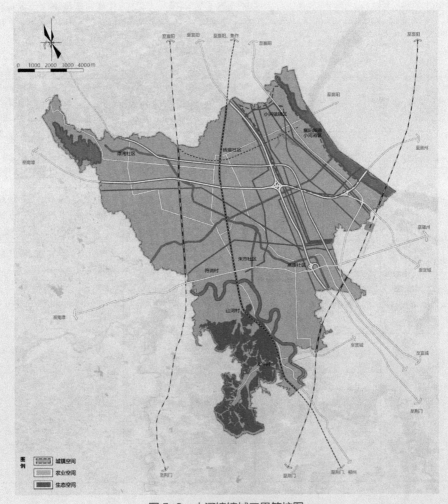

图5-3　小河镇镇域三界管控图

农业空间重点强化农地保护，推动土地整理，促进农地规模化、标准化建设。要严格建设用地管控，优化整合农村居民点，保护农村田园景观。

城镇空间

小河镇的城镇空间主要集中在汉江西岸和襄荆高速中间的平原地带，该区域地势平坦，交通优势明显，在宜城市快速发展中已呈现与宜城市集中建设区一体化发展的趋势。规划将东至汉江、西至襄荆高速、南至麻竹高速、北至小河镇域行政边界所形成的边界定为小河镇城镇空间，总用地面积约为20km²，占镇域用地比例的15%。

城镇空间着力提高土地集约利用水平，提升单位国土面积的投资强度和产出效率。控制建设空间和开发区用地比例，促进产城融合和低效建设用地的再开发。

案例来源：本书编写组提供

镇域城镇、农业、生态空间分区划定　　　　　　　表 5-6

分区名称	分区划定
城镇空间	（1）城镇开发边界控制线区域，应划定为城镇空间； （2）其他与城镇发展密切相关或建设适宜程度高的区域，可结合近、远期内城镇发展建设的需求，按照集中布局的原则，划定为城镇空间
农业空间	（1）永久基本农田控制线区域，应划定为农业空间； （2）农业适宜程度高或与农业生产密切相关的农村生活区域，可划定为农业空间
生态空间	（1）生态保护红线控制区域，应划定为生态空间； （2）天然草原、退耕还林还草区、天然林保护区、生态湿地等，原则上应划定为生态空间； （3）其他生态功能重要区域和生态环境脆弱区域，可按照生态保护优先原则，划定为生态空间

资料来源：《镇域规划编制导则（草案）》

用地；在城镇开发边界控制范围之外，宜保留一定比例的交通基础设施用地和农林水域用地，为城镇建设提供支撑和发展预留的空间。

（1）镇（乡）域城镇空间管制。应综合考虑自然条件、资源条件、区位条件、政策因素、人口发展、经济发展等因素，存量挖潜，整合改造，提高现有建设用地对经济社会发展的支撑能力；应优先保障城镇基础设施和公共服务设施用地需求，适度增加产业园区与特色小镇建设项目用地，注意提高城镇空间的土地利用效率；应在较大范围内预留城镇交通和基础设施廊道、生态保障用地、农业保障用地等；同时规划期内任何城镇建设活动不得突破城镇开发边界。

（2）镇（乡）域农业空间管制。应强化点上开发、面上保护的空间格局；农业空间建设用地供给应主要满足于农业生产和农村生活等的需要，开发强度要合理控制；应对独立企业、村庄居民点、道路等线性基础设施和其他建设新增用地等开发建设活动进行必要的整合和限制，防止农业空间内的建设用地任意扩大，减少对土地尤其是耕地的占用；规划期内永久基本农田原则上不得调整，如必须调整按规划修改处理，应严格论证并报批。

（3）镇（乡）域生态空间管制。应强调生态保护优先，强化点上开发、面上保护的空间格局；生态空间建设用地供给在满足适宜产业发展及散落村庄居民点生产生活需要的基础上，应严格控制与生态功能不相符的建设和开发活动，鼓励适度生态移民；规划期内生态保护红线不得调整。

为了提升镇域城镇建设的灵活性与适应性，应在较大范围的刚性城镇开发边界内，实施弹性的开发建设管理方法。①刚性城镇开发边界，首先应避让上位县（市）域规划中划定的各类禁、限建区边界；同时应为城镇化发展预留足够的空间，以容纳镇域人口集聚和产业增长。②弹性城镇开发建设管理，首先应在刚性城镇开发边界范围内，为规划期内建设用地的增长，选择最优的可能及确定最佳发展时序；同时宜对空间增长和建设项目实施的多种可能性进行多情景分析，形成不同的引导性方案，以适应镇域城镇发展建设的变化。

禁建区是指依法设立的各级各类自然文化资源保护区域，以及其他禁止进行工业化城镇化开发、需要特殊重点保护的重点生态功能区，主要是生态保护红线所包围的区域；限建区是指附有限制准入条件可以建设开发的地区；适建区是指适宜进行建设开发的地区。禁建区、限建区的划定参照表5-7执行。

镇（乡）域禁建区和限建区划定　　　　　　　　　　　表 5-7

要素	序号	要素大类	具体要素	空间管制分区	
				禁建区	限建区
地质	1	工程地质条件	工程地质条件较差地区	—	●
			工程地质条件一般及较好地区	—	—
	2	地震风险	活动断裂带	—	●
	3	水土流失防治	25°以上陡坡地区	—	●
			泥石流危害沟谷	—	危害严重、较严重
			水土流失重点治理区	—	●
			山前生态保护区	—	●
	4	地质灾害	泥石流、砂土液化等危险区	—	●
			地面沉降危害区	—	危害较大区、危害中等区
			地裂缝危害区	所在地	两侧500m范围内
			崩塌、滑坡、塌陷等危险区	●	—
	5	地质遗迹与矿产保护	地质遗迹保护区、地质公园	—	●
			矿产资源保护	—	●

续表

要素	序号	要素大类	具体要素	空间管制分区	
				禁建区	限建区
水系	6	河湖湿地	河湖水体、水滨保护地带	—	●
			水利工程保护范围	—	●
	7	饮用水水源保护	一级保护区	●	—
			二级保护区	—	●
			准保护区	—	●
	8	地下水超采	地下水严重超采区	—	严重超采区
			地下水一般超采及未超采区	—	—
	9	洪涝调蓄	超标洪水分洪口门	●	—
			超标洪水高风险区	—	●
			超标洪水低风险区、相对安全区和洪水泛区	—	—
			蓄滞洪区	●	—
绿地	10	绿化保护	自然保护地	国家公园、自然保护区	自然公园
			风景名胜区	特级保护区	一级保护区、二级保护区
			森林公园、名胜古迹区林地、纪念林地、绿色通道	—	●
			生态公益林地	重点生态公益林	一般生态公益林
			种子资源地、古树群及古树名木生长地	●	—
农地	11	农地保护	永久基本农田	●	—
			农用地	—	—
环境	12	污染物集中处置设施防护	固体废弃物处理设施、垃圾填埋场防护区、危险废物处理设施防护区	—	●
			集中污水处理厂防护区	—	●
	13	民用电磁辐射设施防护	变电站防护区	110kV 以上变电站	—
			广播电视发射设施保护区	保护区	控制发展区
			移动通信基站防护区、微波通道电磁辐射防护区	—	●
	14	市政基础设施防护	公路建设控制区	国道不少于 20m、省道不少于 15m、县道不少于 10m、乡道不少于 5m	—
			铁路线路安全保护区	村镇居民居住区，铁路线路两侧不少于 12m	
			高压走廊防护区	110kV 以上输电线路的防护区	—
			石油天然气管道设施安全防护区	安全防护一级区	安全防护二级区

续表

要素	序号	要素大类	具体要素	空间管制分区	
				禁建区	限建区
环境	15	噪声污染防护	高速公路环境噪声防护区	—	两侧各100m范围
			铁路环境噪声防护区	—	两侧各350m范围
			机场噪声防护区	—	沿跑道方向距跑道两端各1~3km，垂直于跑道方向距离跑道两侧边缘各0.5~1km范围
文物	16	文物保护	文化遗产、文物保护单位、历史文化保护区	保护范围	建设控制地带
			地下文物埋藏区	—	●

注："●"表示该项应列为禁建区或限建区；"—"表示空缺；文字说明表示该项相应内容应列为禁建区或限建区。

资料来源：本书编写组根据《镇（乡）域规划导则（试行）》（建村〔2010〕184号）、《饮用水水源保护区划分技术规范》HJ 338-2018、《公路安全保护条例》《铁路运输安全保护条例》绘制

案例5-5：汪集街总体规划空间管制规划

街域空间管制规划

禁建区

禁建区是对生态环境、居住安全、粮食安全、区域性基础设施建设有重大影响的地区，主要分布于倒水河沿岸以及兑公咀湖和安仁湖片区，包括：基本农田保护区、滨水湿地、高压走廊防护区、公路建筑安全防护区，面积约105.94km²，占城乡用地总面积的74.56%。并制定相关管制要求。

限建区

限建区是根据生态、安全、资源环境等需要控制的地区，城镇建设用地应尽量避让。包括高速公路环境噪声防护区、变电站防护区、水利工程保护范围、一般农田、集中污水处理厂防护区，主要分布于镇区以南区域，面积21.46km²，占城乡用地面积的15.11%。如因特殊情况需占用，应做出相应的影响评价，提出补偿措施；或者做出可行性、必要性研究，在不影响安全、不破坏功能的前提下进行适当建设。并制定相关管制要求。

适建区

适建区是镇、村、工矿建设用地指标落实到空间布局的区域，也是规划期内鼓励各类建设项目选址的主要区域，面积14.69km²，占城乡用地的10.33%。该区主要保障城镇和村庄建设、产业发展及设施配套等用地需求，重点保障城镇建设区建设用地，促进城镇化和工业化健康、有序、较快发展，并制定相关管制要求。

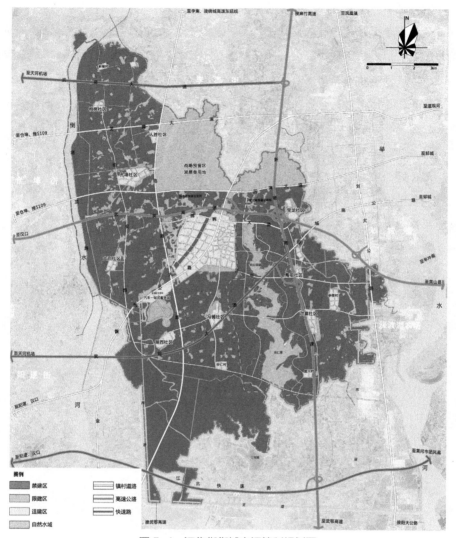

图 5-4 汪集街街域空间管制规划图

案例来源：本书编写组提供

案例 5-6：浙江·兰溪诸葛镇总体规划修编空间管制规划

镇域空间管制规划

为优化城乡空间资源配置，有效保护诸葛村、长乐村等重要古村落资源，以及垄水库、双牌水库等重要水资源，实现城镇建设、旅游发展与资源、环境保护的统筹协调，规划从可持续发展的要求出发，以保护为主导，对城镇建设空间进行规划的同时，对非城镇建设空间也实施有效管制。规划将镇域土地及空间资源划分为禁建区、限建区和适建区进行空间管制。

禁建区

原则上禁止任何城镇开发建设行为。包括基本农田、行洪河道、水源地一级保护区、风景名胜区核心区、自然保护区核心区、铁路安全保护区、公路建筑控制区、区域性市政走廊用地、城镇绿地、地质灾害易发区、矿产采空区、文物保护单位等。具体到诸葛镇镇域而言，包括基本农田保护、地表水源保护区、风景名胜区、河流水域、铁路安全保护区、公路建筑控制区、市政基础设施防护区、文物保护单位八类。

限建区

包括水源地二级保护区、地下水防护区、风景名胜区、自然保护区、森林公园的非核心区、文物地下埋藏区、市政走廊预留和道路红线外控制区、生态保护区、采空区外围、地质灾害低易发区、行洪河道外围一定范围等。具体到诸葛镇镇域，

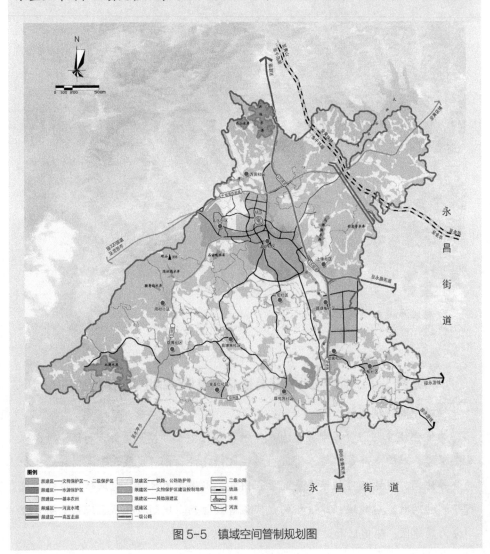

图 5-5　镇域空间管制规划图

包括一般耕地、园地、一般林地、水源二级保护区、市政基础设施防护区、铁路
噪声控制带、未利用土地等。

适建区

指城镇规划已经划定为城镇建设发展用地的范围，需要合理确定开发模式和
开发强度。本次规划划定的适建区指镇区和农村社区的建设用地范围。对适建区
未来重点发展地区进行预先控制，包括对土地出让、产业引进、规划管理、功能
布局等进行整体控制，以便在较长的时间内逐步实现预定的发展目标。

案例来源：本书编写组提供

5.1.4 镇（乡）域产业发展

（1）镇（乡）域产业发展定位与产业选择

镇（乡）域产业发展定位指确定各产业在镇域经济发展中的战略地位，引导产
业结构合理化发展，促进经济社会的协调发展。产业发展定位要在准确分析镇（乡）
域的产业结构发展现状、存在问题以及形成原因的基础上，才能正确把握产业发展
方向，进行科学的产业定位，引导产业结构合理化发展，促进镇（乡）域经济协调发展。

产业定位要体现以下方面：一是要有层次性，由大而小，层层定位，如在国家
层面和区域层面各产业可能发挥的作用和所处的地位等；二是要以市场为导向，不
拘泥于行业和区域自身的发展现状，从未来产业发展潜力和对周边区域发展可能带
来的机遇进行定位；三是要体现未来性与前瞻性，要着眼于未来，从长远的发展前
景和趋势看各产业可能发挥或承担的作用和功能。

由于镇（乡）域经济层次较低，产业自发性特征明显，镇（乡）域产业体系的
链条短缺、产业割裂问题非常突出。新形势下，围绕镇（乡）域经济一、二、三产
业形成横向耦合、纵向延伸的产业体系，以产业间和产业内"双向产业链"集聚作
用推动镇（乡）域产业体系的创新，成为推动镇（乡）域经济发展的重要支撑性力量。

以双向产业链集聚创新镇（乡）域产业体系，建议镇（乡）域农业发展围绕
高效农业和农业产业化，推动农业生产（种植、养殖）——农产品加工——农产品
流通（物流、仓储、专业市场）——农业旅游（观光农业、体验农业、乡村旅游
等）——农业服务业（农业技术服务、农业劳务服务、农业机械服务、农业管理服
务）的产业链延伸发展；围绕工业产业链集聚配套作用，通过发展大项目或上游项
目（结合本地特色农产品加工、具有基础优势产业门类或重大机遇性产业项目），起
到拉动作用，吸引下游产业和相关产业的集聚；围绕本地山水、历史、文化等条件，
以旅游综合体模式延伸镇（乡）域第三产业的产业链，集聚旅游地产、商贸服务等
配套产业发展。

（2）镇（乡）域产业空间布局

产业布局是指产业在一国或一地区范围内的空间分布和组合的经济现象。产业布局在静态上看是指形成产业的各部门、各要素、各链环在空间上的分布态势和地域上的组合。在动态上，产业布局则表现为各种资源、各生产要素甚至各产业和各企业为选择最佳区位而形成的在空间地域上的流动、转移或重新组合的配置与再配置过程。

产业布局是产业结构在地域空间上的投影。优化产业结构和布局是区域经济发展的核心。它能建立适应地方发展条件的产业体系，促进产业的可持续发展能力的形成，又能保护生态环境，促进良好人居环境的建设，还能促进产业集聚及规模效应的形成，从而加快城镇化发展，有效解决"三农"问题，提高农村经济发展竞争力，促进城乡协调发展。因此，产业合理布局与城乡发展有密切的关系。县域经济是国民经济的基础和重要组成部分，城镇是县域产业布局和经济发展的核心区域，在县域城镇结构体系中，中心镇是县域范围内片区的中心，而专业镇则是中心镇发展的高级形态之一。城镇发展及其导致的社会经济现象已构成中国现代化进程中最突出的特色之一，由此形成的城镇化道路被国际学术界认为是城镇化的中国模式。近年来，由于乡镇企业的快速发展，由此引起的资源浪费、生态破坏、环境污染以及社会经济不稳定问题越来越突出，从而使县域产业布局和城乡协调发展成为学术界的研究焦点之一。

统筹规划镇（乡）域三次产业的空间布局，即为合理确定农业生产区、农副产品加工、产业园区、物流市场区、旅游发展区等产业集中区的选址和用地规模。具体的措施可以概括为统筹兼顾，协调各产业间的矛盾，进行合理安排，做到因地制宜、扬长避短、突出重点、兼顾一般、远近结合、综合发展（图5-6、图5-7）。

案例 5-7：汪集街总体规划产业空间布局

融入大区域产业发展格局，形成"两带多板块"的产业空间结构

"两带"是沿新施公路构建城镇综合发展带，是汪集街融入区域产业格局的重要平台，自西南向北串联汽车一站式服务区、汪集工业园、汪集镇区和战略预留区；沿临港大道构建临港产业发展带，是汪集街对接阳逻港口产业集群的纽带，自南向北串联精品水产养殖区、汽车一站式服务区、汪集工业园、北部农业片区及战略预留区。全面促进中部城镇地区工贸联动和产镇融合，强化东部地区特色休闲旅游产业及养老产业快速提速，融入大武汉的休闲产业发展格局。

"多板块"是根据功能集聚将街域空间划分为设施农业片区、休闲农业片区、绿色建筑及现代食品产业片区、镇区综合服务片区（包括商贸服务业、特色汤食业、健康养老业、科技服务业）、战略预留区、临港服务片区、精品水产养殖片区、休闲旅游片区及生态有机农业片区。

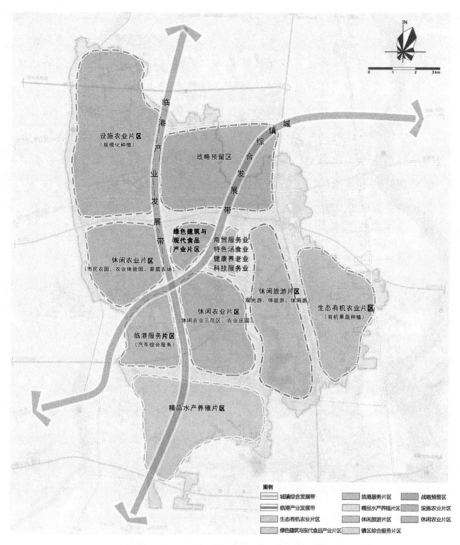

图 5-6 汪集街镇域产业空间布局规划图

案例来源：本书编写组提供

案例 5-8：兰溪市马涧镇总体规划产业空间布局

全镇形成"两带多区"的产业空间格局

（1）两带：依托 351 国道，自西向东串联石渠居住组团、石渠工业组团、马涧居住组团、毛塘工业组团和新兴产业园新材料片区，形成产城融合发展带，重点发展先进制造业、时尚纺织业、现代食品产业和现代服务业。以临金高速大丘田出入口与金华山旅游经济区的联系道路为载体，串联大丘田、镇区、马坞、溪源和金华山旅游经济区，形成生态旅游发展带，重点发展生态农业、杨梅种植和旅游服务业。

（2）多区：综合服务区：以镇区为核心打造全镇的综合服务区，完善镇区服务设施配套、改善和亮化镇区环境、提升城镇聚集人口的能力。杨梅产业园：拓宽延长杨梅产业链条，构建以杨梅为主题，集科研、种植、精深加工、销售、休闲旅游等功能于一体的杨梅产业园。新兴产业园：位于城镇东侧的横木村，依托临金高速公路下盘山出入口，布局信息物流和新材料产业。生态农业区：镇区北侧，依托良好的农业基础，重点发展高效生态农业。生态休闲区与户外综合游览区：囊括科普探险旅游区、户外拓展区、民宿休闲区与美丽乡村观光为主导的休闲度假区。

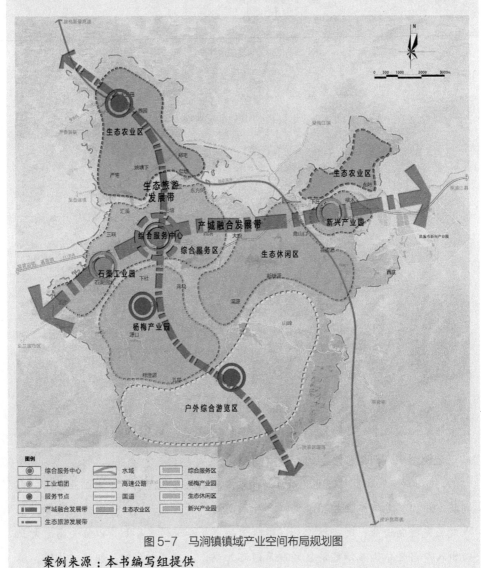

图5-7　马涧镇镇域产业空间布局规划图

案例来源：本书编写组提供

5.1.5　镇（乡）域镇村体系规划

（1）镇（乡）域人口发展规模预测

镇（乡）域人口规模包括镇区和乡村人口总数，一般依照自然增长率和机械增长率进行预测。镇（乡）域总人口应为其行政地域内常住人口，常住人口应为户籍、寄住人口数之和。常用的分析方法包含两种：

第一，综合分析法，适用于历年镇（乡）域外来人口的暂住人口少而住期短的乡镇，其发展预测宜按下式计算：

$$Q_n = Q_0 (1 + K)^n + P \qquad (5\text{-}1)$$

式中，Q_n 为总人口预测数（人）；Q_0 为常住（户籍）人口现状数（人）；K 为规划期内常住人口年平均自然增长率（%）；P 为规划期内常住（户籍）人口的机械增长数（人）；n 为规划期限（年）。

第二，综合增长法，适用于历年人口资料统计较完整、从镇（乡）域外来的暂住人口多且住期较长的乡镇，其发展预测宜按下式计算：

$$Q_n = Q_0 (1 + a + b)^n + c \qquad (5\text{-}2)$$

式中，Q_n 为总人口预测数（人）；Q_0 为常住（户籍）人口现状数（人）；a 为规划期内年平均自然增长率（%）；b 为规划期内年平均机械增长数（人）；c 为规划期内暂住（$\geqslant 1$ 年）人口数（人）。

镇区人口规模应依据县域城镇体系规划预测的数量，结合镇区具体情况进行核定；村庄人口规模应在镇（乡）域镇村体系规划中进行预测和确定。

镇区人口的现状统计和规划预测，应按居住状况和参与社会生活的性质进行分类。镇区规划期内的人口分类预测，宜按表5-8的规定计算。

规划期内镇区人口的自然增长应按计划生育的要求进行计算，机械增长宜考虑下列因素进行预测：①根据镇区产业发展前景及土地经营情况，预测劳力转移时，宜按劳力转化因素对镇域所辖地域范围的土地和劳力进行平衡，预测规划期内劳力的数量，分析镇区类型、发展水平、地方优势、建设条件和政策影响以及外来人口

镇区规划期内人口分类预测　　　　　　　　　　表5-8

人口类别		统计范围	预测计算
常住人口	户籍人口	户籍在镇区规划用地范围内的人口	按自然增长和机械增长计算
	寄住人口	居住半年以上的外来人口 寄宿在规划用地范围内的学生	按机械增长计算
通勤人口		劳动、学习在镇区内，住在规划范围外的职工、学生等	按机械增长计算
流动人口		出差、探亲、旅游、赶集等临时参与镇区活动的人员	根据调查进行估算

资料来源：《镇规划标准》GB 50188—2007

进入情况等因素，确定镇区的人口数量。②根据镇区的环境条件，预测人口发展规模时，宜按环境容量因素综合分析当地的发展优势、建设条件，以及环境、生态状况等因素，预测镇区人口的适宜规模。③镇区建设项目已经落实、规划期内人口机械增长比较稳定的情况下，可考虑带眷情况估算人口发展规模。建设项目尚未落实的情况下，可按平均增长预测人口的发展规模。

案例5-9：宜城市小河镇总体规划人口规模预测

人口规模预测

综合增长率法：是以人口自然为基础，对户籍趋势外推进行分析预测。其计算公式为：

$$P_n = P_o \times (1 + D)^n \tag{5-3}$$

式中，P_n 为规划期人口数（人）；P_o 为现状户籍人口数（人）；D 为综合增长系数（‰）；n 为规划年限。

从2012~2017年间的统计数据显示，五年内城镇人口平均自然增长率为0.22%，规划同时考虑全面放开"二胎"政策、小河港区务工人口机械增长，预计近期宜城市人口综合增长率将会保持在0.4%左右，远期人口综合增长率将保持在0.7%左右，总人口将保持平稳增长态势。

规划小河镇近期2022年户籍总人口控制在6.5万人；

规划小河镇远期2035年户籍总人口达到8.5万人。

案例来源：本书编写组提供

案例5-10：浙江·兰溪诸葛镇总体规划人口规模预测

人口规模预测

根据人口增长机遇分析，未来诸葛镇人口变化包括户籍人口和暂住人口两部分：

户籍人口

以规划范围内的现状总人口为规划初期人口数，综合各项因素取人口自然增长率的概括值，可推导规划期末镇域常住总人口：

$$Q = Q_o (1+K) n \tag{5-4}$$

式中，Q 为规划期末人口总数（人）；Q_o 为现状人口数（人），2013年末为26547人；K 为人口自然增长率（‰）；近期12‰，远期为15‰；n 为规划年数。

依据 2008~2013 年诸葛镇人口总量统计数据，全镇人口增长波动不大，近几年保持在 12‰左右。按照近、远期 12‰和 15‰的平均增长率计算。

通过公式计算，诸葛镇镇域常住人口近期（2020 年）为 2.9 万人，远期（2030 年）为 3.3 万人。

暂住人口

诸葛镇暂住人口主要是旅游人口和服务业人口，因此，我们通过第三产业的产值来确定暂住人口预测值。规划到 2020 年，三产产值达 10.3 亿元，预测暂住人口 2000 人；到 2030 年，三产产值达 72.3 亿元，预测暂住人口 4000 人。

总人口

综合常住人口和旅游人口，规划到 2020 年，镇域总人口规模为 3.1 万人；到 2030 年，镇域总人口规模为 3.7 万人。

案例来源：本书编写组提供

（2）镇（乡）域镇村体系构建

镇（乡）域镇村体系是指镇人民政府行政地域范围内，在经济、社会和空间发展中有机联系的镇区和村庄群体。镇（乡）域镇村体系规划应依据县（市）域城镇体系规划中确定的中心镇、一般镇的性质、职能和发展规模进行制定。镇村体系是县域以下一定地域内相互联系和协调发展的聚居点群体。这些聚居点在政治、经济、文化、生活等方面是相互联系和彼此依托的群体网络系统。随着行政体制的改革，商品经济的发展，科学文化的提高，镇与村之间的联系和影响将会日益增强。部分公共设施、公用工程设施和环境建设等也将做到城乡统筹、共建共享，以取得更好的经济、社会、环境效益。

镇（乡）域镇村体系规划应包括以下主要内容：①调查镇区和村庄的现状，分析其资源和环境等发展条件，预测一、二、三产业的发展前景以及劳力和人口的流向趋势。②落实镇区规划人口规模，划定镇区用地规划发展的控制范围。③根据产业发展和生活提高的要求，确定中心村和基层村，结合村民意愿，提出村庄的建设调整设想。④确定镇（乡）域内主要道路交通，公用工程设施、公共服务设施以及生态环境、历史文化保护、防灾减灾防疫系统。

（3）镇（乡）域生活圈构建与村庄布局优化

生活圈是指一定交通时间内能够满足居民多样化美好生活需要的地域。镇（乡）域生活圈构建是根据镇（乡）域居民获取各类生活服务所适宜付出的时间和通勤成本而制定，一般镇（乡）域生活圈的构建由初级生活圈、二级生活圈和镇域生活圈构成，形成三级生活圈层系统。

①初级生活圈：指镇、村居民点日常基本生活、生产所需达到的空间范围，通常以居民居住地点为中心，出行时间为步行 15~45min 的地域范围，半径范围为 0.5~1.5km。基层村宜位于其村庄所有居民的该层次生活圈范围内。②二级生活圈：通常是以镇、村居民点为中心，出行时间为公共汽车车程 15~30min 的地域范围，半径范围为 1.5~4.5km。中心村宜位于其所服务的各村庄居民点的该层次生活圈范围内。③镇域生活圈：通常是以镇、村居民点为中心，出行时间为公共汽车车程 15~30min 的地域范围，半径范围为 10~20km。镇区宜位于镇域所有镇、村居民点的该层次生活圈范围内。

村庄居民点的规划调整。根据镇（乡）域城镇化发展的需要，参与镇（乡）域生活圈的构建进行镇（乡）域居民点的空间布局与调整。村庄居民点规划要尊重现有的乡村格局和脉络，尊重居民点规划与生产资料以及社会资源之间的依存关系。村庄迁并不得违反农民意愿、不得影响村民生产生活，要确保村庄整合后村民生产更方便、居住更安全、生活更有保障，还应特别注重保护当地历史文化、宗教信仰、风俗习惯、特色风貌和水生态环境等。其中，村庄迁并主要考虑情形包括：①位于城镇近郊区，在相关城市已批准法定规划中确定将被城镇化的村庄；②存在严重自然灾害隐患且难以治理的村庄，如位于行洪区、蓄滞洪区、矿产采空区的村庄，受到泥石流、滑坡、崩岩和塌陷等地质灾害威胁且经过评估难以治理的村庄；③位置偏远、规模过小，改善人居环境质量和发展产业困难的村庄；④具有历史文化、宗教信仰、风俗习惯特色，应予以保留的村庄等。

5.1.6 镇（乡）域支撑体系规划

（1）道路综合交通规划

镇（乡）域道路交通问题的解决，须从镇（乡）域整体与现状情况出发，以社会经济发展和科学技术进步为依据，以做好综合规划，调整村庄布局入手，根据不同条件，调整路网，加强交通管理等措施来逐步加以改造和完善（表 5-9、图 5-8）。

应遵循以下基本原则：

1）在镇（乡）域范围内要形成功能完善、交通组织顺畅的道路系统

综合交通规划一是要根据镇村的性质、用地功能分区与布局，工作与居民地点的分布规划等，在分析现状基础上，预测确定在规划期内镇村的人、物流量，车辆出行的次数与流向；二是根据经济发展水平，镇村用地布局，分析其交通的特点，研究选择运输和交通方式及其各自所占的比例；三是提出客货运的交通量分布图，即期望路线。

2）道路要以非机动车和步行交通为主体

从我国集镇的交通特点中可以看出，我国集镇交通量中，即使是穿越集镇的过境公路干线上（少数主干线除外），机动车的流量并不多，主要交通量是以自行车为

主体的非机动车和人流，而且是不均衡地集中在集市日期间。由于我国集镇人口密度大，用地规模小，居民出行主要靠步行与自行车，无需设置公共交通。因此，街道的规划和建设应以非机动车和步行交通为主体，但要满足内部货运和消防等机动车通行的技术要求。

3）建设标准不宜过高，但要有利于将来的发展

在确定镇村道路交通组织、功能、红线宽度、横断面组织设计等指标时，既要考虑以自行车和人行道为主体的交通现状，还要考虑规划期内集镇的交通变化，并要有利于今后的改造。需要把镇村道路交通的规划和设计作为一个连续的动态过程来看待。

4）要因地制宜，保持一定的弹性

我国幅员辽阔，集镇量大面广，性质各异。从南到北，从沿海到内陆，从平原到山区，各地的自然地理环境和经济社会发展水平差异很大。在同一个地区，也因每个集镇的性质和用地条件不尽相同，其道路交通的要求也不完全一样。因此，研究制定各项道路交通建设技术指标，必须要有一定的弹性，扩大指标的适应范围，以便各地根据每个集镇的具体条件，因地制宜地进行选用。

镇（乡）域道路交通系统规划指标体系主要指标汇总表　　表5-9

村镇等级	人口规模（万人）	道路类别	计算车型速度（km/h）	道路红线宽度（m）	横断面组成及宽度（m）			
					机动车道	非机动车道	人行道	绿化带
城镇	0.05~0.50	主干道	20~25	20.0~24.0	3.5×2	3.0×2	（3.5~4.0）×2	1.5×2
		次干道	15~20	12.0~18.0	3.25×1	1.5×2	（3.0~4.0）×2	0.5×2或不设
		支路	5~10	6.0~8.0		1.5×2	（1.5~2.5）×2	不设
中等城镇	0.50~1.50	主干道	25~30	22.0~28.0	3.5×2	（3.5~4.0）×2	（4.0~4.5）×2	1.5×2
		次干道	20~25	16.0~20.0	3.25×1	3.0×2	（3.0~4.0）×2	1.5×2或不设
		支路	10~15	8.0~12.0		3.0×2	（1.0~3.0）×2	不设
大集镇	1.50~5.00	主干道	30~35	26.0~33.0	3.5×（2~3）	（4.0~4.5）×2	（4.0~4.5）×2	1.5×2
		次干道	25~30	20.0~24.0	3.25×2		（3.5~4.0）×2	1.5×2或不设
		支路	15~20	8.0~12.0		3.0×2	（1.0~3.0）×2	不设
小村庄	<0.1	生产干道	15~20	6.0~8.0				
		生活干道	15~20	8.0~10.0				
大村庄	>0.1	生产干道	15~20	8.0~12.0				
		生活干道	15~20	12.0~14.0				
		卫生道		4.0~6.0				

资料来源：本书编写组绘制

案例5-11：汪集街总体规划综合交通规划

汪集街是邾城与阳逻港及武汉市主城区联系的重要连接点，交通区位十分重要，规划在落实上位规划的基础上，因地制宜地构建汪集街综合交通系统。

公路交通

到2035年，汪集街域形成"六横四纵"的公路骨架。"六横"依次是武湖大道、龙腾大道、问津大道、武英高速、武阳大道、江北快速路；"四纵"依次是临港大道、新施公路、新港高速、刘大公路。

轨道、港运和航空交通

铁路通道规划：依托新施公路、问津大道到达新洲火车站；通过武英高速或临港大道到达武汉火车站。轨道交通规划：规划武汉市轨道交通21号线，在新施公路与商发路交叉口北向设置汪集地铁站。最终站点位置及交通组织形式以轨道交通规划为准。汪集街水运依托阳逻港区和林四房港区，汪集与港区通过临港大道、新施公路及刘大公路联系。机场通道规划：依托武阳大道或武英高速抵达天河机场；通过新施公路到达阳逻机场。

公共交通

在镇区预留地铁21号线交通廊道和站场用地。充分利用邾城至阳逻的公交线路，增加汪集至武汉光谷、新洲双柳街与凤凰镇的公交线路。增加汪集内部公交环线：北环线和南环线，两条环线串联九个中心村（农村社区）、一般村、产业组团和旅游休闲点，形成街域慢行、低碳、绿色的公交系统。镇区设置公交总站和长途客运站各一处，中心村（农村社区）和一般村设置公交站点各一处。至规划期末，中心村公交覆盖率达到100%。

慢行交通

充分衔接武汉市绿道网络，融入武湖—涨渡湖—道观河休闲度假绿道线，加入大区域生态旅游的发展格局，彰显汪集滨湖特色和生态特色。利用汪集的自然条件，打造多层级的绿道网络，绿道主轴线衔接区域，次要轴线串联片区。同时通过环形绿道凸显湖泊景观，使汪集既具有沿湖、沿江的景观性绿道，又有沿道路布置的关联性绿道。

案例来源：本书编写组提供

案例5-12：兰溪市马涧镇总体规划道路结构规划

镇域道路形成"四横三纵"的道路结构：

横一：严下路，严宅—郑宅—临金高速下盘山出入口；

横二：319 省道，石渠—梅江镇；

横三：351 国道，诸葛镇—马涧镇—浦江县；

横四：石曹路，石渠—源口—溪源—云峰—金华山旅游经济区；石曹路（源口至溪源段）的建设需结合金华山旅游经济区的建设实际同步推进。

纵一：杨梅路，临金高速公路大丘田出入口—镇区—马坞—金华山旅游经济区；

纵二：郑云路，郑宅—大塘—溪源—云溪—金华山旅游区；

纵三：临金高速，杭新景高速—沪昆高速。

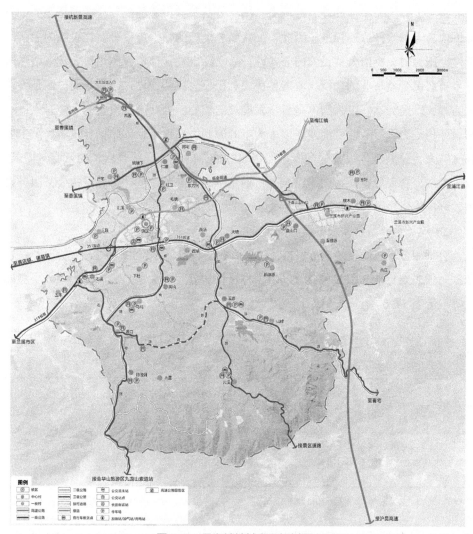

图 5-8　马涧镇镇域交通规划图

案例来源：本书编写组提供

（2）公共服务设施规划

1）镇（乡）域公共服务设施项目配置原则

一是要因地制宜，从实际出发。公共服务设施的配置要从本地实际出发，充分考虑本地的建设规模、人口密度、自有资源和特点，采取适用的配置标准。二是要覆盖全面，集中布置。公共服务设施的布置应全面，功能齐全。人口规模较小的村可享有与周边相毗邻的中心村或镇公共服务的延伸服务，避免同一类型的公共服务设施配置的重复，资源浪费。同时，公共服务设施应尽量布置在村民居住相对集中的地方，有利于集中村民，组织集体活动，从而形成聚集效应，增强村民的娱乐积极性，更好地丰富村民的生活内容。三是要体现公益性。站在经济学的角度，公共服务设施可分为公益性和经营性两类。镇村公共服务设施的配置目标即是服务，充分体现为人民服务这一标准。因此，公共服务设施的建设应以公益性设施为主，经营性设施为辅，突出公共设施的公益性，从实际出发保证资源利用最大化。增强服务乡镇居民公益事业的功能，本着便民、利民、为民的原则，合理布局。四是要以人为本，以民为准。以人为本是科学发展观的核心。公共服务设施的载体是人，一切服务均是为人服务，因此遵循以人为本的原则。在这个群体中，乡镇居民是主要的受益人，公共服务设施的配置按照国家标准，内容充分符合居民的意愿与需求。以民为准，合理配置，帮助居民改善村最基本的、最基础的、最急需的公共服务设施建设，让公共服务设施的服务全面化、效益最大化。

2）镇（乡）域公共服务设施配置标准

公共服务设施配置规模。根据镇村人口数量确定镇村公共服务设施的配置规模。依据《镇规划标准》GB 50188—2007，将镇村划分为特大型、大型、中型、小型四个等级（表5-10）。

镇（乡）域人口规模分级（人）   表5-10

规划人口规模分级	镇区	村庄
特大型	＞50000	＞1000
大型	30001~50000	601~1000
中型	10001＜30000	201~600
小型	≤10000	≤200

资料来源：《镇规划标准》GB 50188—2007

公共服务设施配置类型。《镇规划标准》GB 50188—2007中将公共服务设施分为行政管理、教育机构、文体科技、医疗保健、商业金融、集贸市场六大类。本着为人民服务的宗旨，公共服务设施的建设应充分体现其公益性，以公益性为主，经营性为辅的目标进行建设与使用。其中行政管理、教育机构、文体科技、医疗保健为公益性设施；商业金融、集贸市场为经营性设施（表5-11、图5-9）。

镇（乡）主要公共服务设施分级配置一览表　　　　　　　表5-11

类别	项目	中心镇	一般镇
一、行政管理	党政机关、团体机构	●	●
	法庭	○	/
	各专项管理机构	●	●
	居委会	●	●
二、教育机构	专科院校	○	/
	职业学校、成人教育及培训机构	○	○
	高级中学	●	○
	初级中学	●	●
	小学	●	●
	幼儿园、托管所	●	●
三、文体科技	文化站（室）、青少年及老年之家	●	●
	体育场馆	●	○
	科技馆	●	○
	图书馆、展览馆、博物馆	●	○
	影剧院、游乐健身场	●	○
	广播电视台（站）	●	○
四、医疗保健	计划生育站（组）	●	●
	防疫站、卫生监督站	●	●
	医院、卫生院、保健站	●	○
	休疗养院	○	/
	专科诊所	○	○
五、商业金融	百货店、食品店、超市	●	●
	生产资料、建材、日杂商店	●	●
	粮油店	●	●
	药店	●	●
	燃料店（站）	●	●
	文化用品店	●	●

续表

类别	项目	中心镇	一般镇
五、商业金融	书店	●	●
	综合商店	●	●
	宾馆、旅店	●	○
	饭店、饮食店、茶馆	●	●
	理发店、浴室、照相馆	●	●
	综合服务站	●	●
	银行、信用社、保险机构	●	○
六、集贸市场	百货市场	●	●
	蔬菜、果品、副食市场	●	●
	粮油、土特产、畜禽、水产市场	根据镇的特点和发展需要设置	
	燃料、建材家居、生产资料市场		
	其他专业市场		

注：表中●表示应设的项目；○表示可设的项目。

资料来源：《镇规划标准》GB 50188—2007

案例 5-13：小河镇总体规划公共服务设施

根据镇村体系规划以及现有公共服务设施的分布情况，按照《镇（乡）域规划导则》配置和完善城乡公共服务设施，提升城乡生活品质。

小河镇公共服务设施建设形成以小河镇区、农村社区和美丽乡村为中心的三级公共服务体系。各级公共服务设施配给如下：

（1）小河镇区

以小河镇区为全镇综合服务中心，集商业、办公、医疗卫生、教育、文娱体育、社会福利和旅游服务等功能于一体。

（2）农村社区

以农村社区（中心社区）为中心，服务本社区及周边的美丽乡村，配给社区服务中心、教育设施（小学、幼儿园）、卫生站、文化活动站、体育活动站等。

（3）美丽乡村

以美丽乡村（特色村）为中心，服务本村及周边一般村、自然村，主要配给文化活动室、户外健身场地、卫生室等。

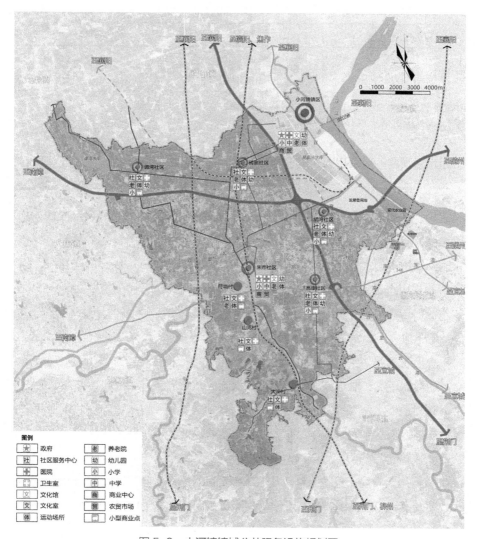

图 5-9　小河镇镇域公共服务设施规划图

案例来源：本书编写组提供

（3）镇（乡）域供水排水规划

1）供水工程规划

A. 确定用水对象、用水标准、预测用水量。

用水对象主要分为工农业生产用水、生活用水、生态用水；

用水标准参考《镇规划标准》GB 50188—2007 进行取值，详见表 5-12。

人均综合用水量指标（L/人·d）　　　　　　　　　表 5-12

建筑气候区划	镇区	镇区外
Ⅲ、Ⅳ、Ⅴ区	150~350	120~260

建筑气候区划	镇区	镇区外
Ⅰ、Ⅱ区	120~250	100~200
Ⅵ、Ⅶ区	100~200	70~160

注：建筑气候区划根据《建筑气候区划标准》GB 50178—1993 划定。

资料来源：《镇规划标准》GB 50188—2007

用水量预测一般采用人均综合指标法，具体如下：

$$Q = N \cdot q \cdot k \qquad (5\text{-}5)$$

式中，Q 为全域用水量；N 为规划期末常住人口数；q 为规划期末内的人均综合用水量标准；K 为规划期内用水量普及率。

生活饮用水的水质应符合《生活饮用水卫生标准》GB 5749—2006 的有关规定。

B. 根据用水量规模，进行水源选择。

水源的选择应符合下列规定：

a. 水量应充足，水质应符合使用要求；

b. 应便于水源卫生防护；

c. 生活饮用水、取水、净水、输配水设施应做到安全、经济和具备施工条件；

d. 选择地下水作为给水水源时，不得超量开采；

e. 选择地表水作为给水水源时，其枯水期的保证率不得低于 90%；

f. 水资源匮乏的镇应设置天然降水的收集贮存设施。

C. 根据用地布局，经技术经济比较，确定供水系统、水厂及其他调节设施位置、供水规模及水厂用地范围、进行配水管网布置（图 5-10、图 5-11）。

2）排水工程规划

镇村生活污水指村镇居民因日常生活排放的废弃水。其中，水冲式厕所产生的冲厕水，以及家庭圈养禽畜产生的圈舍粪尿冲洗水，俗称为"黑水"；厨房炊事、洗衣和洗浴等排水，以及黑水经化粪池或沼气池处理后的上清液，俗称为"灰水"。

A. 镇村生活污水量预测

镇村生活污水水量应进行实地测量，或按照表 5-13 参数估算。

村镇居民人均生活污水量（L／人·d） 表 5-13

类型	黑水	灰水		生活污水
		南方	北方	
村庄（人口 ≤ 5000 人）	20	45~110	35~80	80
村镇（人口 5000~10000 人）	30	85~160	70~125	100

资料来源：《村镇生活污染防治最佳可行技术指南（试行）》（HJ-BAT-9）

B. 村镇生活污水收集系统

a. 庭院污水单独收集系统

庭院污水收集系统是最基本的污水收集单元。通常人口在 5 人以下的家庭，污水量通常不大于 0.5t/d。将厕所化粪池和厨房、洗衣、洗浴等排放的污水统一收集，并排放至设在庭院内的污水处理设施。

b. 多户连片污水分散收集系统

为降低污水收集系统的建设投资，本着"因地制宜"的污水收集方针，将相互毗邻的农户，在庭院污水收集的基础上，根据村镇庭院的空间分布情况和地势坡度条件，将各户的污水用管道或沟渠成片收集。多户连片污水分散收集意味着可实行多户连片污水的分散处理，多户连片的污水分散处理设施宜就地布置在村民聚居点或村落的附近。

多户连片污水收集系统收集的污水量通常宜在 0.5t/d 以上，服务人口通常宜在 5~50 人，服务家庭数宜在 2~10 户或根据农户地理地形位置在 10 户以上的一定范围内。多户连片分散收集系统适用于布局分散的村镇中相对集中分布的聚居点或村落。

c. 污水集中收集系统

集中式污水收集系统是将全村污水进行集中收集后统一处理的污水收集类型，依据村庄或村镇的规模或居住人口数量，村庄污水集中收集规模通常为，服务人口 50~5000 人，服务家庭数 10~1000 户，污水收集量 5~500t/d；村镇污水收集规模通常为，服务人口 5000~10000 人，服务家庭数 1000~5000 户，污水收集量 500~1000t/d。

村镇建设集中式污水收集系统，宜在庭院收集的基础上，将农户的污水排至村镇公共排水系统进行收集，再排至污水集中处理系统进行处理。集中式污水收集系统宜在北方平原地区或非水网的南方平原地区、村镇居民居住集中、人口相对密集的村镇采用。

村镇污水的集中收集与处理系统应因地制宜，灵活布置，审慎决策。应根据本地区自然地理情况，尽可能减少管网长度，简化污水收集系统，节省管网建设资金（图 5-10、图 5-11）。

案例 5-14：小河镇总体规划重大基础设施规划

供水工程

规划小河镇供水水源为宜城市及襄阳市供水系统，取水水源为汉江，供水规模为 5 万 t/d，设计规模 10 万 t/d。农业灌溉以吴家冲水库、谭湾水库、百里长渠和蛮河及其支渠为主。以天河水厂为中心，按照《饮用水水源地保护区划分技术规范》HJ/T 338—2007 划定水源地一、二级保护区，严格执行国家及地方对各级水源地保护区的保护要求。

排水工程

规划扩建升级现状镇区污水厂和朱市污水厂，处理后尾水达到《城镇污水处理厂污染物排放标准》GB 18918—2002 一级 A 标准，处理后尾水排至附近水体。其余各社区和美丽乡村均设置小型生态式集中污水处理设施，处理后尾水达到《城镇污水处理厂污染物排放标准》GB 18918—2002 一级 A 标准，处理后尾水排至附近水体。

电力规划

规划扩建镇区 35kV 变电站至 110kV，主变容量为 2×63MVA，使容载比达

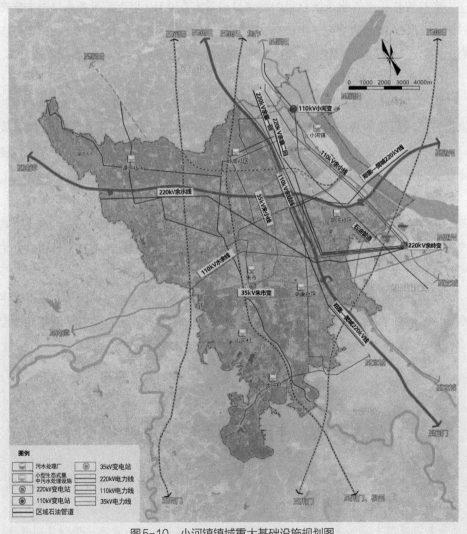

图5-10　小河镇镇域重大基础设施规划图

1.8，电力来源为宜城市 220kV 余岭变电站。规划保留 220kV 余襄线、220kV 余水线、220kV 郑樊线、110kV 余水线、35kV 小朱线，110kV 余桃线、升级现状 35kV 小余线至 110kV。

环卫工程规划

继续推进生活垃圾分类投放、收运和处置，进一步加强生活垃圾减量化、资源化、无害化处理，提高资源回收利用率，构建政府主导、全民参与、市场化运作的垃圾分类和资源利用运行机制，促进生态文明城镇建设。生活垃圾按照"户分类、组保洁、村收集、镇转运、市处理"的要求，统一收集、转运至宜城市垃圾焚烧厂集中处理。保留小河镇第一、二、三垃圾转运站，加强垃圾转运站的环境建设；在镇区新建一处环卫站，负责镇区的环境卫生。农村社区和美丽乡村设置垃圾收集点。

案例来源：本书编写组提供

案例 5-15：马涧镇总体规划市政工程规划

给水工程

预测全镇最高日用水量为 2.4 万 t/d。规划近、远期全镇集中供水率达 100%。

排水工程

镇区排水体制逐步改造为雨污分流制，中心村和一般村排水体制采用雨污分流制，新兴产业园新材料片区采用雨污分流制。

电力工程

镇区、中心村和一般村近期由香溪 110kV 变电站供电，远期以 110kV 马涧变电站为电源、110kV 香溪变电站为备用电源。兰溪市新兴产业园新材料片区近期由 110kV 梅江变电站供电，远期由 110kV 马涧变电站和 110kV 梅江变电站联合供电。

通信工程

规划期末全镇移动电话普及率达到 100%，有线电视用户及网络数据用户总共达到 2 万户，互联网普通率达到 100%。保留并升级现有邮政支局和电信所，装机容量增加至 2 万门；根据村镇发展实际需求，逐步新增基站布点，远期实现 5G 通信网络在马涧镇域的全面覆盖。

燃气工程

镇区近期使用管输天然气和液化石油气作为气源，远期以管输天然气为主气源，以液化石油气作为辅助气源。中心村和一般村逐步普及沼气、太阳能等生态能源的利用。

环卫工程

继续推进生活垃圾分类投放、收运和处置，进一步加强生活垃圾减量化、资源化、无害化处理，提高垃圾资源化处理利用率。可自然分解的垃圾由各村统一收集，采用太阳能堆肥等方式，变废为宝。不可自然分解的垃圾按照"村收集、镇转运、集中处理"的要求，统一收集、转运至兰溪市垃圾处理场和兰溪市大件垃圾处置中心集中处理。

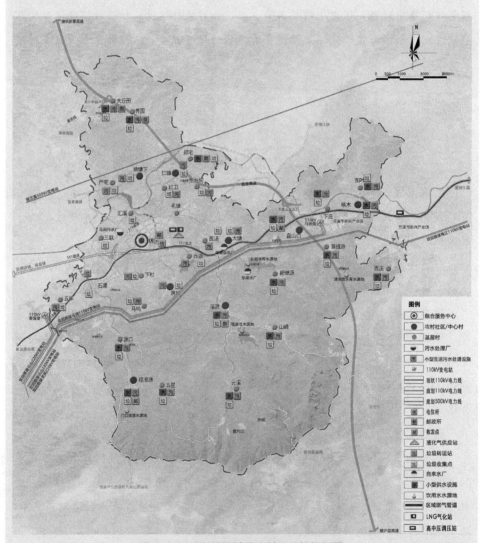

图5-11　马涧镇镇域重大基础设施规划图

案例来源：本书编写组提供

（4）镇（乡）域能源电力与通信规划

1）电力工程规划

预测全域用电负荷（包括工农业生产用电、生活用电），规划变电站位置、等级和规模，布局主要输电网络；确定燃气供应方式，提倡利用沼气、太阳能、地热、水电等清洁能源。

A. 用电负荷可采用现状年人均综合用电指标乘以增长率进行预测。

B. 变电所的选址应做到线路进出方便和接近负荷中心。

C. 电网规划应符合下列规定：

镇区电网电压等级宜定为 110、66、35、10kV 和 380/220V，采用其中 2~3 级和二个变压层次；电网规划应明确分层分区的供电范围，各级电压、供电线路输送功率和输送距离应符合表 5-14 规定。

电力线路的输送功率、输送距离及线路走廊宽度　　表 5-14

线路电压（kV）	线路结构	输送功率（kW）	输送距离（km）	线路走廊宽度（m）
0.22	架空线	50 以下	0.15 以下	—
	电缆线	100 以下	0.20 以下	—
0.38	架空线	100 以下	0.50 以下	—
	电缆线	175 以下	0.60 以下	—
10	架空线	3000 以下	8~15	—
	电缆线	5000 以下	10 以下	—
35	架空线	2000~10000	20~40	12~20
66、110	架空线	10000~50000	50~150	15~25

资料来源：《镇规划标准》GB 50188—2007

D. 供电线路的设置应符合下列规定：

架空电力线路应根据地形、地貌特点和网络规划，沿道路、河渠和绿化带架设；路径宜短捷、顺直，并应减少同道路、河流、铁路的交叉；

设置 35kV 及以上高压架空电力线路应规划专用线路走廊，并不得穿越镇区中心、文物保护区、风景名胜区和危险品仓库等地段；

镇区的中、低压架空电力线路应同杆架设，镇区繁华地段和旅游景区宜采用埋地敷设电缆；

电力线路之间应减少交叉、跨越，并不得对弱电产生干扰；

变电站出线宜将工业线路和农业线路分开设置。

2）通信工程规划

通信工程规划主要应包括电信、邮政、广播、电视的规划。

电信工程规划应包括确定用户数量、局（所）位置、发展规模和管线布置。

A. 电话用户预测应在现状基础上，结合当地的经济社会发展需求，确定电话用户普及率（部／百人）；

B. 电信局（所）的选址宜设在环境安全和交通方便的地段；

C. 通信线路规划应依据发展状况确定，宜采用埋地管道敷设，电信线路布置应符合下列规定：

a. 应避开易受洪水淹没、河岸塌陷、土坡塌方以及有严重污染的地区；

b. 应便于架设、巡察和检修；

c. 宜设在电力线走向的道路另一侧。

邮政局（所）址的选择应利于邮件运输、方便用户使用。广播、电视线路应与电信线路统筹规划（图5-10、图5-11）。

（5）镇（乡）域环境卫生与资源化利用规划

1）环境卫生规划

环境卫生规划应符合现行国家标准《村镇规划卫生规范》GB 18055—2012的有关规定。全面推进垃圾分类投放、分类收集、分类运输和分类处理。推广实践垃圾分类与再生资源回收利用，提升资源循环再生利用水平，积极采用新技术、新方法，创新垃圾分类、收集运输和资源化、无害化处理方式。

A. 垃圾转运站的规划宜符合下列规定：

a. 宜设置在靠近服务区域的中心或垃圾产量集中和交通方便的地方；

b. 生活垃圾日产量可按每人1.0~1.2kg计算。

B. 镇区应设置垃圾收集容器（垃圾箱），每一收集容器（垃圾箱）的服务半径宜为50~80m。镇区垃圾应逐步实现分类收集、封闭运输、无害化处理和资源化利用。

C. 居民粪便的处理应符合现行国家标准《粪便无害化卫生要求》GB 7959—2012的有关规定。

D. 镇区主要街道两侧、公共设施以及市场、公园和旅游景点等人群密集场所宜设置节水型公共厕所。

E. 镇区应设置环卫站，其规划占地面积可根据规划人口每万人0.10~0.15hm²计算。

2）生活垃圾资源化利用

建立"户、村、镇（乡）、县四位一体"的农村生活垃圾收集与处理处置系统，即：实行户分拣，村收集、镇（乡）转运、县处理的农村生活垃圾收集与处理处置系统。

农村生活垃圾的污染防治应在村民及农户之间普及垃圾的分拣，农村生活垃圾应优先选择就地处理处置，避免垃圾的无谓运输，只将少量不适合就地处理处置的垃圾送往当地集中处理处置中心处置。

农村垃圾的就地处理和无害化处置，应优先选择填埋（惰性垃圾）和发酵堆肥（有机垃圾）的方式。

（6）镇（乡）域综合减灾规划

防灾减灾以中心村为防灾减灾基本单元，整合各类减灾资源，确定综合防灾减灾与公共安全保障体系，提出防洪排涝、防台风、消防、人防、抗震、地质灾害防护等规划原则、设防标准及防灾减灾措施；迁建村庄和新建镇区必须进行建设用地适宜性评价。

防洪排涝按城乡统一规划，明确防洪标准，提出防洪设施建设的原则和要求。易受内涝灾害的镇（乡），应结合排水工程统一规划排涝工程，明确防内涝灾害标准，提出排涝设施布局和建设标准。

消防按城乡统一布局的原则和要求，规划消防通道，有条件和需要的镇（乡）设置消防站。

地质灾害防治存在泥石流、滑坡、山崩、地陷、断层、沉降等地质灾害隐患的镇（乡），应划定灾害易发区域，提出村镇规划建设用地选址和布局的原则和要求。

抗震救灾和突发事件应对主要针对位于地震基本烈度6度及以上地区的镇（乡），根据相关标准确定镇（乡）域抗震设防标准，明确应急避难场所分布、救援通道建设、生命线工程建设的原则和要求。

（7）镇（乡）域历史文化特色保护规划

拥有自然保护区、风景名胜区、特色街区、名镇名村等历史文化和特色景观资源的镇（乡），应参照相关规范和标准编制相应的保护和开发利用规划。达不到自然保护区、风景名胜区、特色街区、名镇名村等设立标准，但具有保护价值的历史文化和特色景观资源，应提出保护要求。

突出规划内涵的全面性、规划层次的完整性、保护方法的系统性，建立全域一体的保护框架和利用体系，形成包含物质与非物质文化遗产在内的全域历史文化保护利用体系，并结合历史文化内涵展现体系，构建完整的镇（乡）域历史文化保护与利用体系框架。

通过确定自然环境、历史名镇、古建筑群、文物古迹和非物质文化遗产五大保护对象，规划分类确定空间范围和保护利用措施。

5.2 镇区规划

镇区是指在城区以外的县人民政府驻地和其他镇政府驻地的实际建设连接到的居民委员会和其他区域。与政府驻地的实际建设不连接，且常住人口在3000人以上独立的工矿区、开发区、科研单位、大专院校等特殊区域及农场、林场的场部驻地视为镇区。

5.2.1 镇区规划内容、要求与目标

（1）规划范围

镇区规划区是指镇区的建成区以及因城乡建设和发展需要，必须实行规划控制的区域。其中分为两个部分：一是建成区，即实际已经成片开发建设、市政公用设施和公共设施基本具备的地区；二是尚未建成但由于进一步发展建设的需要必须实行规划控制的区域。镇区规划区的具体范围由其镇（乡）人民政府在组织编制的镇乡规划中划定。镇区规划区范围的划定方法主要从城镇现状、统筹发展需求、城镇空间拓展方向、重大设施（重大交通设施、污水处理设施、垃圾处理设施等）、生态廊道等方面进行定性与定量分析，结合行政区划边界及自然地理界线（如山、水、湖、林、田等）进行综合确定。

案例 5-16：邦东乡总体规划镇区规划范围划定

确定邦东乡镇区规划范围为：规划区主要在邦东村委会行政范围内，东至镇区老中学（现归邦东完小），西至邦东老镇区以西 100m，南到邦东林业站以南 120m，北到邦东镇区主要过境道路以北 50m。规划控制区面积 0.2089km^2。

案例来源：本书编写组提供

案例 5-17：轿子山镇总体规划镇区规划范围划定

依据《中华人民共和国城乡规划法》对规划区的规定，规划区是指城镇的建成区以及因城乡建设和发展需要必须实行规划控制的区域。规划区范围划定的原则是：

既要满足本规划期内城镇建设发展的要求，又要考虑城镇远景发展的需要，包括城镇远景发展用地，城镇重要基础设施和水源地保护区等。

尽可能沿行政区划界限或自然地形界定。

根据上述原则，划定规划区范围为：镇域安轿公路沿线的城镇建设区范围（北至平寨村、南至青山村、西至水塘村和小硐口村、东至小寨村，包括中心镇区、产业园区用地），以及中心镇区和产业园区之间的区域，规划区总面积约18.5km^2。

案例来源：本书编写组提供

（2）镇区规划内容

1）确定镇区性质、人口及用地发展规模；

2）确定镇区建设和发展用地的空间布局、用地组织以及镇区中心；

3）确定过境公路（含车位）、铁路（含站场）、港口码头、机场、运输管道的位置及布局，处理好对外交通设施与镇区的关系；

4）确定镇区道路系统的走向、断面、主要交叉口形式，确定镇区广场、停车场的位置、容量；

5）综合协调并确定城市供水、排水、供电、通信、燃气、供热、环卫等设施的发展目标和总体布局；

6）确定园林绿地系统的发展目标及总体布局；

7）确定城镇环境保护目标、提出防治污染措施；

8）编制城镇防灾规划，提出人防、抗震、消防、防洪、防风、防泥石流、防海潮、防地方病的规划目标和总体布局；

9）确定需要保护的风景名胜、文物古迹和传统街区，划定保护和控制范围，提出保护措施；

10）确定旧区改建和用地调整的原则、方法和步骤。提出改善旧城区生产、生活环境的要求和措施；

11）进行综合技术经济论证，提出规划实施步骤、措施和方法；

12）编制近期建设规划，确定近期建设目标内容和实施部署；

（3）镇（乡）区规划成果要求

镇区规划成果包括规划文件和规划图纸两部分，规划文件包括规划文本和附件；附件包括规划说明书和基础资料汇编。镇区规划文本应采用条文形式写成，文本格式和文字要规范、准确、肯定。

1）规划图纸是规划成果的重要组成部分，与规划文本具有同等的效力。规划图纸所表现的内容与要求要与规划文本一致。镇区总体布局规划图纸比例尺一般为1：2000~1：5000，具体应包括如下图纸：镇区现状图；镇区用地评价图；镇区总体规划图；居住用地规划图；公共设施用地规划图；道路交通规划图；绿地系统及景观规划图；环境保护及环境卫生规划图；工程规划图；防灾规划图；近期建设规划图。

2）规划说明书是对规划文本的具体解释，内容包括现状概况、问题分析、规划意图、对策措施。具体编写内容如下：工作简要过程；镇区基本情况；对上版规划的意见和评价；编制背景、依据、指导思想、主要技术方法；区域社会经济发展背景分析；镇区社会经济发展目标；镇区建设用地范围、用地条件评价和用地发展目标；镇区性质与职能；镇区人口规模分析；对外交通条件分析；道路系统规划；居住用地规划；公共设施用地规划；工业、仓储用地规划；绿地系统及景观规划；基础设施规划（包括给水、排水、电力、电信、供热、燃气等工程规划）；环境保护与环境卫生规划；防灾规划；近期建设规划；实施规划的措施及政策建议。

3）镇区总体规划文本内容及其格式：

总则：前言、规划指导思想、原则与重点、规划期限、规划范围。城镇性质：城镇职能、城镇性质。城镇规模：镇区人口规模、镇区用地规模。镇区建设布局：镇区用地选择和布局结构、布局要点、人均专项用地指标。对外交通：港口、铁路、机场、公路、管道运输。道路交通：交通分析与预测、道路系统框架、道路功能划分、城镇道路与对外交通的衔接、广场及停车场。居住用地：居住用地分布及人口容量、居住用地分类及建设控制要求、小学幼儿园的配置。公共设施用地：镇区中心、行政办公、商业及市场、文化、体育、医疗卫生、教育科研、文物古迹及宗教。工业与仓储用地：工业用地、仓储用地。绿地系统及城镇景观：绿地系统（绿地面积、位置、范围、分类）、公共绿地、城镇景观风貌与特色。岸线：岸线分配与利用、岸线整治原则。中心区建设及镇区更新：中心区的确定及建设原则、步骤、镇区更新的措施、对策及步骤、重要历史文物古迹及景点保护。给水工程：用水标准和总用水量预测、水源规划及供水方式的确定、水厂及供水规模、管网。排水工程：排水体制、污水排放标准、污水量、排水管网、污水处理方式、雨水流量计算及管网布置。供电工程：用电标准、负荷、电源、电网、变电站。电信工程：电话普及率、总容量、邮电局所、通信设施的保护、广播电视。燃气工程：气源与供气方式、供气标准与用气量、储备站与气化站、管网。供热工程：热源与供热形式、供暖热指标与供热负荷、管网。环境保护：环境质量规划目标、环境功能分区和质量标准、环境治理措施。环境卫生：设施指标及布局原则、垃圾量、处理方式及垃圾箱布置、公共厕所的布置。城镇防灾：防洪（设防范围、防洪标准、防洪工程措施）、抗震（设防标准、疏散场地及通道、次生灾害防止和生命线系统保障）、消防（消防标准、消防措施、消防通道及供水保障）、人防（人防原则和保障、人防工程措施）、其他灾害防治（防风灾、防海潮、防泥石流、防地方病）。近期建设：近期建设重点和发展方向、住宅建设、公共设施、基础设施建设、投资估算。规划的实施：规划实施的政策建议、与其他相关规划的协调及衔接。附则：文本的法律效力、规划的解释权、其他。

5.2.2　镇区的性质与定位

性质是事物内在矛盾的规律性所体现的本质及表象特征。本质以区别于别类事物，表象特征以区别同类事物的不同特征的事物。本质反映事物的共性，表象特征反映事物的个性。因此城镇的性质要从共性（本质）和个性（表象）两个方面进行表述，而个性从主要的产业和城镇特色进行表述。

（1）确定性质的意义

科学拟定镇区的性质是搞好我国城镇规划建设，引导城镇社会经济健康发展的基本前提。合理确定其性质，可明确其发展方向和目标，突出建设重点，协调布局结构，保持特色风貌；同时也有利于充分发挥优势，扬长避短，促进镇区经济的持续发展和经济结构的日趋合理。

（2）确定性质的主要依据

1）区域地理

区域的自然条件；地理环境的容量、交通运输现状和发展前景；城镇网络的分布及发展趋向。

2）资源

自然资源，如矿藏、土地、水、气候、生物；社会资源，如人口、劳动力、生活福利设施；经济资源投资存量、旅游资源、能源资源。

3）区域经济水平

经济区位关系、物资流向、经济流向及人口和劳动力流向、人均 GDP 水平。

4）区域内城镇间的职能分工

上级（市、县）城镇体系规划提出的区域内各城镇的职能分工。

5）国民经济和社会发展计划

6）镇区的发展历史脉络与现状情况

生产、生活水平和设施现状，各类用地的使用特征和比例，各个系统的运转质量和效能，找出影响城镇发展的主要矛盾，明确发展前景。

（3）确定性质的方法

1）定性分析方法

全面分析镇区在一定区域内政治、经济、文化生活中的地位和作用。通过分析镇区在一定区域内的地位作用、发展优势、资源条件、经济基础、产业特征、区域经济联系和社会分工等，以确定镇区的主导产业和发展方向。

2）定量分析方法

在定性分析的基础上对城镇的职能，特别是经济职能采用以数量表达的技术经济指标来确定主导作用的生产部门。

A.分析主要生产部门在其所在地区的地位和作用。

B.分析主要生产部门在经济结构中的比重。通常采用同一经济技术指标（如职工人数、产值、产量等），从数量上去分析，以其超过部门结构整体的 0~20% 为主导因素。

C.分析主要生产部门在城镇用地结构中的比重，以用地所占比重的大小来表示。

案例 5-18：汪集镇总体规划城镇性质和城镇职能

城镇性质

武汉市新市镇，新洲区重点镇，以发展绿色建筑业、现代食品产业和加工制造业为主导的乐居乐业生态城镇。

城镇职能

辐射武汉的农业孵化及现代食品产业基地。加强规模农业、都市农业的科技研发注入力，实现科技转化为生产力、集聚提升农产品加工业，打造辐射武汉的农业孵化及现代食品产业基地。

临港服务的特色加工制造基地。对接临港产业链条，构建临港产业集群，大力发展物流转运业、现代制造、打造临港服务的加工制造基地。

面向武汉的休闲养老基地。挖掘强化自身的生态资源、景观资源，建造品质化的生态休闲空间及特色养老空间，对接服务千万大武汉市民的需求，打造服务武汉的特色休闲养老基地。

引领新洲的信息展示基地。构建物联网，打造集产品交易、投融资信息、项目展示于一体的信息平台，推进信息化与产业的深度融合，打造引领新洲的信息展示基地。

案例来源：本书编写组提供

案例 5-19：轿子山镇总体规划城镇性质

城镇性质

按照贵州省100个特色城镇建设要求的"六型"城镇特色（即交通枢纽型、旅游景观型、绿色产业型、工矿园区型、商贸集散型、移民安置型），以将轿子山镇建设成为贵州独具特色的示范城镇为目标，规划确定轿子山镇城镇性质为：

贵州省绿色示范城镇，安顺市煤炭交易中心、返乡创业产业基地和特色体验旅游服务基地。

案例来源：本书编写组提供

5.2.3 镇区的规模预测

镇区规模预测包括人口规模和用地规模的预测。

（1）镇区规划人口规模预测

1）人口规模定义

镇区规划人口规模是指规划期末镇区人口（即居住在规划区内的非农业人口、

农业人口和居住 1 年以上的暂住人口）。

2）预测方法

A. 综合分析法

将自然增长和机械增长两部分叠加，是村镇规划时普遍采用的一种比较符合实际的方法。该方法适用于 1 万 ~3 万人的城镇及 1 万人以下的集镇。

$$Q=Q_0（1+K）^n+P \qquad (5-6)$$

式中，Q 为镇区总人口预测数（人）；Q_0 为镇区总人口现状数（人）；K 为规划期内人口的自然增长率（%）；P 为规划期内人口的机械增长数（人）；N 为规划年限（年）。

B. 经济发展平衡法

依据"按一定比例分配社会劳动"的基本原则，根据国民经济与社会发展计划的相关指标和合理的劳动构成，以某一类关键人口的需求总量乘以相应系数得出城镇镇区人口总数。该方法适宜于市场经济条件下以经济为主导功能、新建或有较大发展的城镇镇区或开发区进行人口规模估算。

计算公式为：

$$城镇镇区人口发展规模 = \frac{经济发展总量}{人均劳动生产率} \times \frac{1}{劳动人口的百分比} \qquad (5-7)$$

式中，经济发展总量为规划期末的经济发展总量；人均劳动生产率为规划期末的可能达到的劳动生产率；劳动人口的百分比为规划期末的劳动人口的百分比。

C. 劳动平衡法

劳动平衡法建立在"按一定比例分配社会劳动"的基本原理基础上，以社会经济发展计划确定的基本人口数和劳动构成比例的平衡关系来估算城镇人口规模。

$$城镇镇区人口发展规模 = \frac{基本人口规划数}{基本人口的百分比}$$
$$= \frac{基本人口规划数}{1-（服务人口的百分比 + 被抚养人口的百分比）} \qquad (5-8)$$

式中，被抚养人口的百分比，可从人口年龄构成分析中得到；服务人口的百分比，可综合考虑城镇居民的生活水平、城镇规模、作用和特点等来确定。因而掌握了在城镇基本因素部门工作的职工的规划人数后，城镇人口规模就可利用上式计算得到。

根据现阶段年龄构成和劳动构成统计资料的汇总分析，被抚养人口的比例，远期一般可控制在 42%~52%；服务人口的比例可控制在 17%~26%；基本人口的比例可控制在 27%~36%。

D. 区域分配法（城市化水平法）

此法以区域国民经济发展为依据，对镇域总人口增长采用综合平衡法进行分析预测，然后根据区域经济发展水平预测城市化水平，将镇域人口根据区域生产力布局和城镇体系规划分配给各个城镇或基层居民点。

$$P=P_0-（P_1+P_2+P_3+\cdots+P_{n-1}）\tag{5-9}$$

式中，P 为规划城镇镇区的人口；P_0 为镇域总人口；P_n 为区域内除规划城镇镇区以外其他镇区的人口。

E. 环境容量法

根据镇区周边区域自然资源的最大、经济及合理供给能力和基础设施的最大、经济及合理支持能力计算镇区的极限人口数量。

$$P_{max}=\min\{P_{1max}，P_{2max}，P_{imax}，\cdots\}\tag{5-10}$$

式中，P_{max} 为城镇镇域的极限人口数量；P_{imax} 为自然资源的最大、经济及合理供给能力或某项基础设施的最大、经济及合理支持能力所容许的人口数量最大值。

F. 线性回归分析法

线性回归分析法是根据多年人口统计资料所建立的人口发展规模与其他相关因素之间的相互关系，运用数理分析的方法建立数学预测模型。运用该方法进行预测的做法是将城镇镇域人口发展规模与时间、城镇人口自然增长率、机械增长率、工业产值等因素中的一个因素通过定性分析和定量分析，证明彼此间存在着密切的相关关系（相关系数高），然后通过试验或抽样调查进行统计分析，并运用回归分析的方法，构造出这两要素间的数学函数式。进而以其中一个因素作为控制因素（自变量）、以人口数量为预测因素（因变量）进行人口发展规模的预测。

案例 5-20：汪集街总体规划人口规模与城镇化水平预测

（1）镇域人口规模预测

户籍人口增长预测

综合增长率法：是以人口自然增长为基础，对户籍人口增长趋势外推进行综合分析预测。其计算公式为：

规划期镇域户籍人口＝镇域户籍现状人口×（1+综合增长率）（5-11）

规划年限：根据未来汪集街的人口发展趋势判断，自然增长率保持基本稳定，按年均7‰。结合汪集经济社会发展将进入快速通道，人民的生活居住水平将会大为改善，以及生育制度改革，该增长率将会适当增长，因此规划镇域户籍人口自然增长率按 2017~2025 年 8‰、2026~2035 年 9‰进行计算。

机械增长率预测分析

汪集街近年来的机械增长率对户籍人口增长的贡献甚微，在近期武汉市区落户政策加力，阳逻临港产业大幅发展，就业岗位大幅提升的背景下，将产出大量的迁出人口。远期，随着城镇化进程进一步加快、户籍管理制度进一步改革以及汪集产业的快速发展，将吸引大量的迁移人口，预计迁移人口将在户籍人口增长中占越来越大的比重，机械增长率将呈现不断增长的趋势。参考武汉市区、阳逻新城迁入人口的总量预测及同等类型规模的城镇的人口机械增长的普遍规律，规划镇域户籍人口机械增长率按 2017~2025 年 −30‰、2026~2035 年 11‰进行计算。

因此，规划 2017~2025、2026~2035 年的户籍人口年均综合增长率分别取 −22‰、20‰。则规划期人口规模预测如下：

$P_{2025}=87281 \times (1-0.022)^8=73051$ 人，约 7.3 万人；

$P_{2035}=73051 \times (1+0.020)^{10}=89048$ 人，约 8.9 万人。

外来流动人口增长预测

目前汪集街外来流动人口为负值，但考虑到近期部分工业企业的入住，田园综合体全面建设的开展，特色农业体验休闲产业的兴起，及职业技术培训实训基地的发展对于外来人口的引进效应以及远期地铁通车、特色居住及养老产业对流动人口的吸纳，生态休闲旅游业对于服务人口的吸纳，汪集的本地人口外出就业人数将逐渐减少，而外来流动人口将逐步增加，参考相关经验数据，取 2025 年外来人口与镇域户籍人口的比值为 5%~7%。取 2035 年的比值为 10%~15%。则规划期外来人口规模预测如下：

$P_{2025}=7.3 \times 5\%=0.37$ 万人 /7.3×7%=0.51 万人，2025 年流动人口约为 0.37 万 ~0.51 万人；

$P_{2035}=8.9 \times 10\%=0.89$ 万人 /8.9×15%=1.34 万人，2035 年流动人口约为 0.89 万 ~1.34 万人。

镇域总人口规模核定

综上所述，本次规划提出镇域总人口预测方案如下：

2025 年镇域常住口总人口为 7.3+0.37=7.67 万人 /7.3+0.51=7.81 万人；

2035 年镇域常住为总人口为 8.9+0.89=9.79 万人 /8.9+1.34=10.24 万人。

（2）城镇化水平预测

汪集 2015 年城镇化水平为 14.97%，但其非农就业人口的占比率高达 60.75%，本地常住人口的非农就业占比率仅为 26.76%，可以看出汪集街异地城镇化现象十分严重，目前统计的户籍人口城镇化率严重低于实际城镇化水平。这也表明随着汪集自身二、三产业的发展，城镇建设的开展，异地城镇化人口会快速回流，汪集的城镇化水平会迅速提升。

参考我国及世界其他国家的城镇化发展历程，当城镇化水平达到 20%~30% 以上时，将进入城镇化加速发展阶段，平均每年上升 1~2 个百分点。目前汪集实际常住人口城镇化率约为 39%，已进入加速发展阶段，随着产业园区的规划建设、地铁 21 号线 TOD 开发，预计未来汪集的产业人口和服务人口将有大幅度增加，城镇化水平也将出现飞跃式发展。预计 2018~2025 年汪集的城镇化水平每年将上升 1 个百分点；2026~2035 年城镇化渐趋成熟，流动人口流入逐渐增多，年均上升 2~2.5 个百分点。

2025 年：城镇化水平约为 45%~50%；城镇人口和乡村非农人口为 3.5 万 ~3.9 万。

2035 年：城镇化水平为 60%~70%；城镇人口和乡村非农人口为 5.9 万 ~7.1 万。

案例来源：本书编写组提供

（2）镇区建设用地规模预测

1）镇区用地规模定义

指规划期末镇区建设用地范围的面积。

2）镇区用地规模计算标准

镇区用地规模受城镇性质、经济结构、人口规模、自然地理条件、用地布局特点和城镇建设历史的影响。计算城镇用地规模时，用地计算范围应当与人口计算范围相一致。

镇区用地规模计算需在城镇人口规模预测的基础上，按照国家《镇规划标准》GB 50188—2007 确定的人均城镇建设用地指标，计算城镇的建设用地规模。即城镇用地规模 = 预测的城镇镇区人口规模 × 人均建设用地指标。根据《镇规划标准》GB 50188—2007，规划人均建设用地指标分为四级（表 5-15）。

小城镇人均建设用地指标分级　　　　　　　　　　　　　　　表 5-15

级别	第一级	第二级	第三级	第四级
人均建设用地指标（人 /m²）	> 60，≤ 80	> 80，≤ 100	> 100，≤ 120	> 120，≤ 140

注：新建镇区的人均用地指标宜按表 5-15 中第二级确定；当地处现行国家标准《建筑气候区划标准》GB 50178 的Ⅰ、Ⅶ建筑气候区时，可按第三级确定；在各建筑气候区内均不得采用第一、四级人均建设用地指标。
资料来源：《镇规划标准》GB 50188—2007

确定某一城镇的规划人均建设用地指标的等级时，必须根据现状人均建设用地的水平，按照表 5-16 的规定确定。所采用的规划人均建设用地指标应同时符合指标级别和允许调整幅度的双因子限制要求。

规划人均建设用地指标的调整幅度

表 5-16

现状人均建设用地指标（m²/人）	规划调整幅度（m²/人）
≤ 60	增 0~15
> 60 ~ ≤ 80	增 0~10
> 80 ~ ≤ 100	增、减 0~10
> 100 ~ ≤ 120	减 0~10
> 120 ~ ≤ 140	减 0~15
> 140	减至 140 以内

注：规划调整幅度是指规划人均建设用地指标对现状人均建设用地指标的增减数值。

资料来源：《镇规划标准》GB 50188—2007

3）建设用地构成比例

镇区规划中的居住、公共设施、道路广场以及绿地中的公共绿地四类用地占建设用地的比例宜符合表 5-17 的规定。通勤人口和流动人口较多的中心镇的镇区，其公共设施用地所占比例，可选取规定幅度内的较大值。邻近旅游区及现状绿地较多的镇区，其公共绿地所占建设用地的比例可大于表 5-17 规定的比例上限。

村镇建设用地结构比例

表 5-17

类别代号	用地类型	占总建设用地比例（%）	
		中心镇	一般镇
R	居住用地	28~38	33~43
C	公共设施用地	12~20	10~18
S	道路广场用地	11~19	10~17
G1	公共绿地	8~12	6~10
四类用地总和		64~84	65~85

资料来源：《镇规划标准》GB 50188—2007

5.2.4　镇区规划的用地选择与布局

（1）镇区用地选择

1）建设用地的选择应根据区位和自然条件、占地的数量和质量、现有建筑和工程设施的拆迁和利用、交通运输条件、建设投资和经营费用、环境质量和社会效益以及具有发展余地等因素，经过技术经济比较，择优确定。

2）建设用地宜选在生产作业区附近，并应充分利用原有用地调整挖潜，同土地利用总体规划相协调。需要扩大用地规模时，宜选择荒地、薄地，不占或少占耕地、林地和牧草地。

3）建设用地宜选在水源充足，水质良好，便于排水、通风和地质条件适宜的地段。

4）建设用地应符合下列规定：

A. 应避开河洪、海潮、山洪、泥石流、滑坡、风灾、地震断裂等灾害影响以及生态敏感的地段；

B. 应避开水源保护区、文物保护区、自然保护区和风景名胜区；

C. 应避开有开采价值的地下资源和地下采空区以及文物埋藏区。

5）在不良地质地带严禁布置居住、教育、医疗及其他公众密集活动的建设项目。因特殊需要布置本条严禁建设以外的项目时，应避免改变原有地形、地貌和自然排水体系，并应制订整治方案和防止引发地质灾害的具体措施。

6）建设用地应避免被铁路、重要公路、高压输电线路、输油管线和输气管线等所穿越。

7）位于或邻近各类保护区的镇区，宜通过规划，减少对保护区的干扰。

（2）镇区用地总体布局原则

1）侧重性原则：区别于城市和乡村的土地，镇区规划用地侧重于镇区性质与规模的确定、用地功能的组织、总体结构的布局、道路交通的组织及各项设施的安排等方面。

2）全域性原则：从区域角度审视与处理好乡镇与周围地区的关系，处理好各功能用地之间的关系。尽可能地避免因解决某一类型的问题而产生的新的问题，避免重镇区发展，轻镇域发展，不囿于短时期的取舍和局域的取舍，使得镇区和镇域的发展得到同时期内的协调统一的安排和部署。

3）完整性原则：充分考虑镇区用地现状，合理利用现有的公共设施和基础设施，依托老镇区发展新镇区，整合用地功能，逐步调整城市布局结构；适应长远发展需要，规划布局体现阶段的完整性。

4）生态性原则：乡镇的发展建设必然会对原有的生态环境产生影响，打破原有的生态平衡状态。规划的任务就是要在保证乡镇发展的同时，尽可能地减少对生态环境的影响，通常应注意以下几个方面的问题。首先，是对土地资源的合理利用。建设用地往往与农业用地相重叠，建设用地与农田保护方面产生矛盾。其次，乡镇规划中还应注意到对林地、湿地、草地等自然生态系统重要组成要素的保护，并有意识地将其与绿化及开敞空间系统相结合，直接作为其中的一部分。此外，减少污染，营造良好人居环境也是布局的重要原则。

5）合理性原则：处理好乡镇主要功能的分布及相互之间的关系是乡镇布局的

主要任务之一。在乡镇空间布局中，除了功能布局合理外，还需要建立一个明晰的用地结构，使各个功能区中心区、交通干道、开敞空间系统等各个系统较为完整明确，系统之间的关系有机、合理，并体现出整体空间与景观风貌上的明确构思。

（3）镇区用地分类与统计

镇区用地应按土地使用的主要性质划分为居住用地、公共设施用地、生产设施用地、仓储用地、对外交通用地、道路广场用地、工程设施用地、绿地、水域和其他用地9大类、30小类。镇区用地的类别应采用字母与数字结合的代号，适用于规划文件的编制和用地的统计工作。镇区用地的分类与用地平衡表应符合表5-18、表5-19的规定。

镇区用地分类表　　　　表5-18

类别代号		类别名称	范围
大类	小类		
R		居住用地	各类居住建筑和附属设施及其间距和内部小路、场地、绿化等用地；不包括路面宽度等于和大于6m的道路用地
	R1	一类居住用地	以一至三层为主的居住建筑和附属设施及其间距内的用地，含宅间绿地、宅间路用地；不包括宅基地以外的生产性用地
	R2	二类居住用地	以四层和四层以上为主的居住建筑和附属设施及其间距、宅间路、组群绿化用地
C		公共设施用地	各类公共建筑及其附属设施、内部道路、场地、绿化等用地
	C1	行政管理用地	政府、团体、经济、社会管理机构等用地
	C2	教育机构用地	托儿所、幼儿园、小学、中学及专科院校、成人教育及培训机构等用地
	C3	文体科技用地	文化、体育、图书、科技、展览、娱乐、度假、文物、纪念、宗教等设施用地
	C4	医疗保健用地	医疗、防疫、保健、休疗养等机构用地
	C5	商业金融用地	各类商业服务业的店铺，银行、信用、保险等机构，及其附属设施用地
	C6	集贸市场用地	集市贸易的专用建筑和场地；不包括临时占用街道、广场等设摊用地
M		生产设施用地	独立设置的各种生产建筑及其设施和内部道路、场地、绿化等用地
	M1	一类工业用地	对居住和公共环境基本无干扰、无污染的工业，如缝纫、工艺品制作等工业用地
	M2	二类工业用地	对居住和公共环境有一定干扰和污染的工业，如纺织、食品、机械等工业用地
	M3	三类工业用地	对居住和公共环境有严重干扰、污染和易燃易爆的工业，如采矿、冶金、建材、造纸、制革、化工等工业用地
	M4	农业服务设施用地	各类农产品加工和服务设施用地；不包括农业生产建筑用地

续表

类别代号		类别名称	范围
大类	小类		
W		仓储用地	物资的中转仓库、专业收购和储存建筑、堆场及其附属设施、道路、场地、绿化等用地
	W1	普通仓储用地	存放一般物品的仓储用地
	W2	危险品仓储用地	存放易燃、易爆、剧毒等危险品的仓储用地
T		对外交通用地	镇对外交通的各种设施用地
	T1	公路交通用地	规划范围内的路段、公路站场、附属设施等用地
	T2	其他交通用地	规划范围内的铁路、水路及其他对外交通路段、站场和附属设施等用地
S		道路广场用地	规划范围内的道路、广场、停车场等设施用地，不包括各类用地中的单位内部交通和停车场地
	S1	道路用地	规划范围内路面宽度等于和大于6m的各种道路、交叉口等用地
	S2	广场用地	公共活动广场、公共使用的停车场用地，不包括各类用地内部的场地
U		工程设施用地	各类公用工程和环卫设施以及防灾设施用地，包括其建筑物、构筑物及管理、维修设施等用地
	U1	公用工程设施用地	给水、排水、供电、邮政、通信、燃气、供热、交通管理、加油、维修、殡仪等设施用地
	U2	环卫设施用地	公厕、垃圾站、环卫站、粪便和生活垃圾处理设施用地
	U3	防灾设施用地	各项防灾设施的用地，包括消防、防洪、防风等
G		绿地	各类公共绿地、防护绿地；不包括各类用地内部的附属绿化用地
	G1	公共绿地	面向公众、有一定游憩设施的绿地，如公园、路旁或临水宽度等于和大于5m的绿地
	G2	防护绿地	用于安全、卫生、防风等的防护绿地
E		水域和其他用地	规划范围内的水域、农林用地、牧草地、未利用地、各类保护区和特殊用地等
	E1	水域	江河、湖泊、水库、沟渠、池塘、滩涂等水域；不包括公园绿地中的水面
	E2	农林用地	以生产为目的的农林用地，如农田、菜地、园地、林地、苗圃、打谷场以及农业生产建筑等
	E3	牧草和养殖用地	生长各种牧草的土地及各种养殖场用地等
	E4	保护区	水源保护区、文物保护区、风景名胜区、自然保护区等
	E5	墓地	
	E6	未利用地	未使用和尚不能使用的裸岩、陡坡地、沙荒地等
	E7	特殊用地	军事、保安等设施用地；不包括部队家属生活区等用地

资料来源：《镇规划标准》GB 50188—2007

镇区用地平衡表 表 5–19

		用地名称	用地面积（hm²）	人均（m²/人）	比例（%）
1		居住用地			
	其中	一类居住用地			
		二类居住用地			
2		公共设施用地			
	其中	行政管理用地			
		教育机构用地			
		文体科技用地			
		医疗保健用地			
		商业金融用地			
		集贸市场用地			
3		生产设施用地			
4		仓储用地			
5		对外交通用地			
6		道路广场用地			
	其中	道路用地			
		广场用地			
7		工程设施用地			
8		绿地			
	其中	公共绿地			
		防护绿地			
9		合计			

资料来源：本书编写组自绘

（4）镇区用地总体布局要求

1）使用要求。为生产生活等用地使用提供方便、合理的外部环境，处理好各组成部分之间客观、必然联系和矛盾。镇区土地的使用要求是多方面的，既包括适应功能要求和使用者行为的建筑平面组合，也包括满足人们室外休息、交通、活动等要求的外部空间组织及相应配建设施等，以及确保实现上述功能的有关工程设施及相应技术要求等。

2）节约要求。节约用地也是镇区用地布局时必须考虑的一个重要问题，不仅是国家的重要国策要求，同时也具有明显的经济意义，特别是在土地有偿使用的情况下，节约用地可以减少用地成本。在建筑群体组合中，适当缩小建筑间距、提高建筑密度则可充分挖掘土地利用潜力，达到节约土地的目的。

3）卫生要求。镇区用地应形成卫生、安静的外部环境。其中正确的选址是确保镇区用地避免环境污染侵害的关键。场地及其周围的主要污染源有：具有污染危害的工厂、锅炉房、废弃物的排放与清运、车辆交通等。为防止和减少这些污染源对场地环境的污染，镇区用地总体布局必须合理。

4）安全要求。镇区用地总体布局除需满足正常情况下的使用要求和卫生要求外，还必须能够适应某些可能发生的灾害，如火灾、地震等情况，因而必须分析可能发生的灾害情况，并按有关规定采取相应措施，以防止灾害的发生、蔓延或减少其危害程度。

5）经济要求。镇区用地总体布局必须注意建筑的经济性，使之与经济发展水平相适应，并以一定的投资获得最大的经济效益。总体布局工作应结合场地的地形、地貌、地质等条件，力求土石方量最小，合理确定室外工程的建设标准和规模，恰当处理经济适用与美观的关系，有利于施工的组织与经营，从而降低场地建设的造价。

6）美观要求。镇区用地布局不仅要满足使用的要求，而且应取得某种艺术效果，为使用者创造出优美的空间环境，满足人们的精神和审美要求。用地的总体布局，应当充分协调各建筑单位之间的关系，把建筑群体及其附属设施作为一个整体来考虑，并与周围环境相适应，才能形成明朗、整洁、优美的空间环境（图5-12、图5-13）。

案例5-21：汪集街总体规划镇区用地布局

本次用地布局规划针对现状用地存在的空间结构无序、土地利用效率不高、用地布局混杂、公共绿地严重缺乏等问题，在梳理现状空间肌理的基础上，对镇区用地进行调整和控制，形成较为合理的用地布局和明确的镇区空间结构；优化协调工业用地布局，防止无序扩张；调整镇区道路网结构，疏解内部交通流，提高镇区宜居性；利用镇区周边农田自然资源禀赋，建设公共绿地，实现绿嵌镇中的绿地景观格局，提升镇区的生态品质和环境质量。

借力武汉市地铁21号线、区域交通干线临港大道的建设，对新施公路进行快速化升级，将新施公路继续作为城镇发展主轴，也是郑城—汪集—阳逻一体化发展轴；应用TOD模式，规划新增用地依托新施公路和地铁站展开，形成地铁小镇组团。依托现有生生路，串联街道办事处、文化中心、商贸中心和科教中心，形成城镇发展副轴。规划镇区用地总面积583.26hm²，建设用地总面积494.43hm²，人均建设用地面积98.89m²。

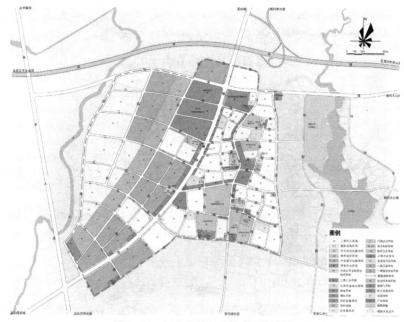

图5-12　汪集街镇区用地布局规划图

案例来源：本书编写组提供

案例5-22：轿子山镇总体规划镇区用地布局

根据镇区现状及发展趋势，在镇区中心建立集行政、商贸、文体等功能于一
体的公共服务与商贸中心；顺应镇区空间拓展趋势，依托东西向主干道路麒麟路，

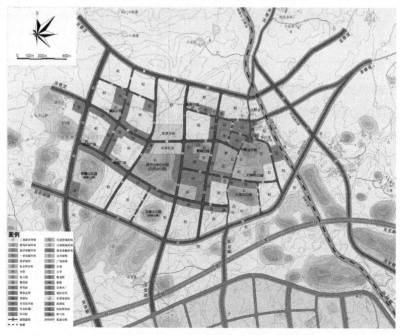

图5-13　轿子山镇镇区用地布局规划图

形成城镇发展轴线；结合永峰路商业街的打造，以及旅游商业区和商贸市场区的建设，形成南北向商业商贸发展轴；根据镇区用地和功能布局，将镇区规划为五个片区：公共服务与商贸休闲片区、西部居住生活片区、北部居住生活片区、东部居住生活片区和南部居住生活片区。

案例来源：本书编写组提供

5.2.5 镇区道路交通系统规划

（1）道路分级与分类

城镇道路的分类方法有多种，根据道路的使用功能和通行能力，可将镇区的道路等级划分为主干路、干路、支路、巷路四级。镇区道路的分级，应根据城镇规模的大小而定。较大的城镇镇区道路可分为四级；一般城镇镇区道路可分为三级。

1）主干路：镇区道路网干线，用于镇区对外联系或城镇内生活区、生产区与公共活动中心之间的联系，是城镇道路网中的中枢，主干路沿线不宜修建过多的行人和车辆入口，横断面一般为"一块板"形式，规模较大的城镇主干路也可采用"三块板"形式。

2）干路：通常与主干路平行或垂直，与主干路一起，构成城镇道路骨架，起联系各部分和集散作用，分担主干路的交通负荷，主要解决城镇内生活、生产地段的交通，横断面通常采用"一块板"形式。

3）支路：干路和巷路的连接线，为解决局部地区的交通而设置，以服务功能为主，支路上不宜有过境交通。

4）巷路：镇区内建筑之间的通道。主要解决人行、住宅区的消防等，主要侧重为人们的生活服务。

镇区道路在规划设计时，应根据城镇的规模、经济发展、交通运输等方面综合考虑，近远期结合，道路系统的组成与技术标准可参考表5-20、表5-21。

（2）镇区道路系统的类型

在镇区规划中，常见的道路系统有方格网式、放射式、自由式、混合式四种形式。其中，前三种是基本形式，混合式是由基本形式组合而成的（图5-14）。

镇区道路系统组成　　　　　　　　　　　　　　　　　　表5-20

规划规模分级	道路等级			
	主干路	干路	支路	巷路
特大、大型	●	●	●	●
中型	○	●	●	●
小型	—	○	●	●

注：表中●表示应设的级别；○表示可设的级别。

资料来源：《镇规划标准》GB 50188—2007

镇区道路规划技术指标　　　　　　　　表 5-21

规划技术指标	道路等级			
	主干路	干路	支路	巷路
计算行车速度（km/h）	40	30	20	—
道路红线宽度（m）	24~36	16~24	10~14	—
车行道宽度（m）	14~24	10~14	6~7	3.5
每侧人行道宽度（m）	4~6	3~5	0~3	0
道路间距（m）	≥ 500	250~500	120~300	60~150

资料来源：《镇规划标准》GB 50188—2007

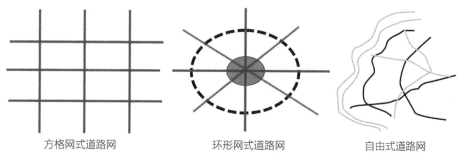

方格网式道路网　　　　　　环形网式道路网　　　　　　自由式道路网

图 5-14　镇区道路网常见类型图

图片来源：余启航，杨涛，刘罗军．中小城市交通特性与交通模式研究 [C]// 第十六届海峡两岸都市交通
学术研讨会论文集，2014

　　1）方格网式：方格网式道路系统又称棋盘式，是最常见的一种道路系统形式，其特点是道路呈直线，道路交叉点多为直角，适用于地形平坦地区的城镇镇区。该道路系统的主要优点：街坊布局整齐，用地经济、紧凑，有利于建筑物的布置，方向性好；交通组织便利，不会形成复杂的交叉口，整个系统交通分布均匀，通行能力较大；交通机动性较好，当某条路受阻时，车辆可通过平行干道绕行，路程和行车时间不会增加。该道路系统的主要缺点：道路分散，主次功能不分明，交叉口数量较多，影响行车的顺畅；对角线方向的交通不够方便，通达性较差，非直线系数较大。

　　2）放射式：一般由城镇的镇区中心、车站、码头作为放射道路的中心，向四周引出若干条放射性道路，并围绕放射中心在外围地区敷设若干条环形道路以联系各放射性道路，放射道路可从中心放射，也可从二环或三环放射，还可以从环形道路的切线方向放射，放射式道路系统适用于规模较大的城镇，道路系统布置要顺从自然地形和城镇现状，不能机械地强求几何图形。

　　该道路系统的主要优点：镇区中心与各个功能分区有直接畅通的交通联系；路线有曲有直，易于结合镇区的自然地形和现状；非直线系数比方格网式要小。该道路系统的主要缺点：交通灵活性不如方格网式好，容易造成中心区的拥堵，部分功能区要绕行；道路交叉口多为锐角和钝角，不规则小区和街坊较多，不利于建筑物的布局，道路曲折，不利于方向的识别。

3）自由式：多用于自然条件比较复杂的山区、丘陵地带或地形多变的地区，道路为结合地形变化而布置成路线曲折的几何图形。该道路系统的主要优点：充分结合自然地形，节省道路建设投资，节约工程造价，布置比较灵活。该道路系统的主要缺点：道路曲折，方向多变，非直线系数较大，不规则街坊较多，建筑用地分散。

4）混合式：该道路系统可结合镇区的自然条件和现状，结合上述三种基本形式的优点，因地制宜布置路网。

（3）道路系统规划要点

1）镇区道路应根据用地地形、道路现状和规划布局的要求，按道路的功能性质进行布置，并应符合下列规定：连接工厂、仓库、车站、码头、货场等以货运为主的道路不应穿越镇区的中心地段；文体娱乐、商业服务等大型公共建筑出入口处应设置人流、车辆集散场地；商业、文化、服务设施集中的路段，可布置为商业步行街，根据集散要求应设置停车场地，紧急疏散出口的间距不得大于160m；人行道路宜布置无障碍设施。

2）镇区道路系统规划的基本要求，应符合下列规定：满足组织城镇各部分用地布局"骨架"的要求；满足城镇交通运输的要求；新建与原有路网的结合；充分利用布局，合理规划路网布局；满足镇区环境要求；满足敷设各种管线的要求。

3）镇区道路系统规划的基本原则，应符合下列规定：与所在地区的交通发展战略和道路规划衔接与配合；与土地利用和其他基础设施建设要求相配合；与地区的社会经济发展规划相一致；充分考虑现状自然、历史和文化特点，与村镇总体规划相协调；满足近期建设的要求，又具有长远性。

4）城镇对外交通组织是道路系统规划的重要组成部分，是指小城镇与周围城市、城镇、乡村间的交通组织，主要形式有公路、铁路和水运交通。规划时，应选择适当的方式处理好对外交通与城镇内部交通的衔接问题，把对外交通道路与镇区道路区分开来：将对外交通道路尽量安排在小城镇外围，与城镇外围干路相切，使过境交通不再影响镇区交通；将现状过境道路迁离小城镇，与城镇保持一定的距离；过境高速公路经过小城镇时，应采用立体交叉与城镇道路网相连。

5）镇区道路的横断面由车行道、人行道、分隔带和绿地等部分组成。根据道路功能性质和红线宽度不同，各部分可以有不同的宽度。横断面可以有不同的组合形式。横断面规划设计的主要任务是在满足交通、环境、公用设施管线敷设以及消防、排水、抗震等要求的前提下，经济合理地确定横断面各组成部分的宽度、位置排列与高差。

6）镇区道路交叉口设计是镇区道路系统规划的重要组成部分，应具体确定交叉口形式、平面布置、交通组织方式和竖向高程。道路交叉口可分为平面交叉和立体交叉两种类型。平面交叉通常有"十"字交叉、"X"形交叉、"T"形交叉、"Y"形交叉、复合交叉等。立体交叉通常有分离式立体交叉、互通式立体交叉（图5-15、图5-16）。

案例 5-23：轿子山镇总体规划道路交通规划

发展策略

道路系统规划进一步加强对外交通联系，力求完善内部道路系统，保证内外交通顺畅；充分考虑地形地貌建设步行系统，形成系统性强、分级清楚、结构合理的道路交通体系。

轿子山镇区道路的主要发展策略是提高镇区与外部联系的路径，构建完善合理的区内交通体系，形成网络式的机动车系统，处理好区内车流与人流的交通组织，尽量避免人车之间相互交叉与干扰。加强交通管理，针对小汽车迅速发展的趋势，应在疏导控制的同时，充分考虑静态交通设施的建设。

规划原则

充分考虑现状地形地貌特点，结合用地布局与功能片区的划分，力求发掘现有道路资源的最大潜力。

区别对待交通性干道和生活性道路，保证交通顺畅、联系安全、生活方便。

突出山体与道路系统的空间协调关系，同时以路为景、借路开景，为山城相依的城镇空间创造独特的道路景观。

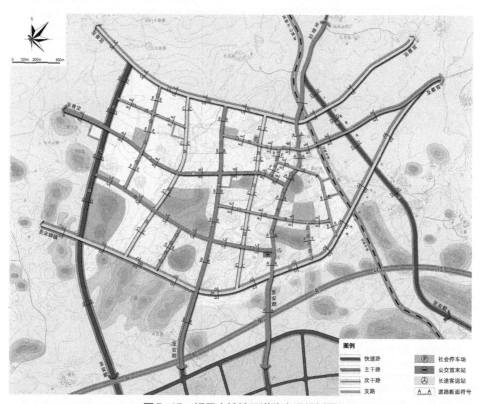

图5-15 轿子山镇镇区道路交通规划图

案例来源：本书编写组提供

案例 5-24：小河镇总体规划镇区道路交通规划

规划原则

与相关规划相衔接，提升区域道路网络化程度。道路网建设与襄阳、宜城、南漳相衔接，同时与村镇布局相结合。建立完善的过境和出入境交通网络，交通组织方式突出外快内顺的原则。

协调处理好交通设施与城镇建设之间的关系，使得各类对外交通设施布局和规模合理有效。

因地制宜、尊重原有路网。道路网形式选择、等级确定与道路断面设计均需充分考虑城镇布局、交通源分布等现状情况，减少土石方量，尽量利用现状道路进行规划。尊重汉江、吴家冲水库和灌溉渠等水系，对其进行保护与利用。

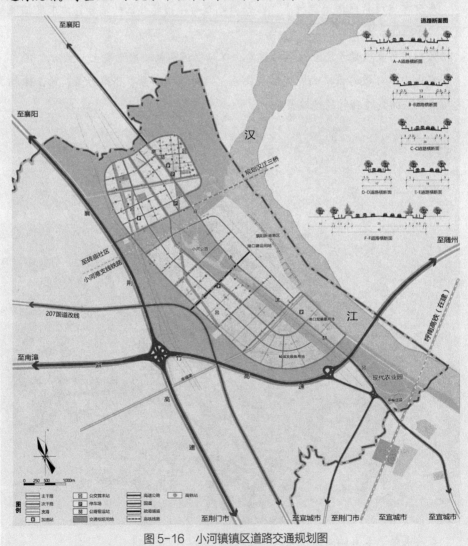

图 5-16　小河镇镇区道路交通规划图

"四横两纵一环"的主干路道路骨架结构

规划根据镇区现状路网格局,落实相关规划道路建设意向,在小河镇镇区形成"四横两纵一环"的主干路道路骨架结构。其中:

"四横"

由北向南依次是景观大道、小朱路、疏港通道、幸福渠路。

"两纵"

由东向西分别为襄宜快速路(小河镇区段)、内环路。

"一环"

规划小河镇镇区外围形成一条外环路,串联四横两纵的主干路网。

城镇其他道路路网布局考虑了城镇交通流量、流向分布,结合城镇用地布局的特点,使城镇北侧与南侧之间联系方便,同时又使得地块划分整齐,利于建筑布置,做到交通型道路、生活型道路、生产服务型道路功能分明,互不干扰。

案例来源:本书编写组提供

5.2.6 镇区居住用地规划

(1)居住用地的规划要点

1)镇区居住用地的比例:中心镇镇区居住用地占建设用地的比例为28%~38%,一般镇镇区居住用地占建设用地的比例为33%~43%。

2)规划设计应与当地国民经济与生活发展水平相适应。

3)在户型选择、内外交通体系、绿化美化等方面保障居住环境的生活方便。

4)特别注意营造整洁卫生的生活居住环境,改善城镇住区脏乱面貌。

5)做好防震减灾工作。

6)经济要求。

7)美观要求。

(2)居住用地的规划布置

1)镇区居住用地的分类

镇区居住用地是镇区中各类以居住为主要用途的用地,包括各类居住建筑、附属设施、内部小路、场地以及绿地等用地。

按照住宅的层数不同,镇区居住用地分为一类居住用地和二类居住用地两种类型。一类居住用地是以一至三层为主的居住建筑、附属设施及其间距内的用地,含宅间绿地、宅间路用地,不包括宅基地以外的生产性用地;二类居住用地是以四层和四层以上为主的居住建筑、附属设施及其间距、宅间路、组群绿化用地。

2）镇区居住用地的选址

居住用地的选址应有利生产，方便生活，具有适宜的卫生条件和建设条件，并应符合下列规定：应布置在大气污染源的常年最小风向频率的下风侧以及水污染源的上游；应尽量避免布置在沼泽地区、不稳定的填土堆石地段、地质构造复杂的地区（如断层、风化岩层、裂缝等）以及其他地震时有崩塌陷落危险的地区；应与生产劳动地点联系方便，又不相互干扰；位于丘陵和山区时，应优先选用向阳坡和通风良好的地段。

3）居住用地的规划应符合下列规定：应按照镇区用地布局的要求，综合考虑相邻用地的功能、道路交通等因素进行规划；根据不同的住户需求和住宅类型，宜相对集中布置。

4）居住建筑的布置应根据气候、用地条件和使用要求，确定建筑的标准、类型、层数、朝向、间距、群体组合、绿地系统和空间环境，并应符合下列规定：应符合所在省、自治区、直辖市人民政府规定的镇区住宅用地面积标准和容积率指标，以及居住建筑的朝向和日照间距系数；应满足自然通风要求，在现行国家标准《建筑气候区划标准》GB 50178 的 Ⅱ、Ⅲ、Ⅳ气候区，居住建筑的朝向应符合夏季防热和组织自然通风的要求。

5）居住组群的规划应遵循方便居民使用、住宅类型多样、优化居住环境、体现地方特色的原则，应综合考虑空间组织、组群绿地、服务设施、道路系统、停车场地、管线敷设等的要求，区别不同的建设条件进行规划，并应符合下列规定：新建居住组群的规划，镇区住宅宜以多层为主，并应具有配套的服务设施；旧区居住街巷的改建规划，应因地制宜体现传统特色和控制住户总量，并应改善道路交通、完善公用工程和服务设施，搞好环境绿化。

（3）住宅建筑群规划设计

1）住宅建筑群布局的基本要求

住宅建筑群规划布局的合理性直接影响到居民的工作、生活、休憩等，住宅建筑群的规划布局应满足功能合理、技术经济、安全卫生、环境优美的要求。

2）使用要求

住宅区是居民居住和生活的地方，住宅建筑群的规划设计要从居民的基本生活需要来考虑，为居民创造一个方便、舒适的居住环境。例如，为了满足小区居民生活中的多方面需要，需合理地确定公共建筑服务设施的项目、规模及其分布方式，合理地组织居民户外活动场地、休息场地、绿地和居住区内外交通；居住建筑可以因地制宜，结合农田、山坡等自由布局，使得镇区居住建筑有较强的田园风光和山居景观。

3）卫生要求

小区规划设计应立足于为小区居民创造一个卫生、安静的居住环境。它既包括住宅及公共建筑的室内卫生要求，如有良好的日照、通风、采光条件，也包括室外和居住区周围的活动空间；既要照顾生理学、人体保健等方面的卫生需要，也应赋予居民精神上的健康和美的感受。为此，在规划时，要注意对建筑用地的选择和环境的营造，防止噪声干扰和空气污染；在布置住宅等各项建筑时，除满足使用功能外，还应从卫生要求出发，充分利用日照和防止阳光强烈辐射，组织居住区的自然通风，配备上、下水设施，设置垃圾储藏公共卫生设备等，为居住区提供必要的物质环境和条件，以搞好小区环境卫生。

A. 日照

为适应居民的活动规律，综合考虑日照、采光、通风、防灾、配建设施及管理要求，创造方便、舒适、安全、优美的居住生活环境。根据国家有关规范，老年人居住建筑日照标准不应低于冬至日日照时数 2h；在原设计建筑外增加任何设施不应使相邻住宅原有日照标准降低，既有住宅建筑进行无障碍改造加装电梯除外；旧区改建项目内新建住宅建筑日照标准不应低于大寒日日照时数 1h。

B. 朝向

建筑朝向主要是指建筑物的正立面，或称建筑的主要立面所面对的方向，好的朝向会让建筑冬暖夏凉，而不良的朝向不仅会影响居住的舒适度，甚至有时还会因为通风等问题危及住户的健康，在规划设计时，应当根据当地的主要太阳的辐射强度和风向确定最佳朝向，以满足居室的采光和通风。在高纬度寒冷地区，以冬季获得必要的日照条件为主，住宅居室布置应避免朝北；在中纬度炎热地带，既要争取冬季的日照，又要避免夏季西晒。在Ⅱ、Ⅲ、Ⅳ气候区，住宅朝向应使夏季风向入射角大于 15°，在其他气候地区，应避免夏季风向入射角为 0°。

C. 通风

合理设置通风不仅能保持室内空气新鲜，而且能降低室内污染物，对室内空气和湿度的调节也极其有利。在我国夏季气候炎热和潮湿的地区，通风要求尤为重要，建筑密度不宜过大，每套住宅的通风开口面积不应小于地面面积的 5%，住宅卧室、起居室（厅）应有良好的自然通风。在住宅设计中应合理布置房间外墙开窗位置、方向，注意建筑的排列、院落的组织以及建筑的体形，使之布置与设计合理，以加强通风效果；在某些严寒地区，院落布置则应考虑防风沙，减少积雪或防风暴袭击，而采用较封闭的庭院布置。

4）安全要求

住宅建筑群的规划布置必须考虑火灾、地震、防洪等因素，满足转移时的安全和方便要求。在规划中，必须按照有关规定，对建筑的防火、防震、安全距离、安全疏散等做出合理的安排，要有合理的疏散宽度、疏散场地和合适的建筑密度，建筑物要满足一定的抗震设防要求，居住区内排水要通畅，与镇区排水管网要有良好的衔接，使之有利于防灾、减灾和救灾。

5）经济要求

规划应与镇区发展的阶段目标相适应，节约建设用地和降低建设造价，充分考虑分期实施的可能性，合理利用土地资源，要有适宜的容积率和建筑密度。在确定镇区建筑的标准、院落的布置时需要结合当地的生活习俗以及经济状况，对地形地貌进行合理改造、充分利用，以节约建设工程量。

6）旧区改造要求

旧区改造应有步骤地改造和更新老城区的物质生活环境，循序渐进，因地制宜，多种开发形式并举。改造要同新区建设相结合，小城镇的规模小，旧城区与新城区相互交错、紧密联系，旧城改造应与新城区的开发建设结合，合理利用旧城区外围农田及空地等。旧城改造也要考虑居民的生活习惯和生活意识，由于小城镇职能的特点，小城镇居民普遍缺乏现代城市生活意识，多数居民还保留着乡村生活习惯和生活意识，居民的民房建设层数低、间距小、密度大、居住环境难以改善。因而，在编制旧城改造规划时要充分考虑居民的生活习惯，不应照搬城市建设（图5-17）。

案例5-25：小河镇总体规划镇区居住用地规划

居住用地按"居住组团—居住区—居住小区"三级控制，分级设置相应的配套设施。依托老镇区公共服务中心及路网构建北部三个居住组团：

老镇区居住组团

位于襄宜快速路东侧，组团内居住用地围绕老镇区行政中心布局，规划居住用地面积47.68hm²，均为二类居住用地，整体容积率控制在1.2，居住人口约1.6万人。

镇北新区居住组团

位于襄宜快速路以西、景观大道以北，组团内依托医院、小学、商业综合体和养老院布局。规划居住用地面积49.50hm²，均为二类居住用地，整体容积率控制在1.0，居住人口约1.7万人。

镇南生态居住组团

位于襄宜快速路以西、景观大道以南、小朱路以北，组团内依托镇区新行政中心和中学、幼儿园等布局。规划居住面积67.22hm²，均为二类居住用地，整体容积率控制在1.0，居住人口2.2万人。

居住用地总面积164.40hm²，占总用地的27.60%，人均29.89m²。主要为二类居住用地，同时原镇区也保留了部分沿街商住用地。居住用地呈连绵状分布，以满足片区内的居住需求。其中，为了适应国家最新住房政策，增加部分保障性住房。

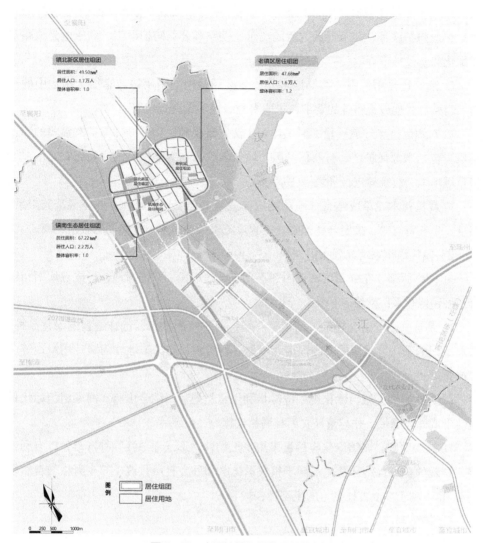

图 5-17　小河镇镇区居住用地规划图

案例来源：本书编写组提供

5.2.7　绿化广场与景观规划

（1）绿化与广场用地

1）镇区绿地系统构建

A. 镇区环境绿化规划应根据地形地貌、现状绿地的特点和生态环境建设的要求，结合用地布局，统一安排公共绿地、防护绿地、各类用地中的附属绿地，以及镇区周围环境的绿化，形成绿地系统。

B. 公共绿地主要应包括镇区级公园、街区公共绿地，以及路旁、水旁宽度大于5m 的绿带，公共绿地在建设用地中的比例，中心镇镇区为 8%~12%，一般镇镇区为6%~10%。

C. 防护绿地应根据卫生和安全防护功能的要求，规划布置水源保护区防护绿地、工矿企业防护绿带、养殖业的卫生隔离带、铁路和公路防护绿带、高压电力线路走廊绿化和防风林带等。

D. 镇区建设用地中公共绿地之外的各类用地中的附属绿地宜结合用地中的建筑、道路和其他设施布置的要求，采取多种绿地形式进行规划。

E. 对镇区生态环境质量、居民休闲生活、景观和生物多样性保护有影响的邻近地域，包括水源保护区、自然保护区、风景名胜区、文物保护区、观光农业区、垃圾填埋场地，应统筹进行环境绿化规划。

F. 栽植树木花草应结合绿地功能选择适于本地生长的品种，并应根据其根系、高度、生长特点等，确定与建筑物、工程设施以及地面上下管线间的栽植距离。

2）镇区绿化系统规划布局原则

A. 网络原则：充分利用城镇内部不宜建设的地段，开辟绿地，形成点线面相结合的城镇绿化系统网络。

B. 人本原则：结合建筑、街道、广场、河岸等的特点，选择适宜的绿化品种，采取不同的手法，规划成公园、街巷绿地、行道树、防护绿地和附属专用绿地等多种绿化形式。

C. 自然原则：城镇绿化规划应尽量利用自然地形，结合山脉、河湖组织绿化景观地带或外环绿带，并与镇外农田林网相连接。

D. 地缘原则：城镇绿化应尽量采用乡土物种，形成地缘性物种群落，以有利于绿化景观的自身自然延续（不至于很快退化）和外在自然过渡（与乡野植被自然衔接），也有利于乡土古树名木的生态性保护。

3）绿化与广场布局形式

镇区绿地，一般是由点线面三种形态组成的多种布局形式。

A. 块状布局。又可分为块状集中布局和分块均匀布置两种形式。较小的城镇，布置一座公园绿地即可；县城镇和大型镇，可均匀地布置两个或两个以上的块状绿地。

B. 散点均衡布局。若干小块绿地分布在全镇各处。

C. 网状布局。包括沿着镇的河渠及溪边绿带、隔离绿带、加宽的干线边线型绿带等。

D. 自然贯穿式布局。结合地形、河流或小丘进行重点绿化布置，从镇外向镇内延伸，从另一端或几端延伸向镇外。

镇区周边绿地亦可称为镇郊绿地，由生产绿地、防护绿地和镇郊山林、水域组成城镇生态环境保护圈，并利用自然环境开发森林公园、观光农业园区等新的旅游景点，逐步形成城镇生态景观控制区（图5-18、图5-19）。

案例5-26：轿子山镇总体规划镇区绿地系统规划

以轿子山镇自然山水为生态基底，中心山体公园绿地为主体，实现总量达标、结构布局合理、综合功能优化，创建山、林、公园三位一体的城镇绿化特色，建设生态环境良好的生态城镇，完善自然生态调节功能。规划形成**"一心、一带、多点"**的绿地景观系统结构。

一心：指结合山体建设的城镇中心山体公园。

一带：指贯穿镇区内部，联系主要山体公园和公园绿地的绿化景观带。

多点：即均匀分布于镇区内的多个绿化景观节点。

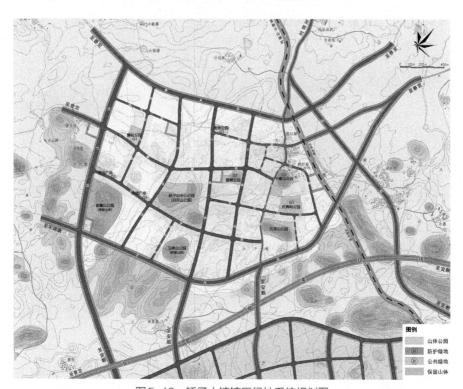

图5-18 轿子山镇镇区绿地系统规划图

案例来源：本书编写组提供

案例5-27：小河镇总体规划镇区绿地系统规划

小河镇境内江、河、渠、水库、坑塘等各类地表水系水体资源丰富。其中包括位于镇东北的汉江，位于小河镇中南部的蛮河，位于小河镇中部的百里长渠，还包括幸福支渠、谭湾水库、吴家冲水库等。

绿地布局原则："水网环绕，绿脉相织，多元塑心"

规划于镇区内打造多条绿脉以增强幸福渠、吴家冲水库及汉江与镇区内部的联系，通过构建"两横两纵"的绿网格局，整合库塘和田地，以沿湖、沿路的绿地为联系纽带，廊带结合，构筑绿色生态空间的网络化结构，同时连接各公园形成节点，营造城镇内部绿地系统。

保护和利用镇区现有汉江沿岸的滩涂、湿地及吴家冲水库等。并对镇区内的水渠进行梳理，构建互联互通的水网。

科学安排镇区范围内各类绿地及广场等开敞空间，构成开放型绿地系统。

规划将绿地划分为公园绿地、防护绿带及城市广场三类。其中公园绿地细分为城镇公园、社区公园、带状公园三类。

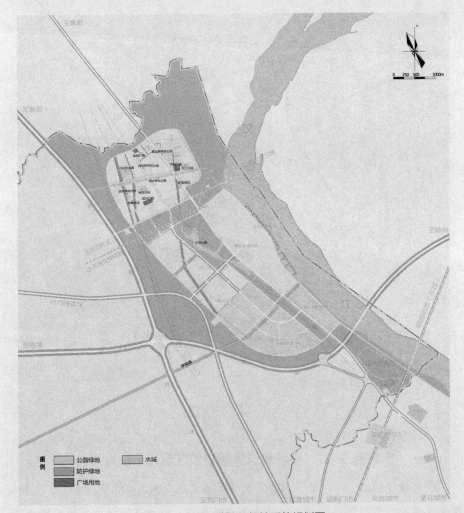

图 5-19　小河镇镇区绿地系统规划图

案例来源：本书编写组提供

（2）景观规划

1）景观规划要点

景观规划主要应包括镇区容貌和影响其周边环境的规划。镇区景观规划应充分运用地形地貌、山川河湖等自然条件，以及历史形成的物质基础和人文特征，结合现状建设条件和居民审美需求，创造优美、清新、自然、和谐、富于地方特色和时代特征的生活和工作环境，体现其协调性和整体性。

2）镇区景观规划应符合下列规定

应结合自然环境、传统风格、创造富于变化的空间布局，突出地方特色；建筑物、构筑物、工程设施的群体和个体的形象、风格、比例、尺度、色彩等应相互协调；地名及其标志的设置应规范化；道路、广场、建筑的标志和符号、杆线和灯具、广告和标语、绿化和小品，应力求形式简洁、色彩和谐、易于识别。

3）景观设计的原则

A. 生态保护原则。自然景观资源包括原始自然保留地、历史文化遗迹、山体、坡地、森林、湖泊及大的植物板块。应在保护的前提下，对自然景观资源进行合理、有限、有序的开发利用，保证景观环境的可持续发展和永续利用。

B. 整体优化原则。景观是一系列生态系统组成的有机整体，景观系统具有功能上的整体性和连续性。规划时应保证其完整性，将其作为一个整体来考虑，同时根据资金状况、景观的保护需要，一体规划、分期实施。

C. 异质性原则。异质性包括空间组成、空间形态和空间相关等内容。异质性同抗干扰能力、恢复能力、系统稳定性和生物多样性有密切关系，景观异质性程度高，有利于物种共生而不利于稀有内部物种的生存。应合理安排和控制景观异质性程度，在不过度干扰原有景观生态基质安全的前提下提升景观环境的新奇性和新鲜感。

D. 尺度性原则。尺度是研究客体或过程的空间维和时间维，时空尺度的对应性、协调性和规律性是重要特征。生态平衡与尺度性有着密切的联系，景观范围越大，自然界在动荡中表现出的与尺度有关的协调性越稳定。在可能的情况下，应尽量扩大生态景观系统的规划考察范围和建设控制范围（与外部自然生态体系相衔接），以使景观规划建设的生态内涵尽可能协调、稳定、持久。

E. 个性化原则。景观本身拥有不同的个性。在地域上，有的以山岳为主，有的以海洋为主，森林植被的地域性更加明显，北方和南方差别悬殊。规划时应根据自然环境条件和自然规律创造出具有地方特色、个性鲜明的景观类型（图 5-20、图 5-21）。

案例 5-28：浙江·兰溪诸葛镇总体规划镇区绿地系统及景观规划

"一轴四廊，六区，多点"

根据诸葛镇的城镇发展特点以及城镇生态资源与格局特色，综合考虑生态环境保护、旅游环境发展和镇区居民公共活动需求，综合防护、防灾等多方面的因素，在镇区总体发展目标指导下，建设结构完善、层次合理、景观多样、特色鲜明的绿地生态体系。

一轴

指滨水景观轴，沿石岭溪形成由北向南延伸的景观带，水景、绿化、道路与休闲游憩设施有机融合，展示镇区优美的滨河水岸空间。

四廊

指分别在纵二路、纵三路、横三路、横五路沿线布置一定数量的街头绿地，结合休闲广场、防护绿带，集中展示镇区的人文风貌。

六区

即入口形象展示区、中心生活风貌区、古村落风貌区、自然风貌区、山体游憩风貌区、滨水风貌区。

多点

即街头公园、河滩公园、郊野公园、休闲游憩主题广场形成镇区的开放空间，结合镇区入口形成了镇区门户景观。

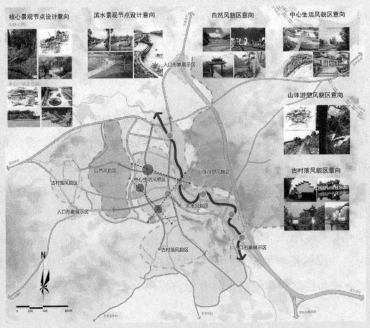

图 5-20　诸葛镇镇区景观风貌规划图

案例来源：本书编写组提供

案例 5-29：马涧镇总体规划镇区绿地系统及景观规划

绿地系统规划

规划绿地面积为 28.88hm²，占建设用地总面积的 10.49%，人均绿地面积 11.55m²，其中，公共绿地面积 20.35hm²、防护绿地面积 8.53hm²。

公园绿地

规划在 351 国道与石穆路交接处设置进入镇区的引导性门户绿地景观绿地，在迎宾大道与 351 国道交汇处设置杨梅主题公园；在迎宾大道东侧与 351 国道交汇处，结合现状山体，设置山体公园，打造镇区东部重要节点性公园景观。

骥溪两岸设置 10~20m 宽绿地以形成滨水景观绿化带，形成连续的绿色自然景观界面。规划在迎宾大道沿线设置街头绿地，并在各居住组团中心合理布局绿化游园。

防护绿地

规划沿 351 国道两侧布置 20m 宽防护绿地，沿 319 省道两侧布置 15m 防护绿地。工业园区与居住生活组团间布置 10~20m 宽绿化隔离带。

景观风貌规划

规划形成"两廊三带多节点"的景观结构：

两廊

沿骥溪和石渠溪打造滨河开敞空间，营造亲水空间和步行空间，形成滨水休闲廊道。

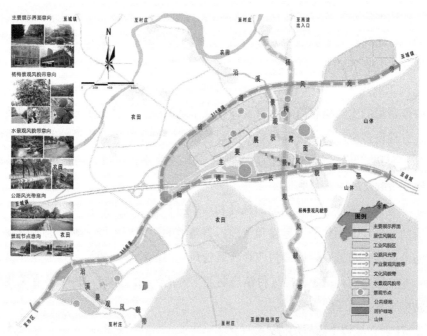

图 5-21　马涧镇镇区绿地系统及景观风貌规划图

公路风貌展示带（两条）

包括 351 国道和 319 省道展示带，沿 351 国道两侧设置 20m 绿化景观带，沿 319 省道设置 15m 绿化景观带。

产业景观风貌带

杨梅路北连临金高速公路大丘田出入口，南连金华山旅游经济区，中间串联马涧镇区，是马涧镇的旅游经济带，沿路景观应体现杨梅和生态旅游特色，道路两侧可使用杨梅树作为绿化，节点处可布局杨梅展示区和杨梅销售区。

景观节点

在镇区西侧和东侧，迎宾大道与 351 国道两个交叉口处分别设置一处入口公园，形成马涧镇的门户景观节点。在镇区各居住组团设置公共绿地，构建生活性公共空间。

案例来源：本书编写组提供

5.2.8 镇区生产与仓储用地规划

（1）工业用地规划

1）工业用地布局原则与要点

工业生产用地应根据其生产经营的需要和对生活环境的影响程度进行选址和布置，并应符合下列规定：一类工业用地可布置在居住用地或公共设施用地附近；二、三类工业用地应布置在常年最小风向频率的上风侧及河流的下游，并应符合现行国家标准《村镇规划卫生规范》GB 18055—2012 的有关规定；新建工业项目应集中建设在规划的工业用地中；对已造成污染的二、三类工业项目必须迁建或调整转产。

镇区工业用地的规划布局应符合下列规定：同类型的工业用地应集中分类布置，协作密切的生产项目应邻近布置，相互干扰的生产项目应予分隔；应紧凑布置建筑，宜建设多层厂房；应有可靠的能源、供水和排水条件，以及便利的交通和通信设施；公用工程设施和科技信息等项目宜共建共享；应设置防护绿带和绿化厂区；应为后续发展留有余地。

农业生产及其服务设施用地的选址和布置应符合下列规定：农机站、农产品加工厂等的选址应方便作业、运输和管理；养殖类的生产厂（场）等的选址应满足卫生和防疫要求，布置在镇区和村庄常年盛行风向的侧风位和通风、排水条件良好的地段，并应符合现行国家标准《村镇规划卫生规范》GB 18055—2012 的有关规定；兽医站应布置在镇区的边缘。

2）工业在城镇中布置的方式

工业在城镇中布置的方式分为：布置在远离城镇的工业、布置在城镇边缘的工业、布置在城镇内或居住区内的工业。

3）工业区规划应考虑的因素

A. 乡镇企业向城镇工业园区集中的必然性。

B. 工业生产的协作关系。不同城镇的乡镇工业布局有着不同的形态特征，从乡镇工业形态来看，具有以下三个主要特征。一是交通运输指向成为乡镇工业区位的决定因素，镇的工业区都临近公路两侧开展，沿公路已形成了一条工业带。二是虽然有了集中的工业区，但总的来说，整个镇域的工业布局还是较为分散，整体形态呈现"点、线、面"的格局，点即以村办工业为主的点状分散布局工业，线即沿交通线两侧形成工业带，面即镇区周围形成的集中工业区。三是工业区和私营经济开发区内的工业企业，主要是新建的工业企业，除了这些集中布局的工业企业之外，城镇镇域内还有大量分散分布的乡镇工业，包括镇区内较早的一些镇办工业，分布在各村的村办工业等。

案例 5-30：马涧镇总体规划镇区工业用地规划

生产设施用地布局，近期保留现有工业企业，不再新增工业用地，逐步淘汰"低、小、散"的工业企业。远期引导镇工业A区内的企业逐步向兰溪市新兴产业园、工业B区和D区搬迁。远期工业重点发展科技含量高、附加值高的时尚纺织产业、现代食品产业、新材料产业和智能制造业。

保留工业用地面积 51.70hm^2，占建设用地总面积的 18.78%。

案例来源：本书编写组提供

案例 5-31：汪集街镇区工业用地规划

工业用地规划原则

根据汪集镇区工业产业现状、发展资源条件和社会经济结构，汪集镇区工业发展应从传统劳动密集型产业向智慧型产业转型。推动农副产品深加工、新型建材制造、新型能源配套建设等产业发展。

以绿色、生态、高端、特色产业为主导，优先发展高附加值、高就业机会、低成本、无污染、产值高的新兴工业企业。

工业发展园区化，引导工业企业集中发展，提升用地利用效率，提高工业用地地均产值。

工业园区建设隔离绿带，减少与生活、生态空间矛盾。

规划近远期相结合，为远期预留一定工业发展备用地，增加用地弹性。

规划布局

依托现状，结合汪集镇区空间规划总体结构，依据镇区产业发展规划与汪集街土地利用总体规划，于镇区西北部新施公路西侧集中布置汪集工业园区，保留现状规划企业（玉如意绿色食品公司、高能科技园、金三宝交通构件有限公司）用地，引进低污染、高产值、高就业的新兴产业。优化工业园区用地布局与道路结构，满足园区规模化生产与运输需求。工业用地集中布置于新施公路西侧，预留电力廊道，减少工业生产与镇区居民生活空间、镇区生态环境之间的矛盾。

规划工业用地面积为 134.19hm^2，占城镇建设用地总面积的 27.14%。

案例来源：本书编写组提供

（2）物流仓储的布局原则

1）仓库及堆场用地的选址和布置应符合的规定

应按存储物品的性质和主要服务对象进行选址；宜设在镇区边缘交通方便的地段；性质相同的仓库宜合并布置，共建服务设施；粮、棉、油类、木材、农药等易燃易爆和危险品仓库严禁布置在镇区人口密集区，与生产建筑、公共建筑、居住建筑的距离应符合环保和安全的要求。

2）仓储用地规划

仓储用地是专门用作存储物质的用地，是指在城镇中需要单独设置的，短期或者长期存放生产与生活资料的仓库和堆场。仓库的分类，按储存货物的性质及设备特征，可分为一般性质综合仓库，一般性工业成品库和食品仓库，特种仓库，易燃、易爆、有毒的化工原料仓库等；按使用性质，可分为储备仓库、转运仓库、供应仓库、收购仓库。

5.2.9 镇区支撑体系

（1）镇区公共设施用地规划

公共设施按其使用性质分为行政管理、教育机构、文体科技、医疗保健、商业金融和集贸市场六类，其项目的配置应符合表 5-22 的规定。

镇区公共设施项目配置　　　　　　　　　　　　　　　　表 5-22

类别	项目	中心镇	一般镇
一、行政管理	1. 党政、团体机构	●	●
	2. 法庭	○	—
	3. 各专项管理机构	●	●
	4. 居委会	●	●

续表

类别	项目	中心镇	一般镇
二、教育机构	5. 专科院校	○	—
	6. 职业学校、成人教育及培训机构	○	○
	7. 高级中学	●	○
	8. 初级中学	●	●
	9. 小学	●	●
	10. 幼儿园、托儿所	●	●
三、文体科技	11. 文化站（室）、青少年及老年之家	●	●
	12. 体育场馆	●	○
	13. 科技站	●	○
	14. 图书馆、展览馆、博物馆	●	○
	15. 影剧院、游乐健身场	●	○
	16. 广播电视台（站）	●	○
四、医疗保健	17. 计划生育站（组）	●	●
	18. 防疫站、卫生监督站	●	●
	19. 医院、卫生院、保健站	●	○
	20. 休疗养院	○	—
	21. 专科诊所	○	○
五、商业金融	22. 百货店、食品店、超市	●	●
	23. 生产资料、建材、日杂商店	●	●
	24. 粮油店	●	●
	25. 药店	●	●
	26. 燃料店（站）	●	●
	27. 文化用品店	●	●
	28. 书店	●	●
	29. 综合商店	●	●
	30. 宾馆、旅店	●	○
	31. 饭店、饮食店、茶馆	●	●
	32. 理发馆、浴室、照相馆	●	●
	33. 综合服务站	●	●
	34. 银行、信用社、保险机构	●	○
六、集贸市场	35. 百货市场	●	●
	36. 蔬菜、果品、副食市场	●	●
	37. 粮油、土特产、畜、禽、水产市场	根据镇的特点和发展需要设置	
	38. 燃料、建材家具、生产资料市场		
	39. 其他专业市场		

注：表中●表示应设的项目；○表示可设的项目。
资料来源：《镇规划标准》GB 50188—2007

公共设施的用地占建设用地的比例应符合中心镇区12%~20%，一般镇镇区10%~18%。

1）教育和医疗保健机构必须独立选址，其他公共设施宜相对集中布置，形成公共活动中心。

2）学校、幼儿园、托儿所的用地，应设在阳光充足、环境安静、远离污染和不危及学生、儿童安全的地段，距离铁路干线应大于300m，主要入口不应开向公路。

3）医院、卫生院、防疫站的选址，应方便使用和避开人流和车流量大的地段，并应满足突发灾害事件的应急要求。

4）集贸市场用地应综合考虑交通、环境与节约用地等因素进行布置，并应符合下列规定：集贸市场用地的选址应有利于人流和商品的集散，并不得占用公路、主要干路、车站、码头、桥头等交通量大的地段；不应布置在文体、教育、医疗机构等人员密集场所的出入口附近和妨碍消防车辆通行的地段；影响镇容环境和易燃易爆的商品市场，应设在集镇的边缘，并应符合卫生、安全防护的要求。集贸市场用地的面积应按平集规模确定，并应安排好大集时临时占用的场地，休集时应考虑设施和用地的综合利用（图5-22、图5-23）。

案例5-32：轿子山镇总体规划镇区公共服务设施规划

行政管理用地

保留现状镇政府、税务所等行政管理用地，在安轿公路以西、麒麟路以南规划较为集中的行政管理用地，形成轿子山镇行政服务中心。

教育机构用地

包括中小学及幼儿园用地。保留镇区现状跳蹬场初级中学、小学以及中心幼儿园，并适当预留未来发展用地。规划居住新区按照《城市居住区规划设计规范》GB 50180—1993配置幼儿园等教育设施。

文体科技用地

规划在安轿公路以东、规划四路以西设置文化活动中心，包括图书馆、青少年活动室、文化站等设施。规划在千峰路以东、知林路以北设置体育活动中心，包括球类馆、游泳馆等设施。

医疗保健用地

规划保留并扩建现状卫生院，保留并扩建现状养老院；规划在麒麟路以南、规划五路以东新建社区公共卫生服务中心。

商业金融用地

规划在千峰路以东、永峰路沿线形成商业服务和旅游服务中心，包括商业街、

宾馆、银行等设施。规划在西部居住生活片区集中布置商业用地，在知林路沿线布置商业用地，主要承担居住片区的商业服务。

集贸市场用地

保留现状农贸市场和牲畜交易市场，规划在规划二路以南、安轿公路以西形成农贸商贸中心，包括新建农贸市场和商贸市场。

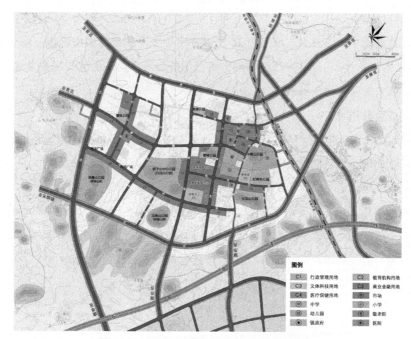

图 5-22　轿子山镇镇区公共服务设施规划图

案例来源：本书编写组提供

案例5-33：马涧镇总体规划镇区公共服务设施规划

以创建符合中心镇规模的公共服务设施为目标，形成规模等级合理的各级服务体系。改扩建为主，新建为辅，集约化最大限度地发挥现有设施的服务能力。

规划公共服务设施用地主要于迎宾大道和杨梅路沿线，按照《城市居住区规划设计规范》GB 50180—1993在各组团配置相应规模的公共服务设施，以满足各组团居民需要。

行政管理用地

保留迎宾大道沿线的法院、地税所等单位用地，规划在文化路北侧设置公共服务中心，派出所选址在镇区北部的文明路西侧地块，石渠组团保留原有行政办公用地。

教育机构用地

保留并扩大马涧初级中学规模，马涧中心小学规模；保留现有中心幼儿园，在骥溪东西两侧，结合居住组团分别规划 1 所幼儿园，改造石渠小学为石渠公办幼儿园。

文体科技用地

保留现状水口殿、老年活动中心和青少年宫，在骥溪西居住组团和东居住组团新增文体活动站两处；结合城镇环境综合整治工程，打造马涧老街和马涧文化中心。

医疗保健用地

扩建马涧中心卫生院。保留镇区东侧的敬老院，并在其东侧新建一处养老院（亚华生态颐养中心）；远期结合市场需要，结合马涧中心卫生院新建养老院一处，保留石渠卫生院和综合医院。

商业金融用地

规划在迎宾大道、杨梅路、市场路沿线布置主要的商业金融用地，形成商业主轴；在马涧村组团、骥溪居住组团、石渠组团中心布置商业用地，作为组团商业中心。

集贸市场用地

规划市场用地三处。对现状杨梅市场与集贸市场进行搬迁，规划在马涧村组团南部、351 国道北侧、骥溪东组团杨梅路西侧、石渠组团新建一处菜市场。

规划公共设施用地面积 53.07hm²，占建设用地总面积的 19.28%。

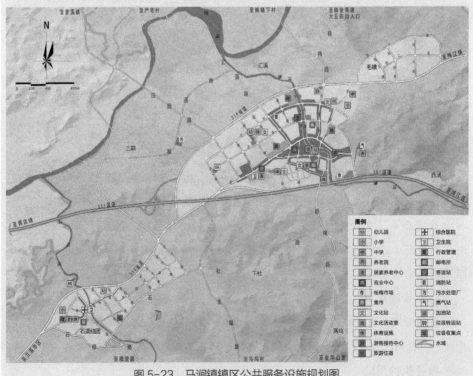

图 5-23 马涧镇镇区公共服务设施规划图

案例来源：本书编写组提供

（2）镇区公用工程设施规划

1）给水工程规划

集中式给水规划主要应包括确定用水量、水质标准、水源及卫生防护、水质净化、给水设施、管网布置；分散式给水规划主要应包括确定用水量、水质标准、水源及卫生防护、取水设施。集中式给水的用水量应包括生活、生产、消防、浇洒道路和绿化用水量，管网漏水量和未预见水量，并应符合下列规定：

A. 生活用水量的计算

a. 居住建筑的生活用水量可根据现行国家标准《建筑气候区划标准》GB 50178—1993 的所在区域按表 5-23 进行预测。

居住建筑的生活用水量指标（L/ 人·d）   表 5-23

建筑气候区划	镇区	镇区外
Ⅲ、Ⅳ、Ⅴ区	100~200	80~160
Ⅰ、Ⅱ区	80~160	60~120
Ⅵ、Ⅶ区	70~140	50~100

资料来源：《镇规划标准》GB 50188—2007

b. 公共建筑的生活用水量应符合现行国家标准《建筑给水排水设计标准》GB 50015—2019 的有关规定，也可按居住建筑生活用水量的 8%~25% 进行估算。

B. 生产用水量应包括工业用水量、农业服务设施用水量，可按所在省、自治区、直辖市人民政府的有关规定进行计算。

C. 消防用水量应符合现行国家标准《建筑设计防火规范（2018 年版）》GB 50016—2014 的有关规定。

D. 浇洒道路和绿地的用水量可根据当地条件确定。

E. 管网漏失水量及未预见水量可按最高日用水量的 15%~25% 计算。

给水工程规划的用水量也可按表 5-24 中人均综合用水量指标预测。

人均综合用水量指标（L/ 人·d）   表 5-24

建筑气候区划	镇区	镇区外
Ⅲ、Ⅳ、Ⅴ区	150~350	120~260
Ⅰ、Ⅱ区	120~250	100~200
Ⅵ、Ⅶ区	100~200	70~160

注：1. 表中为规划期最高日用水量指标，已包括管网漏失及未预见水量。

2. 有特殊情况的镇区，应根据用水实际情况，酌情增减用水量指标。

资料来源：《镇规划标准》GB 50188—2007

水源的选择应符合下列规定：

A. 水量应充足，水质应符合使用要求；

B. 应便于水源卫生防护；

C. 生活饮用水、取水、净水、输配水设施应做到安全、经济和具备施工条件；

D. 选择地下水作为给水水源时，不得超量开采；选择地表水作为给水水源时，其枯水期的保证率不得低于90%；

E. 水资源匮乏的镇应设置天然降水的收集贮存设施。

给水管网系统的布置和干管的走向应与给水的主要流向一致，并应以最短距离向用水大户供水。给水干管最不利点的最小服务水头，单层建筑物可按 10~15m 计算，建筑物每增加一层应增压 3m（图 5-24）。

案例5-34：汪集街总体规划镇区给水工程规划

给水工程

预测到 2035 年，镇区用水量为 1.9 万 t/d。近期水源为汪集水厂，远期由阳逻二水厂供水，汪集水厂仅保留加压送水功能。阳逻二水厂是新洲区域性水厂，水源为长江，供水规模 20 万 t/d。

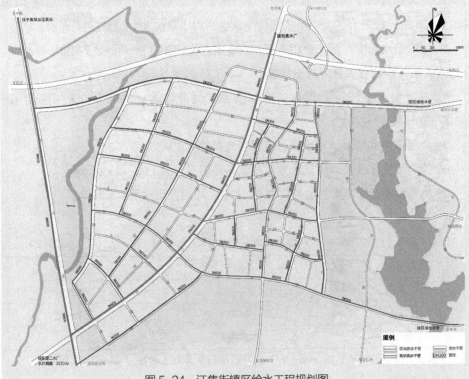

图 5-24　汪集街镇区给水工程规划图

镇区沿道路按 120m 间距设置消防栓，消防用水水压不应低于 0.07MPa。采用环状 + 支状的供水管网，提高供水安全性和稳定性。镇区沿新施公路、锦辉大道敷设供水干管，供水管管径为 DN100~DN500。

案例来源：本书编写组提供

2）排水工程规划

排水工程规划主要应包括确定排水量、排水体制、排放标准、排水系统布置、污水处理设施。排水量应包括污水量、雨水量，污水量应包括生活污水量和生产污水量。排水量可按下列规定计算：

A. 生活污水量可按生活用水量的 75% ~85% 进行计算；

B. 生产污水量及变化系数可按产品种类、生产工艺特点和用水量确定，也可按生产用水量的 75% ~90% 进行计算；

C. 雨水量可按邻近城市的标准计算。

排水体制宜选择分流制，条件不具备可选择合流制，但在污水排水管网系统前应采用化粪池、生活污水净化沼气池等方法预处理。布置排水管渠时，雨水应充分利用地面径流和沟渠排除；污水应通过管道或暗渠排放，雨水、污水的管、渠均应按重力流设计。污水采用集中处理时，污水处理厂的位置应选在镇区的下游，靠近受纳水体或农田灌溉区（图 5-25、图 5-26）。

案例 5-35：汪集街总体规划镇区排水工程规划

预测到 2035 年，镇区平均日污水量约为 1.17 万 t/d。

镇区近期采用截流式合流制的排水体制，远期逐步实施分流制改造；中心村采用雨污分流制，一般村可选择合流制，但在污水排入系统前，应因地制宜地采用污水处理设施进行预处理。镇区生活污水和经处理达标的工业污水经管网统一收集后排入镇区南侧的污水处理厂，污水经处理达到《城镇污水处理厂污染物排放标准》GB 18918—2012 要求的一级 A 标准后，排入附近水体。

规划污水管线尽可能利用地形高差布置，减少管道埋深。规划沿汪兴路、生生路、荣生路、汪园路、汪辛路、新施公路布局污水收集干管。镇区污水管管径为 DN400~DN1000。

镇区采用植草沟与管网式相结合的雨水排放方式进行排水。同时，考虑到排水滞洪的需要，结合镇区土地利用规划建设相应的雨洪水滞蓄设施与渗透设施。

村镇规划理论与方法

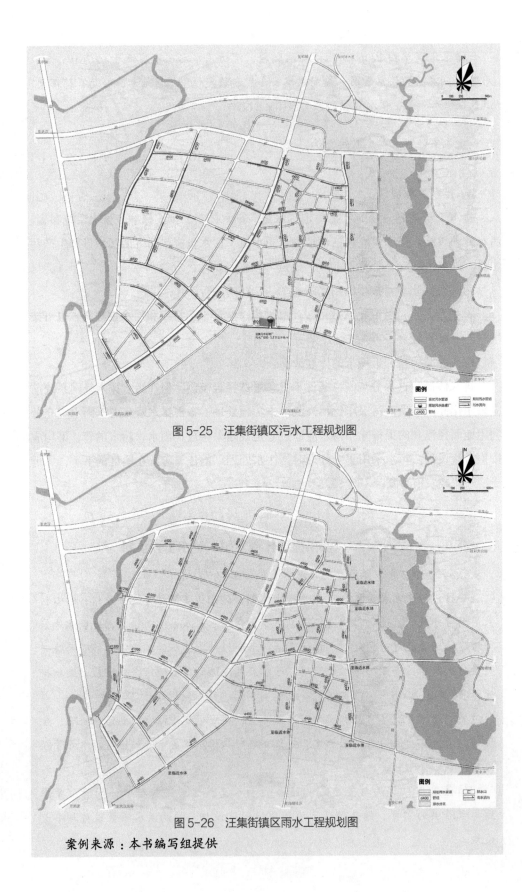

图 5-25　汪集街镇区污水工程规划图

图 5-26　汪集街镇区雨水工程规划图

案例来源：本书编写组提供

3）供电工程规划

供电工程规划主要应包括预测用电负荷，确定供电电源、电压等级、供电线路、供电设施。用电负荷的计算应包括生产和公共设施用电、居民生活用电。用电负荷可采用现状年人均综合用电指标乘以增长率进行预测。

规划期末年人均综合用电量可按下式计算：

$$Q = Q_1 (1+K) n \tag{5-12}$$

式中，Q 为规划期末年人均综合用电量（kWh／人·a）；Q_1 为现状年人均综合用电量（kWh／人·a）；K 为年人均综合用电量增长率（%）；n 为规划期限（年）；K 值可依据人口增长和各产业发展速度分阶段进行预测。

变电所的选址应做到线路进出方便和接近负荷中心。供电线路的设置应符合下列规定：

根据《城市电力规划规范》GB/T 50293—2014 规定，变电站按其一次侧电压等级可分为 500kV、330kV、220kV、110（66）kV、35kV 五类变电站。变电站的用地面积，应按变电站最终规模预留；规划新建的 35~500kV 变电站规划用地面积控制指标宜符合表 5-25 的规定。

35kV~500kV 变电站规划用地面积控制指标　　　　表 5-25

序号	变压等级（kV）一次电压／二次电压	主变压器容量[MVA/台（组）]	变电站结构形式及用地面积（m²）		
			全户外式用地面积	半户外式用地面积	户内式用地面积
1	500/220	750~1500/2~4	25000~75000	12000~60000	10500~40000
2	330/220 及 330/110	120~360/2~4	22000~45000	8000~30000	4000~20000
3	220/110（66、35）	120~240/2~4	6000~30000	5000~12000	2000~8000
4	110（66）/10	20~63/2~4	2000~5500	1500~5000	800~4500
5	35/10	5.6~31.5/2~3	2000~3500	1000~2600	500~2000

资料来源：《城市电力规划规范》GB/T 50293—2014

城镇电力线路分为架空线路和地下电缆线路两类。内单杆单回水平排列或单杆多回垂直排列的市区 35~1000kV 高压架空电力线路规划走廊宽度，宜根据所在城市的地理位置、地形、地貌、水文、地质、气象等条件及当地用地条件，按表 5-26 的规定合理确定（图 5-27）。

35~1000kV 高压架空电力线路规划走廊宽度　　表5-26

	线路电压等级（kV）	高压线走廊宽度（m）
1	直流 ±800	80~90
2	直流 ±500	55~70
3	1000（750）	90~110
4	500	60~75
5	330	33~45
6	220	30~40
7	66，110	15~25
8	35	15~20

资料来源：《城市电力规划规范》GB/T 50293—2014

案例5-36：诸葛镇总体规划镇区市政设施规划

镇区总建设用地面积1.7km²，总人口1.8万，负荷密度法预测电力负荷为22MW，人均用电负荷12.2W/人，建设用地面积综合负荷密度12.94MW/km²。指标符合上层次规划的要求。故取22MW为本次规划镇区的电力负荷预测值。

电源规划

规划新建110kV变电站一座，规模为2×5万kVA，位于火炉山水库以西，金千铁路以南，电力来源为220kV孟湖站和220kV曹家站。

电网规划

新建110kV诸葛站至220kV曹家站的一回110kV架空线，新建110kV诸葛站至220kV孟湖站的一回110kV架空线。规划10kV电力线路全部实现电缆化，10kV变电所尽可能采用附设式，与公共建筑及厂房合建。公用10kV变压器容量不宜大于630kVA。供电范围严格按街区划分，严禁交叉。10kV变电所供电半径不宜超过250m，特殊情况不超过300m。

高压走廊与电缆通道

根据国家《城市电力规划规范》GB 50293—1999，110kV电力线高压走廊按15~30m宽度绿化带设置。

市政电缆沟逐步覆盖所有市政道路，采用隐蔽式结构，常数设于道路东侧或南侧的人行道，采用1.2m×1.2m和0.8m×0.8m两种形式。变电所四周道路和变电站10kV出线采用双1.2m×1.2m沟。

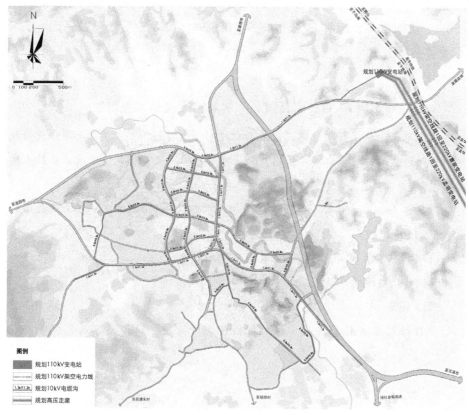

图 5-27 诸葛镇镇区电力工程规划图

案例来源：本书编写组提供

4）通信工程规划

通信工程规划包含电信工程规划、邮政规划与广播电视规划（图 5-28）。

A. 电信工程规划。在掌握、分析研究基础资料和电信用户需求预测的基础上，考虑电信工程规划方案，并对电信局所、电信网、管道的规划方案进行技术经济比较，选择最佳方案。其规划程序分为预测与设施规划两部分。电信要求预测、确定电信系统规划目标，设施规划程序：相关本地网规划—局所规划—线路网、接入网规划—管道规划。

B. 邮政规划。依据城镇总体规划，在邮政专业部门等相关资料分析和现场踏勘基础上，提出邮件处理中心、邮政局所等邮政主要设施规划选址和规模、用地方案及方案优化比较，征求相关部门意见并与相关规划协调确定。

C. 广播电视规划。方法与步骤类同上述规划。有线电视的线路与管道规划结合电信相关规划统筹进行规划。

电信预测分为市话网的业务预测、长话业务预测、非电话业务预测和公共电话业务预测四个方面。电话需求量的预测采用单耗指标套算法。在总体规划阶段，住

宅电话每户一部，非住宅电话占住宅电话的 1/3。电话局站设备容量的占用率为近期
为 50%，中期 80%，远期 85%。住宅人口每部电话 3~3.5 人，新建局所 10 万~15
万门交换机。

案例 5-37：诸葛镇总体规划镇区通信工程规划

固定电话主线采用单位建设用地面积指标法进行预测，采用普及率法进行校
核。移动电话用户数和有线电视用户数采用普及率法进行预测。邮政业务按人均
指标预测。

镇区总人口为 18000 人，镇区建设用地面积为 167.64hm²，市话主线负荷容
量为 12416 线，普及率 100%。

有线电视需求预测采用用户普及率法预测。按每户 3.5 人、100% 的普及率计
算，预测有线电视用户数为 5000 户。

邮政系统

镇区按照最大服务半径 1000m 规划邮政营业所。镇区按照最大服务半径
500m 设置邮政信筒。

图 5-28　诸葛镇镇区通信工程规划图

电信系统

规划保留电信所，终局容量 2.55 万线，规划按照不超过 2000 线容量和铜缆距离小于 300m 的原则设置电信光节点，每个预留建筑面积 20~50m²，在下层次规划中落实。特殊情况下铜缆距离可到 800m。

广电系统

规划按照每 4~6 个广电光节点设置一个小区管理站，每个预留建筑面积 20~50m²，规划按照服务 500~2000 户容量的原则设置广电光节点，每个预留建筑面积 20~50m²。

通信管道

规划通信管道设置于道路的西侧或北侧的人行道下，逐步覆盖所有市政道路。分两个层次建设镇区通信管道网络，主干通信管道 12 孔，一般通信管道 6 孔。镇区地块内通信线路沿小区道路和电缆通道埋地敷设。

案例来源：本书编写组提供

5）燃气工程规划

A. 确定供气范围、供气对象和供气原则

城镇规划供气范围一般为规划区，供气范围的确定主要取决于气源的供气能力和管网的供气能力。对于管道燃气而言，应根据气源的产气量选择邻近区域和小城镇作为供气范围，并考虑气源生产工艺和输配系统工艺的要求。

供气对象按用户类型，通常分为居民生活用户、公共建筑用户和工业企业用户。居民生活用户作为基本供气对象是优先安排和保证连续稳定供气的用户，公共建筑用户与生活密切相关，也是燃气供应的重要对象，工业企业用户主要指不宜单建气源厂、生产工艺必须使用燃气，使用燃气节能显著和经济效益较好的工业企业用户。

居民和公共建筑用户的用气原则：

a. 优先满足城镇居民炊事和日常生活热水用气；

b. 应尽量满足供气范围内的各类公共建筑的用气需要；

c. 人工煤气一般不供锅炉用气，尤其不供季节性的供暖锅炉用气；

d. 天然气若气量充足，并经技术经济比较认为合理时，可发展燃气供暖，但要有调节季节不均衡用气的手段。

B. 在进行城镇燃气供应系统的规划设计时，首先要确定城镇的年用气量。各类用户的年用气量是进行燃气供应系统设计和运行管理，以及确定气源、管网和设备通过能力的重要依据。

城镇燃气年用气量一般按用户类型分别计算后汇总。用户类型包括居民生活、商业公建、工业企业、采暖通风与空调、燃气汽车及其他。

a. 居民生活的年用气量计算

居民生活的年用气量可根据居民生活用气量指标、居民总数、气化率和燃气的低热值按下列公式计算：

$$Q_a=0.01Nkq/H_1 \quad\quad\quad (5-13)$$

式中，Q_a 是居民生活年用气量（m³/年）；N 是居民人数（人）；k 是城镇居民气化率（%）；q 是居民生活用气量指标 [MJ/（人·年）]；H_1 是燃气低热值（MJ/m³）。

b. 商业公共建筑用户用气量计算

$$Q = \sum q_i N_i \quad\quad\quad (5-14)$$

式中，Q 是商业公共建筑总用气热量（MJ/h）；q_i 是某一类用途的用气耗热量；N_i 是用气服务对象数量。

c. 工业企业用气量计算

工业企业年用气量与生产规模和工艺特点有关，规划阶段一般可按以下三种方法估算：

一：比较已使用燃气且生产规模相近的同类企业年耗气量进行估算。

二：工业企业年用气量可利用各种工业产品的用气定额及其年产量来计算。工业产品的用气定额，可根据有关设计资料或参照已有用气定额选取。

三：在缺乏产品用气定额资料的情况下，通常是将工业企业其他燃料的年用量，折算成用气量，折算公式如下：

$$Q_y=1000G_yH_i'\eta'/H_1\eta \quad\quad\quad (5-15)$$

式中，Q_y 是年用气量（Nm³/a）；G_y 是其他燃料年用量（t/a）；H_i' 是其他燃料的低发热值（kJ/kg）；H_1 是燃气的发热值（kJ/Nm³）；η' 是其他燃料燃烧设备热效率（%）；η 是燃气燃烧设备热效率（%）（图 5-29）。

案例 5-38：马涧镇总体规划镇区燃气工程规划

用气量预测

预测镇区天然气用气总量为 496.36 万 Nm³/a。

气源选择

镇区近期使用管输天然气和液化石油气作为气源，远期以管输天然气为主气源，以液化石油气作为辅助气源。

保留镇区东部的液化石油气储配站，用地面积 0.57hm²；近期新建 LNG 气化站，与液化石油气储配站合建，在马涧镇设置一处 LNG 气化站，近期供气规模 4700Nm³/d，远期供气规模达到 6000Nm³/d；远期兰溪市高中压燃气管网建成后，新建高中压调压站，用地面积 2000m²，与液化石油气储配站合建。

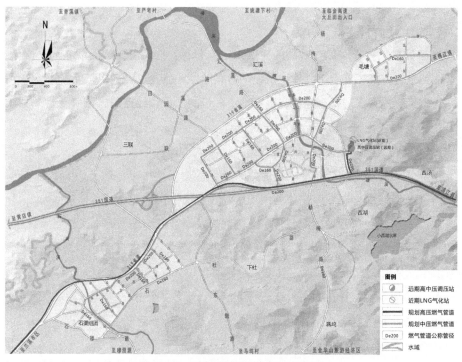

图 5-29　马涧镇镇区燃气工程规划图

案例来源：本书编写组提供

6）供热工程规划

供热工程规划主要应包括确定热源、供热方式、供热量，布置管网和供热设施。供热工程规划应根据采暖地区的经济和能源状况，充分考虑热能的综合利用，确定供热方式。

A. 能源消耗较多时可采用集中供热；

B. 一般地区可采用分散供热，并应预留集中供热的管线位置。

集中供热的负荷应包括生活用热和生产用热。①建筑采暖负荷应符合国家现行标准《工业建筑供暖通风与空气调节设计规范》GB 50019—2015、《公共建筑节能设计标准》GB 50189—2015、《严寒和寒冷地区居住建筑节能设计标准》JGJ 26—2018 的有关规定，并应符合所在省、自治区、直辖市人民政府有关建筑供暖的规定。②生活热水负荷应根据当地经济条件、生活水平和生活习俗计算确定；③生产用热的供热负荷应依据生产性质计算确定。

集中供热规划应根据各地的情况选择锅炉房、热电厂、工业余热、地热、热泵、垃圾焚化厂等不同方式供热。供热工程规划，应充分考虑以下可再生能源的利用：①日照充足的地区可采用太阳能供热；②冬季需供暖、夏季需降温的地区根据水文地质条件可设置地源热泵系统。供热管网的规划可按现行行业标准《城镇供热管网设计规范》CJJ 34—2010 的有关规定执行。

7）镇区工程管线综合规划

城镇镇区工程管线综合规划的主要内容应包括：协调各工程管线布局；确定工程管线的敷设方式；确定工程管线敷设的排列顺序和位置，确定相邻工程管线的水平间距、交叉工程管线的垂直间距；确定地下敷设的工程管线控制高程和覆土深度等。

工程管线综合规划应符合下列规定：

A. 工程管线应按城镇规划道路网布置；

B. 各工程管线应结合用地规划优化布局；

C. 工程管线综合规划应充分利用现状管线及线位；

D. 工程管线应避开地震断裂带、沉陷区以及滑坡危险地带等不良地质条件区。

编制工程管线综合规划时，应减少管线在道路交叉口处交叉。当工程管线竖向位置发生矛盾时，宜按下列规定处理：

A. 压力管线宜避让重力流管线；

B. 易弯曲管线宜避让不易弯曲管线；

C. 分支管线宜避让主干管线；

D. 小管径管线宜避让大管径管线；

E. 临时管线宜避让永久管线。

工程管线应根据道路的规划横断面布置在人行道或非机动车道下面。位置受限制时，可布置在机动车道或绿化带下面。

工程管线在道路下面的规划位置宜相对固定，分支线少、埋深大、检修周期短和损坏时对建筑物基础安全有影响的工程管线应远离建筑物。工程管线从道路红线向道路中心线方向平行布置的次序宜为：电力、通信、给水（配水）、燃气（配气）、热力、燃气（输气）、给水（输水）、再生水、污水、雨水。

工程管线在庭院内由建筑线向外方向平行布置的顺序，应根据工程管线的性质和埋设深度确定，其布置次序宜为：电力、通信、污水、雨水、给水、燃气、热力、再生水。

沿城镇道路规划的工程管线应与道路中心线平行，其主干线应靠近分支管线多的一侧。工程管线不宜从道路一侧转到另一侧。

各种工程管线不应在垂直方向上重叠敷设。

沿铁路、公路敷设的工程管线应与铁路、公路线路平行。工程管线与铁路、公路交叉时宜采用垂直交叉方式布置；受条件限制时，其交叉角宜大于60°。

（3）镇区减灾防灾规划

1）消防规划

消防规划主要应包括消防安全布局和确定消防站、消防给水、消防通信、消防车通道、消防装备。

消防站的设置应根据镇的规模、区域位置和发展状况等因素确定，并应符合下列规定：

A.特大、大型镇区消防站的位置应以接到报警5min内消防队到辖区边缘为准，并应设在辖区内的适中位置和便于消防车辆迅速出动的地段。

B.消防站的建设用地面积、建筑及装备标准可按《城市消防站建设标准》（建标152-2017）的规定执行：

a.消防站分为普通消防站、特勤消防站和战勤保障消防站三类。普通消防站分为一级普通消防站、二级普通消防站和小型普通消防站。

b.消防站的辖区面积按下列原则确定：设在城市的消防站，一级站不宜大于7km²，二级站不宜大于4km²，小型站不宜大于2km²，设在近郊区的普通站不应大于15km²。

c.消防站的建筑面积指标应符合下列规定：一级站2700~4000m²，二级站1800~2700m²，小型站650~1000m²，特勤站4000~5600m²，战勤保障站4600~6800m²。

C.消防站的主体建筑距离学校、幼儿园、托儿所、医院、影剧院、集贸市场等公共设施的主要疏散口的距离不应小于50m。

D.中、小型镇区尚不具备建设消防站条件时，可设置消防值班室，配备消防通信设备和灭火设施。

消防车通道之间的距离不宜超过160m，路面宽度不得小于4m，当消防车通道上空有障碍物跨越道路时，路面与障碍物之间的净高不得小于4m。

消防给水应符合下列规定：

A.具备给水管网条件时，其管网及消火栓的布置、水量、水压应符合现行国家标准《建筑设计防火规范（2018年版）》GB 50016—2014的有关规定；

B.不具备给水管网条件时应利用河湖、池塘、水渠等水源规划建设消防给水设施；

C.给水管网或天然水源不能满足消防用水时，宜设置消防水池，寒冷地区的消防水池应采取防冻措施。

2）防洪规划

镇域防洪规划应与当地江河流域、农田水利、水土保持、绿化造林等的规划相结合，统一整治河道，修建堤坝、圩垸和蓄、滞洪区等工程防洪措施。

镇域防洪规划应根据洪灾类型（河洪、海潮、山洪和泥石流）选用相应的防洪标准及防洪措施，实行工程防洪措施与非工程防洪措施相结合，组成完整的防洪体系。

镇域防洪规划应按现行国家标准《防洪标准》GB 50201—2014 的有关规定执行；镇区防洪规划除应执行本标准外，尚应符合现行行业标准《城市防洪工程设计规范》GB/T 50805—2012 的有关规定。

邻近大型或重要工矿企业、交通运输设施、动力设施、通信设施、文物古迹和旅游设施等防护对象的镇，当不能分别进行设防时，应按就高不就低的原则确定设防标准及设置防洪设施。

修建围垲、安全台、避水台等就地避洪安全设施时，其位置应避开分洪口、主流顶冲和深水区，其安全超高值应符合表 5-27 的规定。

就地避洪安全设施的安全超高 表 5-27

安全设施	安置人口（人）	安全超高（m）
围垲	地位重要、防护面大、人口≥10000 的密集区	＞2.0
	≥10000	2.0~1.5
	1000~10000	1.5~1.0
	＜1000	1.0
安全台、避水台	≥1000	1.5~1.0
	＜1000	1.0~0.5

注：安全超高是指在蓄、滞洪时的最高洪水位以上，考虑水面浪高等因素，避洪安全设施需要增加的富余高度。
资料来源：《镇规划标准》GB 50188—2007

各类建筑和工程设施内设置安全层或建造其他避洪设施时，应根据避洪人员数量统一进行规划，并应符合现行国家标准《泛洪区和蓄滞洪区建筑工程技术标准》GB/T 50181—2018 的有关规定。易受内涝灾害的镇，其排涝工程应与排水工程统一规划。防洪规划应设置救援系统，包括应急疏散点、医疗救护、物资储备和报警装置等。

3）抗震防灾规划

抗震防灾规划主要应包括建设用地评估和工程抗震、生命线工程和重要设施、防止地震次生灾害以及避震疏散的措施。《城市抗震防灾规划管理规定》中规定的抗震设防区，是指地震基本烈度在 6 度及 6 度以上的地区。

生命线工程和重要设施，包括交通、通信、供水、供电、能源、消防、医疗和食品供应等应进行统筹规划，并应符合下列规定：

A.道路、供水、供电等工程应采取环网布置方式；

B.镇区人员密集的地段应设置不同方向的四个出入口；

C.抗震防灾指挥机构应设置备用电源。

避震疏散场地应根据疏散人口的数量规划，疏散场地应与广场、绿地等综合考虑，并应符合下列规定：

A. 应避开次生灾害严重的地段，并应具备明显的标志和良好的交通条件；

B. 镇区每一疏散场地的面积不宜小于 4000m²；

C. 人均疏散场地面积不宜小于 3m²；

D. 疏散人群至疏散场地的距离不宜大于 500m；

E. 主要疏散场地应具备临时供电、供水并符合卫生要求。

4）防风减灾规划

易形成风灾地区的镇区选址应避开与风向一致的谷口、山口等易形成风灾的地段。

易形成风灾地区的镇区规划，其建筑物的规划设计除应符合现行国家标准《建筑结构荷载规范》GB 50009—2012 的有关规定外，尚应符合下列规定：

A. 建筑物宜成组成片布置；

B. 迎风地段宜布置刚度大的建筑物，体型力求简洁规整，建筑物的长边应同风向平行布置；

C. 不宜孤立布置高耸建筑物。

易形成风灾地区的镇区应在迎风方向的边缘选种密集型的防护林带。

易形成台风灾害地区的镇区规划应符合下列规定：

A. 滨海地区、岛屿应修建抵御风暴潮冲击的堤坝；

B. 确保风后暴雨及时排除，应按国家和省、自治区、直辖市气象部门提供的年登陆台风最大降水量和日最大降水量，统一规划建设排水体系；

C. 应建立台风预报信息网，配备医疗和救援设施（图 5-30）。

案例 5-39：小河镇总体规划镇区综合防灾规划

防洪规划

汉江小河镇境内段防洪标准按 20 年一遇洪水设防，各项防洪设施修建标准严格遵循 20 年一遇的设置标准。规划提高现有防洪体的设防等级，加强沿汉江河岸绿化，种植林草固坡蓄水，防止水土流失。

抗震规划

抗震指挥中心，规划结合镇政府设置抗震救灾指挥中心一个，负责制定地震应急预案。在接到临震预报时向全镇发布命令，统一指挥人员疏散和重要物资的转移。

避震疏散场所，规划利用公园、绿地、广场、学校操场、交通场站等空地为避震疏散场所，紧急避震疏散场所的服务半径为500m，固定避震疏散场所的服务半径为2~3km，保证人均有效避难面积不小于1m²。

避震疏散通道，以镇区主干道作为人员疏散和物资运输的主要救援通道，救援通道需保证震后7m以上的宽度，道路中线至建筑红线距离应大于建筑高度的一半。依托镇区道路，将各级避难疏散场所连接起来，形成相互贯通的网络状避难疏散通道体系。

消防设施布局

镇区沿道路按120m间距设置消防栓，消防用水水压不应低于0.07MPa。

在各农村社区和美丽乡村结合现有水塘、河流设置消防水池或消防取水点，构建村镇消防供水、消防通道以及消防通信等生命线工程。

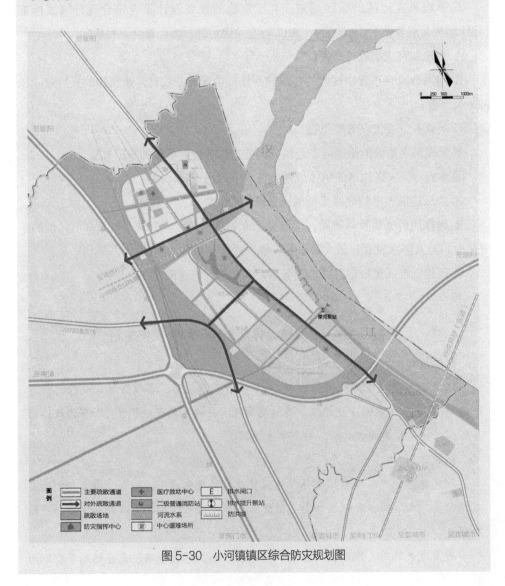

图 5-30　小河镇镇区综合防灾规划图

人防工程设施

将小河镇行政中心作为应急指挥中心，学校、医院等作为重点人防设施；人防工程主要配置在人口密集的商业中心、娱乐场所、住宅区，工程位置设在疏散半径 500m 范围内。

案例来源：本书编写组提供

（4）镇区环境卫生规划

1）垃圾转运站

A. 垃圾转运站的规划宜符合下列规定：

a. 宜设置在靠近服务区域的中心或垃圾产量集中和交通方便的地方；

b. 生活垃圾日产量可按每人 1.0~1.2kg 计算。

B. 镇区应设置垃圾收集容器（垃圾箱），每一收集容器（垃圾箱）的服务半径宜为 50~80m。镇区垃圾应逐步实现分类收集、封闭运输、无害化处理和资源化利用。

C. 镇区主要街道两侧、公共设施以及市场、公园和旅游景点等人群密集场所宜设置节水型公共厕所。

D. 镇区应设置环卫站，其规划占地面积可根据规划人口每万人 0.10~0.15hm^2 计算。

2）生产污染防治

生产污染防治规划主要应包括生产的污染控制和排放污染物的治理。

A. 新建生产项目应相对集中布置，与相邻用地间设置隔离带，其卫生防护距离应符合现行国家标准《村镇规划卫生规范》GB 18055—2012 有关规定。

B. 空气环境质量应符合现行国家标准《环境空气质量标准》GB 3095—2012 的有关规定。

C. 地表水环境质量应符合现行国家标准《地表水环境质量标准》GB 3838—2002 的有关规定。

D. 地下水质量应符合现行国家标准《地下水质量标准》GB/T 14848—2017 的有关规定。

E. 土壤环境质量应符合现行国家标准《土壤环境质量 农用地土壤污染风险管控标准（试行）》GB 15618—2018 的有关规定。

F. 生产中的固体废弃物的处理场设置应进行环境影响评价，并宜逐步实现资源化和综合利用（图 5-31）。

案例5-40：马涧镇总体规划环卫设施规划

环卫设施规划发展目标

建成与镇区建设发展相适应的，布局合理、功能实用先进、技术先进的环卫设施体系。实现垃圾收集分类化、垃圾运输密闭化、垃圾处理无害化、减量化和资源化。

生活垃圾收集与处理

预测镇区规划期末生活垃圾产生量为30t/d。

镇区生活垃圾实行分类收集、日产日清，经环卫站统一分类收集后运送至石渠垃圾转运站进行分类处理，通过资源回收和垃圾综合利用等手段，促进生活垃圾减量化和资源化利用。

工业固体废弃物处理

工业固体废弃物应以企业自行处理为主，由环保部门负责监督管理，并应加强科学研究，开展综合利用，不断提高利用率。对有毒有害的工业废弃物纳入垃圾转运站统一处理。

环卫设施布局

保留石渠组团北侧的垃圾综合转运站，用地面积1000m²。

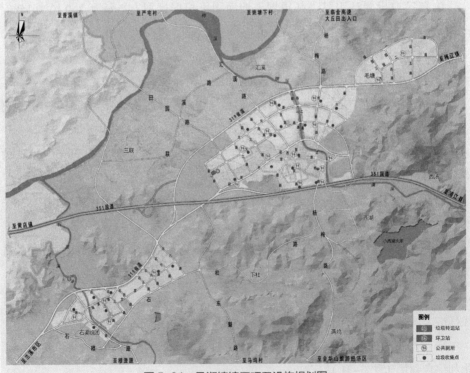

图5-31　马涧镇镇区环卫设施规划图

在镇区西侧布置一处环卫站，用地面积 3100m^2。

垃圾收集点按服务半径不大于 200m，占地面积不小于 40m^2 的要求配置。

镇区主要生活性街道公厕间距为 300~500m，一般街道公厕间距为 800~1000m，规划公厕每处建设面积 30~50m^2。

案例来源：本书编写组提供

（5）历史文化保护规划

1）镇（乡）历史文化保护规划必须体现历史的真实性、生活的延续性、风貌的完整性，贯彻科学利用、永续利用的原则。

2）镇（乡）历史文化保护规划应依据镇域规划的基本要求和原则进行编制。

3）镇（乡）历史文化保护规划应纳入镇、村规划。镇区的用地布局、发展用地选择、各项设施的选址、道路与工程管网的选线，应有利于镇、村历史文化的保护。

4）镇（乡）历史文化保护规划应结合经济、社会和历史背景，全面深入调查历史文化遗产的历史和现状，依据其历史、科学、艺术等价值，确定保护的目标、具体保护的内容和重点，并应划定保护范围：包括核心保护区、风貌控制区、协调发展区三个层次，制订不同范围的保护管制措施。

5）镇（乡）历史文化保护规划的主要内容应包括：

A. 历史空间格局和传统建筑风貌；

B. 与历史文化密切相关的山体、水系、地形、地物、古树名木等要素；

C. 反映历史风貌的其他不可移动的历史文物，体现民俗精华、传统庆典活动的场地和固定设施等。

6）划定镇（乡）历史文化保护范围的界线应符合下列规定：

A. 确定文物古迹或历史建筑的现状用地边界应包括：街道、广场、河流等处视线所及范围内的建筑用地边界或外观界面；构成历史风貌与保护对象相互依存的自然景观边界。

B. 保存完好的镇区应整体划定为保护范围。

7）镇（乡）历史文化保护范围内应严格保护该地区历史风貌，维护其整体格局及空间尺度，并应制定建筑物、构筑物和环境要素的维修、改善与整治方案，以及重要节点的整治方案。

8）镇（乡）历史文化保护范围的外围应划定风貌控制区的边界线，并应严格控制建筑的性质、高度、体量、色彩及形式。根据需要并划定协调发展区的界线。

9）镇（乡）历史文化保护范围内增建设施的外观和绿化布局必须严格符合历史风貌的保护要求。

10）镇（乡）历史文化保护范围内应限定居住人口数量，改善居民生活环境，并应建立可靠的防灾和安全体系。

5.3 镇区控制性详细规划

镇区控制性详细规划主要以对地块的用地使用控制和环境容量控制、建筑建造控制；城市设计引导、市政工程设施和公共服务设施的配套，以及交通活动控制和环境保护规定为主要内容，并针对不同地块、不同建设项目和不同开发过程，应用指标量化、条文规定、图则标定等方式对各控制要素进行定性、定量、定位和定界的控制和引导。

目前，在新型城镇化背景下，为避免"大城市病"，城市区域化现象越来越普遍，城镇逐渐成为承接城市产业与功能转移及人口就地城镇化的空间载体。在完成镇（乡）域规划和镇区规划后，镇区面临着完善基础设施、改善人居环境等一系列建设、管理问题需要控制和引导，此时便需要编制镇区控制性详细规划以指导各项建设。

5.3.1 内容、任务与目标

（1）镇区控制性详细规划的内容

1）在镇区总体规划的基础上将用地进一步细分到中类、小类，确定规划范围内不同性质用地的界线，确定各类用地内适建、不适建或者有条件地允许建设的建筑类型；

2）确定各地块建筑高度、建筑密度、容积率、绿地率等控制指标，确定公共设施配套要求，交通出入口方位、停车泊位、建筑后退红线距离等要求；

3）对规划范围内重要地段的建筑体量、体型、色彩提出指导性要求；

4）根据交通需求分析，确定地块出入口位置、停车泊位、公共交通场站用地范围和站点位置、步行交通以及其他交通设施。规定各级道路的红线、断面、交叉口形式及渠化措施、控制点坐标和标高，进行竖向设计，保证地面排水顺利，尽量减少土石方量；

5）根据规划建设容量，确定市政工程管线位置、管径和工程设施的用地界线，进行管线综合。对现在不具备管线入地条件的村镇应统筹规划，兼顾眼前利益与长远利益，并提出以后改造的可行性方案；

6）确定地下空间开发利用具体要求；

7）制定相应的土地使用与建筑管理规定。

总体而言，镇区控制性详细规划重点在于用地的控制和管理。此外，镇区控制性详细规划可以根据实际情况，适当调整或者减少控制要求和指标。规模较小的建制镇的镇区控制性详细规划，可以与镇总体规划编制相结合，提出规划控制要求和指标。

（2）镇区控制性详细规划的任务

根据城镇建设发展和城镇规划实施管理的需要，为进一步贯彻镇域规划和镇区规划的要求，需编制镇区控制性详细规划，进行用地布局细化，对各地块内的开发指标做规定性要求，合理配置各项基础设施和主要公共建筑，引导建设项目的具体落实。

（3）镇区控制性详细规划的目标

镇区控制性详细规划编制的目标是指在镇总体规划的指导下，制定所涉及的镇区局部地区、地块的具体目标，并提出各项规划管理控制指标，直接指导各项建设活动。具体表现在：

1）明确所涉及地区的发展定位，与上位的镇总体规划、分区规划中的相应内容相衔接，使之能够进一步分解和落实，确定该地区在城镇中的分工；

2）依据上述发展定位，综合考虑现状问题、已有规划、周边关系、未来挑战等因素，制定所涉及地区的建设各项开发控制体系的总体指标，并在用地和公共服务设施、市政公用设施、环境质量等方面的配置上落实到各地块，为实现所涉及地区的发展定位提供保障；

3）为各地块制定相关的规划指标，作为法定的技术管理工具，直接引导和控制地块内的各类开发建设活动。

5.3.2 成果要求

（1）控制性详细规划文本基本内容要求

1）总则

说明编制规划的目的、依据、原则及适用范围，主管部门和管理权限。

2）规划目标、功能定位、规划结构

确定规划期内的人口控制规模和建设用地控制规模，提出规划发展目标，确定本规划区用地结构与功能布局。明确主要用地的分布、规模。

3）土地使用

对土地使用的规划要点进行说明，特别要对用地性质细分和土地使用兼容性控制的原则和措施加以说明。确定各地块的规划控制指标。同时，需要附加如：《用地分类一览表》《规划用地平衡表》等土地使用与强度控制技术表格。

4）道路交通

明确对规划道路及交通组织方式、道路性质、红线宽度、断面形式的规定，对交叉口形式、路网密度、道路坡度限制、规划停车场、出入口、桥梁形式等及其他各类交通设施设置的控制规定。

5）绿化与水系

标明规划区绿地系统的布局结构、分类以及公共绿地的位置，确定各级绿地的范围、界限、规模和建设要求，标明规划区内河流水域的来源、河流水域的系统分布状况和用地比重，提出镇区河道"蓝线"的控制原则和具体要求。

6）公共服务设施规划

明确各类配套公共服务设施的等级结构、布局、用地规模、服务半径，对配套设施的建设方式规定进行说明。

7）四线规划

对镇区四线——市政设施用地及点位控制线（黄线）、绿化控制线（绿线）、水域用地控制线（蓝线）、文物用地控制线（紫线）提出控制原则和具体要求。

8）市政工程管线

主要包括给水规划、排水规划、供电规划、电信规划、燃气规划及供热规划等内容。

9）环卫、环保、防灾等控制要求

主要包括环境卫生规划，提出环境控制的基本要求，安排相关设施。防灾规划主要制定各种防灾规划，确定防灾设施的安排，划定防灾通道。

10）地下空间利用规划

主要明确地下空间的使用。包括地下空间的使用性质、地下通道的布置。

11）风貌设计引导

根据镇区规划区的环境特征、历史文化背景和空间景观特点，对广场、绿地水体、商业、办公和居住等功能空间，轮廓线、标志性建筑、街道、夜间景观、标识及无障碍系统等环境要素方面，重点地段建筑物高度、体量、风格色彩，建筑群体组合空间关系，及历史文化遗产保护提出控制、引导的原则和措施。

12）土地使用、建筑建造通则

一般包括土地使用规划、建筑容量规划、建筑建造规划三方面的控制内容。

13）其他

包括公众参与意见采纳情况及理由、说明规划成果的组成、附图、附表与附录等。

（2）控制性详细规划图纸成果及深度要求

1）规划用地位置图（区位图）（比例不限）。标明规划用地的地理位置，与周边主要功能区的关系，以及规划用地周边重要的道路交通设施、线路及地区可达性情况。

2）规划用地现状图（1：1000~1：2000）。标明土地利用现状（图5-32）、建筑物现状（图5-33）、人口分布现状、公共服务设施现状、市政公用设施现状。

3）土地利用规划图（1：1000~1：2000）（图5-34、图5-39）。规划各类用地的界线，规划用地的分类和性质、道路网络布局、公共设施位置。需在现状地形图上标明各用地的性质、界线和地块编号，道路用地的规划布局结构，标明市政设施的位置、等级、规模，以及主要规划控制指标。有需要亦可添加一张规划结构分析图进行进一步说明（图5-38）。

4）道路交通及竖向规划图（1：1000~1：2000）。确定道路走向、线型、横断面（图5-35）、各支路交叉口坐标（图5-36）、标高（图5-37）、停车场和其他交通设施位置及用地界线，各地块室外地坪规划标高。

案例5-41：马涧镇镇区控制性详细规划

为保证马涧镇总体规划的实施，更好地指导镇区的建设发展，加强镇区规划管理和建设管理，提供开发建设的技术立法依据，特编制本控制性详细规划。规划范围为马涧镇镇区用地范围，用地总面积304.35hm²，扣除水域和其他用地52.60hm²，城市建设用地面积总计251.75hm²。

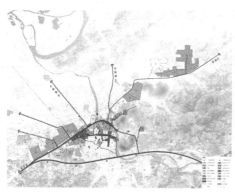

图5-32 土地利用现状图

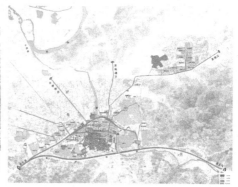

图5-33 现状建筑质量分析图

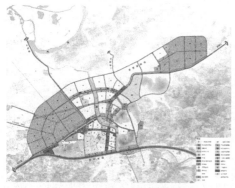

图5-34 土地利用规划图

图5-35 道路交通规划图

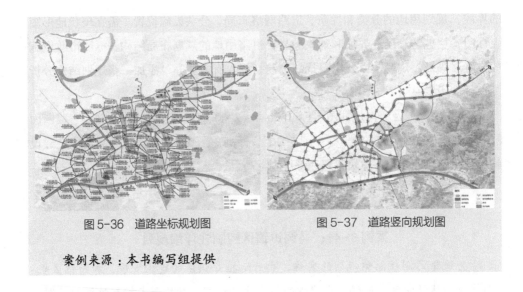

图 5-36　道路坐标规划图　　　　图 5-37　道路竖向规划图

案例来源：本书编写组提供

5）公共服务设施规划图（1：1000~1：2000）（图 5-40）。标明公共服务设施位置、类别、等级、规模、分布、服务半径，以及相应建设要求。

6）工程管线规划图（1：1000~1：2000）（图 5-41~ 图 5-45）。各类工程管网平面位置，管径控制点坐标和标高，具体分为给水排水、电力电信、热力燃气，管网综合等。必要时可分别绘制。

7）环保环卫设施规划图（1：1000~1：2000）（图 5-46）。标明各种卫生设施的位置、服务半径、用地、防护隔离设施等。

8）综合防灾规划图（1：1000~1：2000）（图 5-47）。标注防灾指挥中心、医疗服务站位置，并规划主要疏散通道、次要疏散通道等。

9）地下空间利用规划图。规划各类地下空间在规划用地范围内的平面位置与界线（特殊情况下还应划定地下空间的竖向位置与界线）。标明地下空间用地的分类和性质，标明市政设施、公用设施的位置、等级规模，以及主要规划控制指标。

10）四线规划图（1：1000~1：2000）（图 5-48）。标明镇区四线：基础设施用地的控制界线（黄线）、各类绿地范围的控制线（绿线）、历史文化街区和历史建筑的保护范围界线（紫线）、地表水体保护和控制的地域界线（蓝线）的具体位置和控制范围。

11）空间形态示意图（比例不限,平面一般比例为 1：1000~1：2000）（图 5-49）。表达设计构思与设想。包括规划区整体空间鸟瞰图，及重点地段、主要节点立面图和空间效果透视图及其他用以表达城市设计构思的示意图纸等。

12）城市设计概念图（空间景观规划，特色与保护规划）（1：1000~1：2000）。表达城市设计构思，控制建筑、环境与空间形态，检验与调整地块规划指标，落实重要公共设施布局。

13）地块划分编号图（比例1∶5000）（图5-50）。标明镇区内各地块划分具体界线和地块编号作为分地块图则索引。

14）地块控制图则（比例1∶1000~1∶2000）（图5-51）。表示规划道路的红线位置、地块划分界线、地块面积、用地性质、建筑密度、建筑高度、容积率等控制指标并标明地块编号。一般分为总图图则和分图图则两种。地块图则应在现状图上绘制，便于规划内容与现状进行对比。

（3）控制性详细规划说明书的基本内容

规划说明书是编制规划文本的技术支撑，主要内容是分析现状、论证规划意图、解释规划文本等，为修建性详细规划的编制以及规划审批和管理实施，提供全面的技术依据。规划说明书的基本内容可分为以下部分。

案例5-42：邦东乡镇区控制性详细规划

邦东乡镇区作为乡政府所在地，已经具备一定的基础性服务设施，同时在乡域"十三五"规划中增加了市政、福利等工程设施，完善了镇区基础设施配套，强化其服务作用及影响力。本规划区主要在该乡镇区范围内，规划控制区面积19.14hm²。

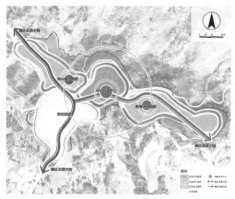

图5-38 规划结构分析图

图5-39 土地利用规划图

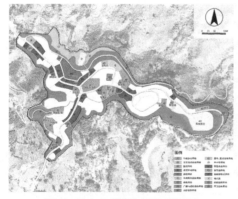

图5-40 公共服务设施规划图

图5-41 给水工程规划图

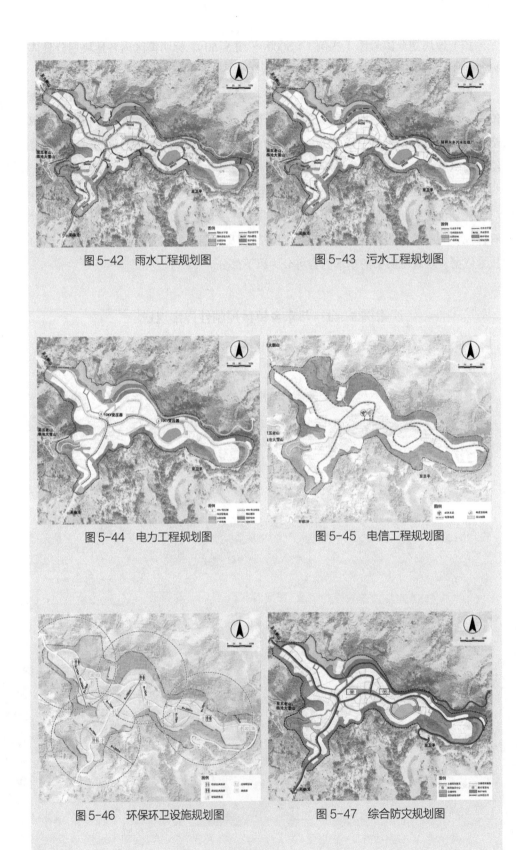

图 5-42　雨水工程规划图　　　　　　　图 5-43　污水工程规划图

图 5-44　电力工程规划图　　　　　　　图 5-45　电信工程规划图

图 5-46　环保环卫设施规划图　　　　　图 5-47　综合防灾规划图

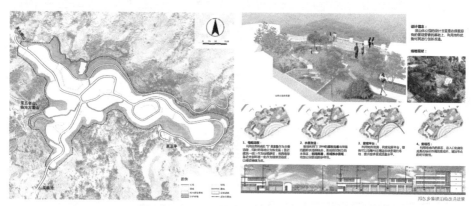

图 5-48　四线规划图　　　　　　　　图 5-49　重要节点空间形态示意图

图 5-50　地块划分编号图　　　　　　图 5-51　地块控制图则

案例来源：本书编写组提供

1）前言

阐明规划编制的背景及主要过程。

2）概况

通过分析论证，阐明规划区区位环境状况的优劣和建设规模的大小，对规划区建设条件进行分析。

3）背景、依据

阐明规划编制的社会、经济、环境等背景条件，阐明规划编制的主要法律、法规依据和技术依据。

4）目标、指导思想、功能定位、规划结构

对规划区发展前景作出分析、预测，在此基础上提出近、中期发展目标，阐明规划的指导思想与原则；阐明规划区在区域环境中的功能定位与发展方向，深化落实总体规划和分区规划的规定；阐明规划区用地结构与功能布局，明确主要用地的分布、规模。

5）土地使用规划

在分析论证的基础上，对土地分类和土地使用兼容性控制的原则和措施进行说明，合理确定各地块的规划控制指标。

6）公共服务设施规划

阐明各类配套公共服务设施的等级、布局、用地规模、服务半径，对配套设施的建设方式规定进行说明。

7）道路交通规划

A. 对外交通：说明铁路、公路、航空、港口与城镇道路的关系及保护控制要求；

B. 镇区交通：阐明现状道路，明确现状道路红线、坐标、标高、断面及交通设施的分布与用地面积等；在专项交通规划指导下对新区交通流进行预测；确定规划道路功能构成及等级划分，明确道路技术标准、红线位置断面、控制点坐标与标高等；对道路竖向及重要交叉口进行意向性规划及渠化设计；布置公共停车场（库）、公交站场；明确规划管理中道路的调整原则。

8）绿地、水系规划

详细说明规划区绿地系统的布局结构以及公共绿地的位置规模，说明各级绿地的范围、界限、规模和建设要求。分析规划区内河流水域基本条件，结合相关工程规划要求，确定河流水域的系统分布，说明镇区河道"蓝线"控制原则和具体要求。

9）市政工程规划

说明各项市政工程设施的问题：提出各项市政设施的定量要求，如供水量、供电量、燃气量等；明确各项市政设施安排的各项要求，如各项市政设施用地规模、市政管网的布置标准。

10）环保、环卫、防灾等

A. 环境卫生规划：选择适当预测方法，估算污染量；确定处理方式，提出环境卫生控制要求。

B. 防灾规划：分析该地区灾害的类型，提出城镇防灾对策和标准，确定各种防灾通道，提出布局要求等。

11）地下空间规划

分析地下空间使用要求。明确地下空间的使用方式，提出地下空间的使用范围，划定地下通道的路线和界线。

12）镇区四线控制规划

明确对镇区四线的控制规定——基础设施用地的控制界线（黄线）、各类绿地范围的控制线（绿线）、历史文化街区和历史建筑的保护范围界线（紫线）、地表水体保护和控制的地域界线（蓝线）的控制规定。

13）地块开发

对开发地区（规划区）资金投入与产出进行客观分析评价，目的是为确定规划区科学合理的开发模式提供依据，同时验证控制性详细规划方案建筑总量、各类建筑量分配的合理性。

在控制性详细规划说明书内容中应附上规划区各地块土地使用强度控制表及用地兼容性和替代性一览表，方便查阅。

5.3.3 控制指标与确定方法

控制性详细规划指标体系是城镇控规控制引导体系中的核心，一般采用简洁明了的数字列表与图示表达，直接作用于镇区未来的开发建设及镇区空间环境的营造。控制指标的制定是控制性详细规划有效实施的关键，根据其内容可以分为规定性控制指标和引导性控制指标两大类，13小项（表5-28）。

控制性详细规划指标一览表   表5-28

编号	指标	分类	注解
1	用地性质	规定性	
2	用地面积	规定性	
3	建筑密度	规定性	
4	容积率	规定性	
5	建筑高度／层数	规定性	用于一般建筑／住宅建筑
6	绿地率	规定性	
7	公建配套项目	规定性	
8	建筑后退道路红线	规定性	用于沿道路的地块
9	建筑后退用地边界	规定性	用于地块之间
10	社会停车场库	规定性	用于分区、片的社会停车
11	配建停车场库	规定性	用于住宅、公建、地块的配建停车
12	地块出入口方位、数量和允许开口路段	规定性	
13	建筑形体、色彩、风格等	引导性	主要用于重点地段、文物保护区、历史街区、特色街道、公园以及开敞空间周边地区

资料来源：本书编写组绘制

（1）用地性质、用地面积

镇区控制性详细规划中的用地性质和用地面积应根据上位镇区规划进行确定。对镇区土地利用规划中的地块进行进一步细分，使地块功能进一步完善，用地性质需划分至小类。明确各个地块的地块边界，计算用地面积。

（2）建筑高度/层数、建筑密度、容积率

镇区控制性详细规划控制指标体系的确定通常是以建筑高度/层数、建筑密度和容积率的确定为核心的，这三个指标代表了地块内的开发强度。在规划实践中，对于建筑高度/层数、建筑密度和容积率的指标赋值方法多种多样，一般有以下几种：城市整体强度分区原则法、人口指标推算法、典型实验法、经济推算法和类比法。

1）整体强度分区原则法

根据微观经济学区位理论，从宏观、中观、微观三个层面，确定城镇开发总量和城镇整体强度（即核心指标建筑密度和容积率）。建立城镇强度分区的基准模型和修正模型，进行各类主要用地的强度分配，为确定地块容积率、制定地块密度细分提供原则性指导。此方法优点是在区位理论基础上将分区管理控制向系统化、数据化、精细化方向大大推进，镇区城镇规划控制管理中各项指标的确定更具严密性，进一步提高了控制性详细规划编制、指标制定的科学性。

2）人口指标推算法

即通过总体规划或分区规划确定的分区人口密度和地块环境容量等来确定规划区内的规划人口总量，并以人口总量与人均用地指标的乘积来推算地块内的建筑总量，从而确定地块的容积率的方法。

A. 环境容量推算法

基于环境容量的可行性来制定控制指标，即根据建筑条件、道路交通设施、市政设施、公共服务设施的状况及可能的发展规模和需求，按照规划人均标准推算出可容纳的人口规模及相应的容积率等各项指标。此方法优点在于计算比较简便，其结果在一定情况下较为准确；缺点是指标确定因素较单一，综合适应性不强，环境容量指标较多。供水容量主要控制性指标推算过程介绍如下：

$$建设用地面积 = 现状或规划用水量 / 单位建设用地综合用水量 \quad (5-16)$$

$$人口容量 = 建设用地面积 / 人均建设用地指标值 \quad (5-17)$$

$$建筑总量 = 规划人均建筑面积 × 人口容量 \quad (5-18)$$

B. 分区人口密度推算法

根据总体规划或分区规划对控制性详细规划范围内的人口容量以及城镇功能的规定，提出人口密度和居住人口的要求，按照各个地块的居住用地面积推算出各地块的居住人口数；再根据规划期内的人均居住用地、人均居住建筑面积等，就可以推算出某地块的容积率、建筑密度、建筑高度等控制指标。此方法优点是资料收集简单，计算方法简易；缺点是对上位规划依赖性强，对新出现的情况适应性不够，且只适用于以居住为主的地块。

人口推算法推算主要控制性指标过程如下：

$$规划范围内居住用地总面积 = 人口容量 \times 人均居住用地面积 \qquad （5-19）$$

按功能分区组织要求划分地块，分配居住用地：

$$地块人口容量 = 地块居住用地面积 / 近期人均居住用地面积 \qquad （5-20）$$

$$地块居住建筑量 = 地块人口容量 \times 人均居住建筑面积 \qquad （5-21）$$

同理，计算出其他类型建筑量。与地块居住建筑量加和求得地块建筑总量：

$$地块容积率 = 地块建筑总量 / 地块面积 \qquad （5-22）$$

根据上位规划及其他法定规划规范对建筑限高的控制，综合确定建筑限高值和建筑平均层数。

3）典型实验法

根据规划意图，进行有目的的形态规划，依据形态规划平面计算出相应的规划控制指标。再根据经验指标数据选择相关控制指标，两者权衡考虑用作地块的控制指标。这种方法的优点是形象性，直观性强，便于掌握，对研究空间结构布局较有利；缺点在于工作量大并存在较大局限性和主观性。

在实践中，针对一个镇区的某个地段可以先进行城市设计，确定出主要的城镇控制要素与指标，然后根据城市设计导则编制控制性详细规划。

4）经济测算法

根据地块的不同容积率有着不同的产出效益的原则，经济测算法就是根据土地交易、房屋搬迁、项目建设等方面价格与费用等市场信息，在对开发项目进行成本效益分析的基础上确定一个合适的容积率，使开发建设主体能获得合理的经济回报，保证项目的顺利实施。这种方法的优点是科学性和可实施性强；缺点在于采用静态匡算的方法，一些重要的测算指标如房地产市场供求与价格等处于不断变化中，就难免导致测算结果不够准确。

5）类比法

通过分析比较与规划建设在性质、类型、规模等方面具有相类似特性的控制性详细规划项目案例，选择确定相关控制指标，如容积率、建筑密度、绿地率等。这种方法的优点是简单、直观、明确；缺点是只能在相类似的规划项目中选取控制指标数值，如有新情况出现，则难以准确把握。通常情况下，新区开发等现状条件单一的地块更适于使用这种方法。

（3）绿地率

镇区控制性详细规划中的绿地率是指在建筑基底规定距离以外，除去道路、停车用地的绿色空间面积占总用地面积的百分比。在确定绿地率时需考虑地块的用地性质和用地规模，如居住用地中绿地率需符合《城市居住区规划设计标准》GB 50180—2018，商贸用地的绿地率不应过高也不能过低，工业用地的绿地率一般控制在 20%~30% 之间。

（4）公建配套项目

镇区控制性详细规划对公共配套设施进行规划控制的目的是要满足镇区居民的服务需求、解决居民生活中的实际问题。目前公共配套设施多是伴随着城市住区的开发而建设的，往往以满足住区自身需求为出发点配建公共服务设施。

（5）建筑后退道路红线、建筑后退用地边界

建筑后退道路红线和建筑后退用地边界（图 5-52a）是规定地块内建筑物应距离道路红线、地块边界的程度的指标。一般来讲，多层建筑退让至少 5m，高层建筑至少退让 10m。具体指标应根据不同地区的规范和地块情况来确定。

（6）社会停车场库、配建停车场库

社会停车场库是指在规划范围的各个片区或组团中选取地块为社会车辆停车服务。一般设置在大型基础设施旁或公共服务设施集中的地点（图 5-52b），一般会在土地利用规划图中呈现出来并控制指标。配建停车场库往往用于住宅、公建或地块的配建停车，一般不在土地利用规划图中显示，但需要控制指标。

（7）地块出入口方位、数量和允许开口路段

在各个地块的分图则中，需要标注所有的地块出入口，确定方位和数量（图 5-52c）。还需要根据不同地方的不同规范确定允许开口路段的距离，并在图上进行标识。

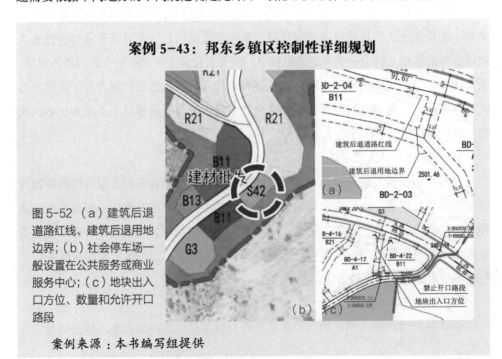

案例 5-43：邦东乡镇区控制性详细规划

图 5-52 （a）建筑后退道路红线、建筑后退用地边界；（b）社会停车场一般设置在公共服务或商业服务中心；（c）地块出入口方位、数量和允许开口路段

案例来源：本书编写组提供

（8）建筑形体、色彩、风格等

镇区控制性详细规划中的建筑形体、色彩及风格是引导性指标（图5-53），是对镇区未来不同地块的城市设计或修建性详细规划提出建议，主要有天际线控制、城市设计意向（图5-54、图5-55）、镇区空间意向等内容。

案例5-44：轿子山镇控制性详细规划

在本规划中，通过对轿子山镇各个片区空间界面、建筑、城市家具、城市绿化等各方面的设计引导控制，强化轿子山镇山水自然环境特色、多民族文化交融特色等资源及禀赋要素，突出小而美、小而精、小而特的理念，打造其独特的人居风貌，体现其安居、闲适、精致、独具风情的城镇空间特色。

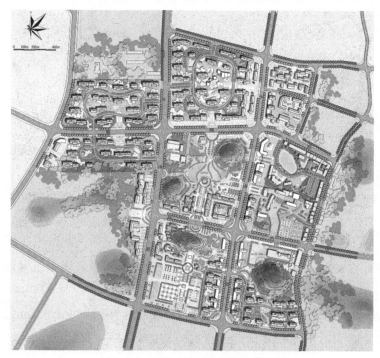

图5-53　轿子山镇城市风貌引导控制图

图5-54　轿子山镇城市设计总平面图

村镇规划理论与方法

图 5-55　轿子山镇城市设计鸟瞰图

案例来源：本书编写组提供

参考文献

[1]　吴志强，城市规划原理 [M]. 北京：中国建筑工业出版社，2010.

[2]　叶昌东，村镇总体规划 [M]. 北京：中国建材工业出版社，2018.

[3]　汤铭潭 . 小城镇市政工程规划 [M]. 北京：机械工业出版社，2010.

[4]　张悦，张晓明，胡弦，等 . 镇域规划编制导则（草案）[J]. 城市与区域规划研究，2017，9（04）：85-98.

[5]　邰艳丽，唐燕，顾朝林，等 . 乡域规划编制技术导则（草案）[J]. 城市与区域规划研究，2018，10（01）：142-167.

[6]　黄桂林，张于 . 村镇建设公共服务设施配置标准构建研究 [J]. 经济师，2013（03）：10-12.

[7]　许仁宗，林志明 . 带型城镇群规划区范围界定研究——以娄底城镇带（群）为例 [J]. 低碳世界，2017（06）：146-147.

[8]　林志明，张瑞霞，汤品森，等 . 全域视角下的镇域村镇布局规划编制探讨 [J]. 规划师，2014，30（09）：94-99.

[9]　丁若茜 . 秦岭河谷型乡镇空间拓展与用地布局策略研究 [D]. 西安：长安大学，2017.

[10]　张素兰，姚士谋 . 小城镇土地利用结构、布局与可持续发展——以吴江市梅堰镇总体规划为例 [J]. 城市发展研究，1997（03）：44-47.

[11]　王兴利.小城镇镇区功能分区与用地合理布局 [J].辽宁行政学院学报，2003（01）：19-20.

[12]　欧阳燕红，尚文生.小城镇旧城改造规划的认识与实践——以广东省惠来县为例 [J].现代城市研究，1997（04）：32-34.

[13]　张晓，姜劲松，牛元莎，等.文化规划视角下的历史文化名镇保护规划研究 [J].城市发展研究，2017，24（02）：15-23.

[14]　郭思佳.城乡控制性详细规划指标体系研究 [D].昆明：昆明理工大学，2014.

[15]　杨潇.控规层面公共配套设施布局规划导向与方法 [D].重庆：重庆大学，2007.

[16]　李晓芳.控制性详细规划中公共配套设施规划研究 [D].重庆：重庆大学，2006.

[17]　余启航，杨涛，刘罗军.中小城市交通特性与交通模式研究 [C]// 第十六届海峡两岸都市交通学术研讨会论文集，2014.

第6章

村庄规划编制方法

村庄规划是法定规划，是国土空间规划体系中乡村地区的详细规划，是开展国土空间开发保护活动、实施国土空间用途管制、核发乡村建设项目规划许可、进行各项建设等的法定依据。要整合村庄土地利用规划、村庄建设规划等乡村规划，实现土地利用规划、城乡规划等有机融合，编制"多规合一"的实用性村庄规划。村庄规划范围为村域全部国土空间，可以一个或几个行政村为单元进行编制。

6.1 村庄规划总体要求

6.1.1 编制背景

（1）新时代乡村振兴

党的十九大报告中提出实施乡村振兴战略，并指出要坚持问题导向，加快推进乡村治理体系和治理能力现代化，加快推进农业农村现代化，走中国特色社会主义乡村振兴道路，谋划新时代乡村振兴的顶层设计。要按照产业兴旺、生态宜居、乡风文明、治理有效、生活富裕的总要求，走中国特色社会主义乡村振兴道路，才能让农业成为有奔头的产业，让农民成为有吸引力的职业，让农村成为安居乐业的美丽家园。实施乡村振兴战略，是从根本上解决新时代"三农"问题的重要举措，是"五位一体"总体布局在农村的具体落实，是新时代解决我国社会主要矛盾的迫切要求，是决胜全面建成小康社会、开启全面建设社会主义现代化国家新征程的必然要求。为此，做好村庄规划，建立村庄建设有规可依、农民建房有章可循的长效管理机制，意义深远。

（2）农村土地制度改革

我国农业发展是国民经济发展的基础，农业发展离不开土地，国家充分利用并规划农村土地资源能够推动新农村建设与发展，使得农业得到巩固发展，进而从根本上解决"三农"问题，全面实施村庄土地合理利用与规划是国家土地资源管理部分的重要任务。

经过多年实践，"多规合一"已经由地方实践上升为国家战略。村庄土地利用规划编制工作按照"多规合一"的有关要求，与村庄建设规划、乡（镇）规划等做好衔接，在村域空间内形成"一张蓝图、一本规划"，具有现实及长远的意义。随着社会的发展，国家改变了以往单纯关注新增建设用地的思路，将"增量"和"存量"空间统筹进行规划调控。当经济社会从空间扩张走向存量提升阶段，增量土地利用规划编制与管理方式已经难以适应，所以亟需探索各级存量土地利用规划的内涵、特征、编制思路与政策机制；作为目前土地整理工作主战场的乡村地区，规范、完善村庄土地利用规划编制内容也是十分有必要的。国家正在开展集体经营性建设用地入市、农村土地征收、宅基地制度改革试点，推进农村一、二、三产业融合发展等工作，这些工作的推进亟需符合"多规"要求的村庄土地利用规划，以指导集体经营性建设用地入市工作。

6.1.2　总体要求

1）工作原则。坚持先规划后建设，通盘考虑土地利用、产业发展、居民点布局、人居环境整治、生态保护和历史文化传承。坚持农民主体地位，尊重村民意愿，反映村民诉求。坚持节约优先、保护优先，实现绿色发展和高质量发展。坚持因地制宜、突出地域特色，防止乡村建设"千村一面"。坚持有序推进、务实规划，防止一哄而上，片面追求村庄规划快速全覆盖。

2）工作目标。结合国土空间规划编制，加快开展村庄布局工作，有条件、有需求的村庄应积极推动编制工作。村庄规划编制工作应落实上位规划要求，在充分考虑人口资源环境条件、经济社会发展、人居环境整治等要求下，研究制定村庄发展目标、国土空间开发保护目标和人居环境整治目标，明确各项约束性指标；落实生态保护红线划定成果、落实永久基本农田和永久基本农田储备区划定成果，落实补充耕地任务，守好耕地红线；深入挖掘乡村历史文化资源，划定乡村历史文化保护线；实现全域覆盖、普惠共享、城乡一体的基础设施和公共服务设施网络等。

3）主要内容。应统筹村庄发展目标、生态保护修复、耕地和永久基本农田保护、历史文化传承与保护、基础设施和基本公共服务设施布局、产业发展空间、农村住房布局、村庄安全和防灾减灾任务共八项内容，并明确规划近期实施项目。

6.2 村庄规划

6.2.1 村庄规划层次与内容

村庄是农村居民生活和生产的聚居点。村庄规划是做好农村地区各项建设工作的基础，是各项建设管理工作的基本依据，对改变农村落后面貌，加强农村地区生产设施和生活服务设施、社会公益事业和基础设施等各项建设具有重大意义。

（1）规划层次

村庄规划的任务是通过规划来完善农村生产生活、交通居住条件和基础设施。村庄规划通常分为村庄总体规划和村庄建设规划两个工作层次。村庄规划应当从农村实际出发，尊重村民意愿，体现地方和农村特色。

（2）村庄规划的重要性

村庄规划是农村建设的核心内容之一，有利于缩小城乡差别，促进农村全面发展、提高人民生活水平。2006 年，村庄规划便正式纳入各级政府的工作范畴中，各级政府提供资金支持以鼓励开展村庄规划编制工作，引导和帮助农民切实解决住宅与畜禽圈舍混杂问题，搞好农村污水、垃圾治理。

（3）村庄规划内容

村庄总体规划层面的主要内容通常包括乡级行政区域的村庄布点，村庄的选址位置、性质、规模和发展方向，村庄的交通、供水、供电、邮电、商业、绿化等生产、生活服务以及文化服务设施的系统配置。村庄建设规划则是在村庄总体规划指导下，具体安排村庄的各项建设。村庄建设规划的主要内容，可以根据本地区经济发展水平，参照集镇建设规划的编制内容，主要对住宅和供水、供电、道路、绿化、环境卫生以及生产配套设施作出具体安排。

村庄规划的重大问题和重要专项问题通常在总体规划层面予以解决，包括：

1）村庄发展条件评价及发展定位。准确评价村庄发展条件是合理确定村庄发展方向的重要基础。通过研究分析规划范围内自然条件、资源条件、区位条件、社会经济发展基础条件等，总结村庄发展的优势、劣势、机遇、挑战等，作为确定村庄发展定位和发展水平的依据。

2）村庄规划目标及发展战略。村庄发展定位与目标的落实，是与村庄规划建设紧密联系的。村庄发展定位与目标是村庄规划的基础与指引，制定科学合理、优势突出的发展定位与目标，有利于村庄建设与特色发展。同时，村庄规划建设是对村庄发展定位与目标的落实。切合某一村庄发展的实际情况，提出并确定该村庄的发展定位与目标。首先要通过对村庄的地理区位、自然资源禀赋、人文特色、产业基础和空间风貌的分析，从村民生活、生产、生态环境的需求出发，总结村庄当前发展面临的问题；再结合上位规划和相关规划，如片区统筹规划和旅游发展规划等，充分挖掘村庄特色，形成鲜明的村庄定位与特色；最后结合村庄发展模式的比选与村民未来需求的调研，进一步确定该村庄的发展定位与目标。

3）村庄土地利用规划。应建立土地利用分区，将农业区与农村建设用地有效地分隔开来，对其进行相应的用途管制；合理控制农用地的数量减少和质量下降，并注重对建设用地的规模控制，也充分利用闲置的宅基地、荒杂地、空闲地。

4）村庄产业发展规划。村庄产业规划应在村庄现状产业分析的基础上，结合农业专业化，实现"三产结合"，注重产业链的纵向发展，并对各产业的空间关系进行规划协调。调整乡村产业结构，发展乡村特色产业，壮大乡村发展新动能，保障农民收入持续增长，这才是实现脱贫与巩固脱贫成果的根本之策和长远大计。

5）村庄生态环境保护规划。根据生态环境、资源利用、公共安全等基础条件，明确森林、河湖、草原等生态空间，尽可能多地保留乡村原有的地貌、自然形态等，系统保护好乡村自然风光和田园景观。加强生态环境系统修复和整治，慎砍树、禁挖山、不填湖，优化乡村水系、林网、绿道等生态空间格局。

6）村庄历史文化传承与保护规划。村庄历史文化是一个群体、社区、宗族、民族的共同记忆和智慧的结晶，包括乡土建筑等物质文化遗产，自然景观等生态遗产，民间、民俗技艺等非物质文化遗产及宗族、耕读等文化。因此，村庄历史文化传承与保护是一个相对复杂的、全面的问题。

7）村庄基础设施和公共服务设施布局规划。村庄基础设施和公共服务设施是保证人民生活正常进行的必要的物质保障，也是衡量社会经济发展现代化水平的重要标志。村庄基础设施主要包括道路、给水、排水、电力、通信、燃气、交通物流设施、水利基础设施等。村庄公共服务设施则包括商业金融、教育机构、行政管理、医疗保健、文体科技、集贸市场六大类内容。

8）村庄住宅布局。农村住宅以户为基本单位，由相邻若干独立的户构成一个居住组团，再由若干个居住组团有机结合构成整个村庄的平面布局。

9）村庄人居环境整治规划。在人居环境建设的初期阶段，最突出的问题是物质基础条件不能满足"人"的生理和安全的需要。人居环境建设最基本的原则是要满足"人"的需要，满足"人"的需要是从低层次向高层次逐步发展的。因此，从满足"人"的基本需要出发，应该把居住和支撑系统所代表的物质基础建设放在首位。村庄人居环境整治主要体现在：提升村容村貌、保障生活饮水安全、处理农村生活垃圾、推进卫生厕所改造、治理生活污水和整治乡村道路。

10）村庄综合防灾规划。村庄综合防灾具体应包括消防、抗震、防洪、地质及气象灾害防治、环境卫生与防疫系统等。应分析村域内地质灾害、洪涝等隐患，划定灾害影响范围和安全防护范围，提出综合防灾减灾的目标以及预防和应对各类灾害危害的措施。并提出相应的空间管控要求，规定各类设施的分布、规模以及建设要求等。

11）村庄建设管控与风貌保护规划。应因地制宜，根据不同村庄类型及规划目标提出村庄建设管控及风貌保护措施，以达到在引导村庄未来建设的同时，保留村庄风貌特色，塑造美丽人居环境的目的。

12）村庄近期规划项目库。在规划中宜制定近期建设项目表，包括近期建设项目名称、内容、规模、实施人员和投资总估算等，以作为村庄更好地实施近期规划的依据。

（4）村庄规划成果要求

村庄规划的规划成果包括文本、图纸和说明书。文本应当规范、准确、含义清晰。图纸内容应与文本一致。说明书的内容是分析现状、论证规划意图、解释规划文本等，附有重要的基础资料和必要的专题研究报告。规划成果应当以书面和电子文件两种形式表达。

村庄规划的图纸除区位图外，图纸比例尺一般要求为1：10000，根据村庄辖区面积大小一般在1：5000~1：10000之间选择。应出具的规划图纸和内容见表6-1。

规划图纸名称和内容   表6-1

序号	图纸名称	图纸内容	必选/可选
1	区位图	标明村庄在区域中的位置、分析村庄与周边村镇的关系	必选
2	村庄现状分析图	标明行政区划、居民点分布、交通网络、主要基础设施、主要风景旅游资源等现状情况	必选
3	村庄现状建筑质量评定图	确定分析村庄现状建筑质量，明确建筑质量等级，确定保留、修缮和拆除的现状建筑	必选
4	村庄产业空间布局规划	根据村庄现状产业分析，对各产业空间进行合理的规划，对各类产业集中区应重点标明	可选
5	村庄土地利用规划图	根据城镇村体系布局要求，清晰表达规划各类用地性质、用地界线和重要控制指标，标明规划道路系统，公共服务、道路交通、公用工程设施位置，并标明新增村民住宅、经济发展用地范围、历史文化保护区范围等	必选
6	村庄空间管制规划图	严格落实生态保护红线、永久基本农田红线范围，提出不同功能分区的管制措施	必选
7	村庄居民点布局规划图	标明行政区划，确定各村庄居民点体系布局，划定村庄建设用地范围	必选
8	村庄综合交通规划图	标明村庄干路的位置、走向、红线宽度、断面形式、村民活动场地、公交站点、停车场位置和用地范围。村庄巷路红线宽度和断面形式应因地制宜	必选

续表

序号	图纸名称	图纸内容	必选/可选
9	村庄工程管线规划图	明确给水、排水、电力、通信等各类市政工程管线的走向、管径，以及有关设施和构筑物的位置、规模	必选
10	村庄环保环卫设施规划图	确定村庄生活垃圾收集转运场所位置；按照标准设置垃圾收集容器、公共厕所、垃圾收集点	可选
11	村庄公共设施规划图	标明行政管理、教育机构、文体科技、医疗保健、商业金融、社会福利、集贸市场等各类公共设施在村庄中的布局和等级	必选
12	村庄防灾减灾规划图	划定村庄防洪、防台风、消防、人防、抗震、地质灾害防护等需要重点控制的地区，标明各类灾害防护所需设施的位置、规模和救援通道的线路走向	必选
13	村庄历史文化传承与保护规划图	标明村庄物质文化遗产的空间位置，对物质文化遗产、生态遗产、非物质文化遗产及宗族、耕读等文化提出相应的保护要求	可选

资料来源：本书编写组绘制

6.2.2 村庄土地利用规划

（1）村庄土地利用

改革开放以来，我国农村土地管理不断加强，各地通过编制实施土地利用总体规划，加强土地用途管制，严守耕地保护红线，不断提高节约集约用地水平，夯实了农业发展基础，维护了农民权益，促进了农村经济发展和社会稳定。同时，农村土地利用和管理仍然面临建设布局散乱、用地粗放低效、公共设施缺乏、乡村风貌退化等问题。正在开展的农村土地征收、集体经营性建设用地入市、宅基地制度改革试点，推进了农村一二三产业融合发展，为乡村全面振兴奠定了扎实的基础，也对土地利用规划工作提出新的更高要求。当前，迫切需要通过编制村庄土地利用规划，细化乡（镇）土地利用总体规划安排，统筹合理安排农村各项土地利用活动，以适应新时期农业农村发展要求。

编制村庄土地利用规划，要按照"望得见山、看得见水、记得住乡愁"的要求，以乡（镇）土地利用总体规划为依据，坚持最严格的耕地保护制度和最严格的节约用地制度，统筹布局农村生产、生活、生态空间；统筹考虑村庄建设、产业发展、基础设施建设、生态保护等相关规划的用地需求，合理安排农村经济发展、耕地保护、村庄建设、环境整治、生态保护、文化传承、基础设施建设与社会事业发展等各项用地；落实乡（镇）土地利用总体规划确定的基本农田保护任务，明确永久基本农田保护面积、具体地块；加强对农村建设用地规模、布局和时序的管控，优先保障农村公益性设施用地、宅基地，合理控制集体经营性建设用地，提升农村土地资源节约集约利用水平；科学指导农村土地整治和高标准农田建设，遵循"山水林田湖是一个生命共同体"的重要理念，整体推进山水林田湖村路综合整治，发挥综合效益；强化对自然保护区、人文历史景观、地质遗迹、水源涵养地等的保护，加强生态环境的修复和治理，促进人与自然和谐发展。

具体来说，村庄土地利用规划的主要内容包括以下几点：

1）基础研究

包括土地利用现状和问题、未来村庄社会经济发展需求分析、上位规划相关要求、村庄资源条件现状等，总结形成规划需要解决的主要问题和规划方案的目标导向。

2）明确目标

根据上位规划有关要求，结合村庄功能定位，确定村庄经济发展、生态保护、耕地和永久基本农田保护、村庄建设、基础设施和公共设施建设、环境整治、文化传承等方面的需求和目标。

3）规模控制与布局安排

落实乡级规划空间管控任务，对村庄土地利用主要指标进行管控，包括耕地保有量、基本农田保护面积、村庄建设用地规模、人均村庄建设用地、户均宅基地面积、公共服务设施用地规模、基础设施用地规模等。

根据乡级规划要求，合理划分村庄生态空间、农业空间和建设空间，明确村庄开发保护格局，划定落实建设用地边界、永久基本农田保护红线和生态保护红线，明确各类空间规模和管制措施，形成相对集中、集约高效的村庄建设布局。在建设用地总量不突破、不占用永久基本农田的前提下，可预留建设用地总量的一定比例用于农村新产业新业态发展。

村庄土地利用规划编制工作，由县级人民政府统一部署，乡（镇）人民政府具体组织编制，引导村民委员会全程参与。村庄土地利用规划是乡（镇）土地利用总体规划的重要组成部分，是乡（镇）土地利用总体规划在村域内的进一步细化和落实。规划期限与乡（镇）土地利用总体规划保持一致。规划范围可结合当地实际，以一个村或数个村进行编制。规划基数以土地调查成果为基础和控制，进行补充调查确定。规划编制应当执行国家、行业标准和规范，充分运用遥感影像、信息化、大数据分析等先进技术手段，切实提高成果水平。鼓励大中专院校、机关企事业单位及社会各方面的青年志愿者，为村庄土地利用规划编制工作提供志愿服务。

（2）土地利用功能分类

土地利用功能分类方法包括 20 世纪 90 年代提出的土壤功能分类、结合土地效益的分类、从景观变化和土地资源优化配置角度的分类、以土地利用类型为基础的主体功能分类、基于土地利用类型或"三生"空间的复合功能分类。大体上来看，土地利用功能分类由早先的基于经济、社会、生态功能的分类，到基于土地利用现状的分类，在精度上逐步细化。

《村庄规划用地分类指南》（2014）规定，以土地使用的主要性质为主，考虑土地权属等实际情况，将村庄规划用地分为"村庄建设用地""非村庄建设用地""非建设用地"三大类，其中："村庄建设用地"分为"村民住宅用地""村庄公共服务用地""村庄产业用地""村庄基础设施用地""村庄其他建设用地"五个中类。为区别非村庄建设用地与村庄集体建设用地实际管理和使用的差异，"非村庄建设用地"作为一个大类单列，"非村庄建设用地"包括对外交通设施用地和国有建设用地两类。"非建设用地"划分为"水域""农林用地""其他非建设用地"三个中类。

《土地利用现状分类》GB/T 21010—2017 规定，依据土地的利用方式、用途、经营特点和覆盖特征等因素，按照主要用途对土地利用类型进行归纳、划分，采用一级、二级两个层次的分类体系，共分 12 个一级类，73 个二级类。

国家或区域的发展战略决定了其土地利用空间功能的多样性及其协同作用。土地利用功能受自然资源禀赋、社会经济条件、区域发展政策等共同影响发生时空变化；土地利用多功能性变化与土地利用决策和行为相关、利益相关者对土地利用社会功能及环境功能起着重要的作用（图 6-1）。

不同发展类型乡村的主导用地类型及其土地利用功能变化也不相同，目前学界多将乡村发展类型分为四类：农业主导型、工业主导型、商旅主导型、均衡发展型。

1）农业主导型乡村。其主要土地利用类型为耕地、园地、林地、住宅用地、交通运输用地、荒草地等，土地利用方式主要是粮食和蔬菜种植、居住等，其土地利用功能变化则主要是农业生产功能增加，生活功能变化不大，生态功能逐渐凸显。

2）工业主导型乡村。其土地利用类型主要是耕地、农村宅基地、工业用地、商业用地、公园与绿地、公共服务与公共设施用地、交通运输用地等，土地利用类型变化主要表现为农用地快速减少，工业用地和商业用地明显增加，道路用地、村公共用地及居住用地阶段性增长，工业用地及商业用地相继增长，土地利用功能中，

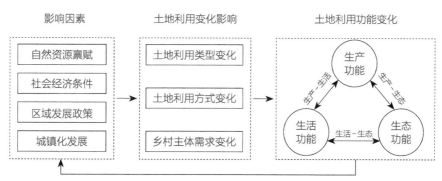

图 6-1 乡村土地利用功能变化影响机制

资料来源：朱琳，黎磊，刘素，等. 大城市郊区村域土地利用功能演变及其对乡村振兴的启示——以成都市江家堰村为例 [J]. 地理研究，2019，38（3）：535-549.

生产功能由原本的农业生产功能为主转变为工业生产功能为主，其功能价值大大提升，生活功能在原有居住功能的基础上增加了公共服务和商业服务等。

3）商旅主导型乡村。其土地利用类型主要包括耕地、林地、农村宅基地、旅游用地、公共服务和公共设施用地等，土地利用变化主要表现为耕地减少，农村宅基地扩张，旅游用地、公共服务和公共设施用地增加，生态用地略有增加，其土地利用功能变化中，生产功能由农业生产功能转变为旅游经营生产功能，生活功能增加了公共服务等功能，且出现生产－生活复合功能，生产－生态复合功能。

4）均衡发展型乡村。均衡发展型乡村则可能兼具以上几种类型的变化特征。随着乡村转型发展，土地利用功能变化总体趋势表现为传统农业生产、乡村生活、生态转变为现代产业生产功能、多主体生活服务功能及不同组合的复合功能。

（3）耕地和基本农田保护

1）耕地与基本农田的内涵认识

耕地指利用地表耕作层种植农作物为主，每年种植一季及以上（含以一年一季以上的耕种方式种植多年生作物）的土地，包括熟地，新开发、复垦、整理地，休闲地（含轮歇地、休耕地）；以及间有零星果树、桑树或其他树木的耕地；包括南方宽度小于1.0m，北方宽度小于2.0m固定的沟、渠、路和地坎（埝）；包括直接利用地表耕作层种植的温室、大棚、地膜等保温、保湿设施用地。从具体类型来看，耕地又可分为水田、水浇地、旱地三种。

基本农田是按照一定时期人口和社会经济发展对农产品的需求，依据土地利用总体规划确定的不得占用的耕地。基本农田保护区是指为对基本农田实行特殊保护而依据土地利用总体规划和依照法定程序确定的特定保护区域。

基本农田是耕地的一部分，而且主要是高产优质的那一部分耕地。一般来说，下列耕地应当划入基本农田保护区，严格管理：

A.经国务院农业农村主管部门或者县级以上地方人民政府批准确定的粮、棉、油、糖等重要农产品生产基地内的耕地；

B.有良好的水利与水土保持设施的耕地，正在实施改造计划以及可以改造的中、低产田和已建成的高标准农田；

C.蔬菜生产基地；

D.农业科研、教学试验田；

E.国务院规定应当划为基本农田的其他耕地。

2）耕地与基本农田保护发展历程

2009年，在第二次全国土地调查成果基础上，全国市县乡土地利用总体规划（2006—2020年）编制工作全面推开，国土资源部、农业部发文明确基本农田划定、信息化建设、占用补划、保护建设、督查考核等工作要求。

2011年，为规范永久基本农田划定的技术方法和要求，国土资源部出台文件对永久基本农田划定、补划、日常变更、图件编制、数据库建设、成果检验等要求进行了统一规定。

2012年，伴随着全国市县乡土地利用总体规划编制工作的有序推进，全国永久基本农田保护红线划定工作全面完成。

2014年，为落实党的十八大、十八届三中全会等会议精神，国家对实行耕地数量和质量保护并重提出了更高要求。《关于进一步做好永久基本农田划定工作的通知》（国土资发〔2014〕128号）规定，各地需结合城市开发边界、生态保护红线划定，将城镇周边、交通沿线现有易被占用的优质耕地优先划为永久基本农田。

2016年，《国土资源部农业部关于全面划定永久基本农田实行特殊保护的通知》（国土资规〔2016〕10号）要求，全面落实规划调整完善后的永久基本农田保护目标任务，统筹推进全域永久基本农田划定和土地利用总体规划调整完善工作。

2017年，全国各地全面完成永久基本农田调整划定工作，并纳入各级土地利用总体规划调整完善方案，实现了上图入库、落地到户，取得积极成效。

2018年，为巩固划定成果，完善保护措施，提高监管水平，自然资源部和农业农村部要求以确保国家粮食安全和农产品质量安全为目标，加强耕地数量、质量、生态"三位一体"保护，构建保护有力、集约高效、监管严格的永久基本农田特殊保护新格局。

3）耕地与基本农田保护的内容

基本农田作为耕地的精华，必然是耕地保护的主要内容和手段。基本农田保护的主体是保护农田生产力，保护的前提是明确人地关系和区域发展目标，保护的目的是持续有效地利用农田资源，保护的手段是监测和管理。

基本农田保护的内容主要包括三个方面：一是农田保存，即根据区域社会和经济发展需要，维持区域必需的农田数量和质量动态稳定，保存农田生产力。二是农田利用，即保持拟保存的农田资源的持续开发利用，以便取得合理的生态、社会和经济效益，保证国民经济稳定和社会发展所需基本农产品的供应。三是农田监测和管理，即对拟保存农田的环境、基础设施、土壤肥力和土地利用状况进行监测和管理。

4）耕地与基本农田保护的意义

A.有利于保障国家粮食安全

面对严峻的耕地资源现状，必须采取严格的措施对耕地进行特殊保护，保证一定的耕地面积和质量，为造福子孙后代打下良好基础。耕地与基本农田承担着我国全部的粮食生产任务，是保证我国粮食安全的红色警戒线，必须加强基本农田建设和保护，采取最严格的基本农田保护措施来保障我国国民经济发展和人民生活最基本的生命线，为粮食安全、社会稳定、经济安全奠定坚实的物质基础。

B. 有利于促进社会主义新农村建设

耕地是农业最重要的生产资料和农民最基本的生活保障。严格保护耕地特别是基本农田，是提高粮食生产能力，保障农业生产的必然要求，是对新农村建设最大的支持。坚持实行最严格的耕地保护制度，确保基本农田总量不减少，质量不降低，为全面提高新农村生产力建设提供坚实的基础。

C. 有利于农村社会稳定

国家平衡发展进步取决于农村的经济发展，加快振兴农村经济离不开农村的稳定，而农村的稳定离不开农民的稳定，农民的稳定又来源于农业的稳定，土地问题是关系到农村农业稳定和人民群众切身利益的敏感性问题，通过加强基本农田建设和保护来提高耕地质量，提高农民收入，维护农民群众的合法权益，促进农村经济发展，有效维护农村社会稳定发挥积极作用。

6.2.3 村庄产业发展规划

村庄产业规划应在村庄现状产业分析的基础上，结合农业专业化，实现"三产结合"，注重产业链的纵向发展，并对各产业的空间关系进行规划协调。调整乡村产业结构，发展乡村特色产业，壮大乡村发展新动能，保障农民收入持续增长，是促进乡村振兴发展的根本之策和长远大计。具体分为四部分内容：村庄产业发展影响因素，村庄产业定位与发展策略，村庄产业空间结构，村庄产业用地布局。

产业是经济学词汇，具体指具有某种同类属性的经济活动的集合或系统。

乡村产业是指对村庄经济发展具有重要影响的经济活动的集合。

1978 年以前我国乡村产业采用的是苏联的分类方法，将乡村产业分为：农业、轻工业、重工业三类。改革开放后，为了适应经济社会快速发展的需要，1985 年国务院按照国际通用的三次产业分类法对乡村产业进行了详细的划分。2003 年国家统计局印发《三次产业划分规定》的通知中重新划分了三次产业（表 6-2）。

（1）村庄产业发展影响因素

影响农村产业发展的因素有很多，涉及资源、经济、市场、资金等各个方面。主要条件分为资源条件、资金投入、社会环境和科技水平四个方面，以下列举部分因素：

村庄三次产业分类表　　　　　　　　　　　　　表 6-2

产业类型	具体细分
第一产业	农、林、牧、渔业
第二产业	采矿业，制造业，电力、燃气及水的生产和供应业，建筑业
第三产业	除第一、二产业以外的其他行业，如交通运输、仓储和邮政业、金融业、房地产业等

资料来源：本书编写组依据《三次产业划分规定》绘制

1）影响农村地区第一产业发展的因素

资源条件包括农业用水量、耕地面积与劳动力数量；资金投入包括企业投资、事业投资、农户投资、农业财政支出以及购买生产性固定资产总支出等；社会环境包括劳动力素质、农民生活水平以及农村基础设施状况；科技水平包括农机总动力、有效灌溉面积以及化肥施用总量等。

2）影响农村地区第二产业发展的因素

资源条件包括水资源量、劳动力数量；资金条件包括企业单位投资、事业单位投资、农户储蓄余额、家庭经营费用支出、农户投资、购买生产性资产投资等；社会环境包括文盲半文盲比重、农村居民恩格尔系数、城镇密度、农村用电量等。

3）影响农村地区第三产业发展的因素

资源条件包括水资源量、劳动力数量；资金条件包括企业单位投资、事业单位投资、农户投资、家庭经营费用支出、农户储蓄余额、购买生产性资产投资；社会环境包括文盲半文盲比重、农村居民恩格尔系数、城镇密度、农村用电量。

（2）村庄产业定位与发展策略

由于村庄所处的自然状况、地形条件、经济发展水平、交通条件、产业特点等差异较大，针对不同的村庄首先需要制定不同的产业发展模式。通过分析村庄的资源禀赋，选择好村庄的主导产业，作为村庄空间规划的依据。根据村庄的现状条件，村庄的产业发展模式通常划分为资源型、服务型和混合型：

资源型村庄拥有丰富的或得天独厚的自然资源，能够将资源转换成产业优势，支撑整个村庄区域的经济发展。

中国乡村基数庞大，地域文化类型多样，孕育了多元、丰富的乡村特色资源，如特色农产品、特色文化、特色景观、特色小吃等。资源型村庄就是要充分发挥地域特色资源优势，通过规模化、现代化、产业化塑造，推动村镇产业向品牌化、特色化转型，典型包括现代特色农业、特色乡村旅游服务业、特色乡村非物质文化产业以及特色乡村制造业等。目前，以特色产业推动社会经济发展正逐渐成为新时期村庄产业发展的重要手段。

服务型村庄一般具有较好的交通条件，或位于资源型城镇的周边，以第三产业为主，提供相关的各类服务。

如淘宝村就是典型的服务型村庄。淘宝村是集物流、信息、零售业于一体的服务型产业发展模式，由网商、生产商、服务商、电商协会和社会环境等各类服务主体构成的共生进化系统。淘宝村主要集中在我国东部江浙沿海地区，并呈现从东部沿海向西部内陆梯度递减的分布特征，常为组团状集聚格局。其产业特征表现为依赖于地方的商业文化传统、乡镇互联网化、邻近示范、产业集群协同等因素实现空间集聚。在淘宝村的发展过程中，地方政府鼓励农民网商"双网学习"、推动技术创新、商业模式创新等工作，为淘宝村的形成和发展提供动力。淘宝村的形成不仅为地方带来了商业价值，还为农民提供了许多创业机会。

混合型村庄则具有多种产业发展要素，能够利用自有资源和服务等多方面的优势，带动村庄的发展。

案例 6-1：袁家村模式

袁家村位于陕西省礼泉县，地处关中平原，渭河之北，干旱贫瘠，地理偏僻。是一个典型的资源匮乏型贫困村。但是自 2007 年以来，袁家村在村委会带领下，以乡村旅游为突破口，以村庄为载体，以村民为主体，通过股份制改革，经过一系列创新实践，探索形成了三产带二产连一产的"三产融合"发展体系，仅用十年的时间，成为陕西省乃至全国最受欢迎的乡村旅游胜地，被誉为"关中第一村"，无论在旅游知名度影响力还是在旅游接待人次和旅游收入上，都远超距离袁家村仅 4km 的唐昭陵景区。

袁家村产业定位

袁家村以展现关中风情为主，全方位完善创意产业，大力发展乡村旅游，填补了礼泉县在高档化的民俗性综合型旅游度假设施上的空白，同时不断强化品牌特色，扩建关中民俗街，打造时尚和现代元素相结合的康庄文化娱乐街，总建筑面积 2.3 万 m^2，涵盖了阿兰德国际会馆、关中客栈、各式酒吧、咖啡馆、书屋、书画院、国际小商品超市、多功能广场、养生堂和游戏拓展中心等 30 多家店铺。游客不但能够感受到农家氛围，品尝关中小吃，观赏关中小镇之景，还能够体验民俗文化元素与现代设施相结合的独特的生活情调，极大地满足了游客对于乡村旅游的观赏、休闲、娱乐的需求。

袁家村发展策略

（1）对集体经济的坚守，对实现共同富裕的执着

这是袁家村的核心灵魂。袁家村是在村党支部、村委会的领导下，在村民"全民皆兵"式的参与下，为实现共同富裕而顽强拼搏的一个成功案例，这是其与目前众多在商业资本操盘下关中民俗特色小镇的本质区别。

（2）村民信誉承诺，村委会监督，严格把控食品安全

中国游客不缺钱，缺的是一份放心。中国旅游不缺好东西，缺的是一份信誉。袁家村在中国乡村旅游的"痛点"上狠下功夫，在小吃街的商店门口都挂着店主的信誉承诺，并由村委会进行监督，既保证了合作社的销量，又使广大游客可以品尝到原生态、无任何添加剂的食材。

（3）打造爆款产品，突出核心卖点

袁家村在做项目策划的时候紧紧围绕市场客群的潜在和实际需求出发，打造一批能迅速吸引客群的爆款产品，并根据产品来招商，对于商户的产品制作技术严格筛选，突出每个产品的核心卖点。袁家村豆腐脑、油坨坨、荞面饸饹等关中美食，成为袁家村最大的旅游吸引力，而酸奶和香醋等则俨然成为袁家村的"爆款产品"。

（4）乡愁文化的定位和运营

对乡村自然生态环境的保护与优化，不仅是乡村建设的重要手段，更是留住乡愁、体现乡村文化的重要途径。用现代的设计手法和业态内容植入传统的文化空间内，就形成了现代意义上对中国传统乡愁的再造。

（5）统一与分组相结合的经营管理模式

由村主任带头建立的袁家村，经过不懈的坚忍努力，通过集体经济的模式，做出了自身独具特色的管理模式。这种模式的核心思想就是商户分组自治制度（图6-2）。

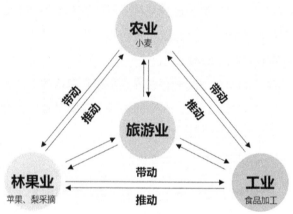

图6-2 袁家村"三产融合"发展体系图

案例来源：中农富通城乡规划设计研究院.袁家村模式[EB/OL].（2017-07-12）. http：//www.countrysideplan.com/item/2711.aspx

图纸来源：土地智慧开发预测平台.村庄改造实施案例研究——袁家村 [EB/OL].（2019-06-26）.https：//mp.weixin.qq.com/s/6dqCrywN8N00GiLYXxlGGA

（3）村庄产业空间布局

传统的村庄产业空间布局规划已经不能满足当今乡村发展的需求，地域化及精细化设计逐渐成为村庄规划的主流，通过乡村产业适宜性评价后的乡村产业空间布局规划综合考虑了基本政策指导、基本农田保护、土地扩张发展边界、生态环境底线等因素，在乡村产业适宜性评价的权重分析下，因地制宜做出产业空间布局，是乡村产业经济发展的空间载体。乡村产业不是一个独立的个体,是村与村之间的联动,产业与产业之间的联动,是具有功能互补性或者共性而联系的产业在空间上的集聚现象,较密集的空间上积聚了关系密切的产业链条。

村庄产业发展规划就是围绕"生产发展",从产业结构、用地布局、空间配置的角度对产业发展进行指导。由于农村的资源禀赋、区位优势以及产业发展现状等存在着很大的差异,如何将村庄产业发展模式落实到村庄规划的空间布局中,以空间的物质形态来引导农村经济的转变与发展,是目前村庄规划面临的重要挑战。

村庄产业空间布局应注意以下几点:

第一,每个村庄都有它独特的因素,充分挖掘这些因素使之成为可利用的资源,就体现了规划对村庄的贡献。这些因素本身并不显示"积极"或"消极"的一面,其正负面的效应取决于规划是否将它纳入辅助产业发展的轨道。规划的空间布局需要适应村庄形态特性,最大限度地发挥村庄的效能,从而推进产业的发展。

第二,村庄自然和人文环境的保护是村庄可持续发展的基本要素,产业的发展必须建立在环境保护的基础上,要用空间布局的手段,以科学的方法将产业对环境产生的不良影响约束在可控的范围之内。

第三,农村的生产和生活空间的存在方式是相互渗透的,产业的发展也会更直接地对村民的生活造成干扰。因此,在空间布局上就要对各种可能产生的影响做客观的评估,为村民营建良好的生活和生产空间。

案例 6-2:莫干山特色小镇产业规划

莫干山文旅产业小镇项目位于德清县莫干山镇庙前村,投资 3 亿元左右,占地约 300 亩。莫干山民宿是当前湖州最有名的乡村休闲旅游品牌。莫干山地处沪宁杭金三角中心,地理位置优越,生态环境良好,号称"清凉世界",早在 20 世纪 20 年代就成为中国四大避暑胜地之一。该项目由艺术酒店及民宿、非物质文化遗产工匠区、餐饮购物体验馆、青年艺术家驻留工作室、美术馆、种养殖基地和儿童产业园等多种业态交互组成。将根据项目中不同的地块地貌,规划出"丘、野、谷、岭、峰"五大分区。

在相对平缓宽阔的分区"丘"设计入口接待、停车场等设施;在分区"野"开设漂流、动物游乐园、稻田、大棚种植基地等体验项目;在"岭"集中建造艺术酒店和餐厅;在拥有两个湖泊的分区"谷"设计水下美术馆、水下餐厅和谷中茶室等创意建筑;在最高地势的"峰",建造观景台和宴会厅,游客在这里聚会休憩时可以看到整片区域的风景(图 6-3)。

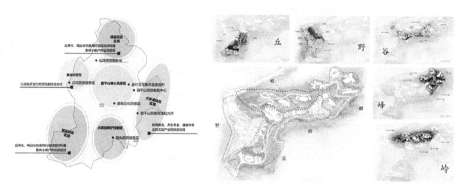

图6-3 莫干山小镇产业分区规划图

案例来源:佚名.莫干山特色小镇产业规划案例解读 [EB/OL].（2017-07-12）.
https://m.sohu.com/sa/156685810_162890

（4）一二三产融合发展

乡村一二三产业融合发展，有利于新产业、新业态的快速发展，有助于农村发展新动能。为实现农村产业融合，需加快农业发展方式的转变、推进农业现代化发展，而这一发展方式的转变依赖于一二三产业的相互渗透和协调发展、农业产业链的科技水平和创新能力的提升。

1）有利于农民增收，分享产业融合的红利

农村产业融合发展，使农业生产经营活动在传统的生产环节之外，增加了农产品加工、包装、运输、保管、销售等环节，将与农业产业链相关的二三产业增值收益留在农村，拓展了农民就业增收渠道。农村产业融合发展可以激活农村土地、住宅和金融市场，增加农民财产性收入。

2）农业转型升级，加快农业现代化，催生农村新业态以形成国民经济新增长点

农村产业融合发展，有利于克服农业产业结构单一的局限，有效推进农业内部结构调整，通过科技和知识投入，增强农业可持续发展能力，能促进农业价值链升级，促进农业现代化。生物农业、智慧农业、休闲农业、创意农业、工厂化农业等新业态的催生，满足多样化的消费需求，并创造新的社会需求，带动形成居民消费新热点和国民经济新增长点，促进农业发展由"生产导向"向"消费导向"转变。

3）有利于实现城乡一体化，推进美丽乡村建设

通过城市资本和生产要素的吸纳，促进以城带乡和强农惠农，缩小城乡差距和实现城乡一体化。产业融合提高农村公共服务体系的完善度，更好地保存乡村传统文化和历史底蕴，维护村落功能和农村环境，推进美丽乡村建设。

6.2.4 村庄生态环境保护规划

村庄生态环境保护规划主要应遵循如下几项基本原则：

以生态学及规划理论为指导，规划村庄生产、生活、生态建设时应充分考虑村庄本有的生态环境因素，实现经济建设、城乡建设、环境建设同步规划、同步实施、同步发展。

提高村庄生产生态位和生活生态位。生态位（Ecological Niche）概念起源于生态学，指生物种群在空间环境中占据的基本生活单位。衡量生态位状况的重要标尺是生态位宽度（Niche Breadth），这一概念于 1965 年被 VanValen 定义为"在有限资源的多维空间中为一物种或群落片段所利用的比例"，即某一物种或种群在生物群落中所能利用的资源总数的集合。村庄生态环境保护规划应立足于促进生产、方便生活、使生产区与生活区布局相互协调；要因地制宜运用生态工程措施或新型生态技术；完善生态环境保护制度，坚持依法保护生态环境；建立多元、多渠道生态环境实施建设保障制度。

部分村庄位于生态敏感地区，更应该加强生态环境保护规划，以"创新、协调、绿色、开放、共享"五大发展理念来指导生态环境保护规划。生态敏感地区是指城乡区域中包含了多种对生态环境根本特征及完整性具有重要作用的自然要素的空间实体，具有重要的生态环境意义。对于生态敏感地区，除了对自然生态要素要进行保护之外，还应对城乡居民点进行严格控制。生态条件良好、旅游资源丰富的区域，周边分布有数量众多的村庄，部分村庄的发展会对生态安全产生一定的威胁，由于这些村庄与自然生态要素的关系相比城镇而言更为紧密和错综，因此，必须围绕城乡统筹发展的目标，合理组织空间结构、优化村庄体系，从而引导产业优化布局，指引村庄生态和建设空间有效融合。

村庄生态环境保护规划首先通过植物、水域、高程等因子的敏感性分析，把规划区划分为高、中、低及非敏感区，并给出各敏感区的合理容积率及建设密度指引指标；其次，确立图底关系，明确红线、绿线、蓝线、生态斑块以及生态通廊，并分别予以管控说明；最后，通过上述分析进行分区管控引导，分为禁止建设区、限制建设区、引导建设区，分别对各区进行土地用途管制、容量控制、各种增长边界的划定和指标控制体系的建立。

案例 6-3：洞埠屯小康生态村规划

1. 规划总体结构

洞埠屯规划的总体结构为"一心、一轴、七片"。

一心：以江心岛为核心的村落生态核，同时也是洞埠屯的几何中心和景观中心。

一轴：指水体景观轴，沿鼎力河打造滨水景观，提升空间品质。

七片：遵循洞埠屯现有格局，围绕景观核心形成七个拥有不同功能的生态片区。

规划对洞埠屯的空间功能进行了统一的部署，并对每一个区域都进行了建设内容的布局。对于占村庄面积大多数的耕地，规划将安排粮食、花卉及经济作物的种植；对于村落周边的山林，规划将适度建设步道和养殖基地，发展生态旅游和生态养殖；对于鼎力河及两岸，规划将进行环境保护和景观质量提升的相关安排；对于现有村落建成区，规划借鉴意念社区中空间规划的有关思想，采取"补缺"的手法，对村落建筑立面和空间环境进行改造，并建设服务全村的公共设施。

2. 生态保护规划

（1）划分生态保护分区

按照生态学的分类标准，可以认为洞埠屯的生态系统由四个部分组成，分别是森林生态系统（常绿阔叶林）、湿地生态系统（河流）、农田生态系统（耕地）、村落生态系统（居住地），针对各个生态系统保护程度的重要性，规划将四个生态系统按照三级保护、二级保护、一级保护三个等级进行分类保护。将村落生态系统列为三级保护范围，将农田生态系统、村落核心区域的湿地生态系统和一部分森林生态系统列为二级保护范围，将其余湿地生态系统和森林生态系统列为一级保护范围（图6-4）。

（2）生态保护策略

对洞埠屯的三个保护范围分别确定不同生态保护的要求：

三级保护范围允许在不对自然环境造成重大影响的情况下进行开发建设活动，例如建造适当规模的建筑物和生产经营设施，完善供水系统、公厕系统和污水处理系统，添置垃圾箱与垃圾池。在村落生态系统中，绿地建设是生态保护的重点内容。村落的绿化需要结合街道、广场、庭院与原生绿地，建设层次丰富、

图6-4 洞埠屯生态保护分区

成体系的景观植被和防护林地，提升村落生态系统的环境水准。在三级保护范围内应做好环境卫生的维护工作，扩大环保人员队伍，日常打扫街道广场，定期修补道路、整饬绿化、疏通污水管，并完成生活垃圾的日常清运。

在二级保护范围内应保持以农业和渔业为基调的生产方式，不得建设污染环境、破坏村庄资源和景观的生产经营设施。农田生态系统应推广生态种植方式，防止过度开垦，提倡施用沼渣肥料等生物有机肥，减少农药和化肥对村庄耕地和水体的污染。采用地膜覆盖技术，减少农业灌溉过程中的水量消耗。对村庄水体的保护应从控制污染和清除污物两方面入手，一方面运用生物处理等技术对村庄排入自然水体的污水进行处理和净化，另一方面可在鼎力河两侧与水底种植挺水植物和沉水植物，吸附和降解污染物质。二级保护范围内禁止垃圾、废水倾倒和洗涤衣物，耕地和水面的垃圾要得到及时清理。

对一级保护范围所采取的生态保护策略主要是利用生态恢复技术。例如，采用封山育林技术保持森林生态系统的稳定性；采用林灌草搭配技术将多树种进行间隔套种，营造多样的森林生态环境，保护动物栖息场所和迁徙廊道的完整性；在一级保护范围内的水体中采用与二级保护范围类似的生物处理技术，种植水生植物，创造丰富的水生环境。一级保护范围内禁止建设任何生产设施，禁止开展经营活动，禁止随意丢弃垃圾。

案例来源：赵明川.小康生态村的规划研究[D].南宁：广西大学，2017.

6.2.5　村庄历史文化传承与保护规划

村庄历史文化是一个群体、社区、宗族、民族的共同记忆和智慧的结晶，包括乡土建筑等物质文化遗产，自然景观等生态遗产，民间、民俗技艺等非物质文化遗产及宗族、耕读等文化遗产。因此，村庄历史文化传承与保护是一个相对复杂的、全面的问题。

村庄历史文化的传承与保护，使得历史古村落能够更加完整、真实地保存下来，有利于更广泛地保护我国历史文化遗产。一方面，会不断提升历史文化村庄的知名度，推动当地经济快速发展，带动、辐射相关产业发展以及提供大量的劳动就业机会。另一方面，当地经济的飞速发展也会作为历史文化村庄保护的坚强后盾，为其提供更为充足的物质基础，为历史文化村庄的复兴赋予时代的精神与含义，从而进一步提高村庄知名度。

（1）保护原则

1）文化遗产的原真性原则

原真性作为文化遗产保护理论的基础和核心概念，它直接决定着文化遗产所表征的"文化身份"。原真性分为三个层面，即物质层面、知识层面、精神价值和社会功能层面。

A. 物质层面：反映原真性的有形层次，是原真性的物质基础和本源。

B. 知识层面：对遗产的物质层面原真性的各种记录。既反映原真性的有形层次，又反映原真性的无形层次，它除具有自身的独立价值外，在一定意义上还是沟通"物质层次原真性"与"精神价值和社会功能层次原真性"的桥梁。

C. 精神价值和社会功能层面：它是物质层次原真性与知识层次原真性在精神价值和社会功能层次的升华。反映原真性的无形层次，历史文化的多样性原则是遗产价值的新境界。

2）历史风貌的完整性原则

村庄历史风貌是融历史建筑、环境、空间格局以及人类活动等元素在内的统一整体，各元素与整体之间存在一定的联系。故在保护中不能将其分开，应在整体层面进行考虑。从整体层次上综合考虑村庄内村落环境、山水格局、建筑分布、建筑风格、景观小品等物质性要素保护，以及非物质文化要素的传承、弘扬，进而确定保护村庄传统特色风貌的各项措施，对村庄独特的传统风貌予以充分的重视和保护，对整体风貌格局进行结构性保护和利用。

3）地方性与乡土性原则

乡土性指的是乡村环境赋予村庄区别于城市的自然和文化空间特征；而地方性则是指村庄在不同的自然条件、资源的环境下，经过漫长岁月的发展形成的独一无二的特色。乡村性和特色性是传统村落保护与利用的灵魂，二者都是传统村落最基本的特色，缺一不可。

乡土性、地方性是传统村落最基本的文化特性，基于乡村性和地方性的基础上进行保护与利用规划研究，从根本上避免发展过程中导致的"千村一面"、城市化、庸俗化等情况的发生。

4）保护与发展互促原则

村庄历史文化保护与传承的目的是保证村庄历史文化得以保存，为一定历史文化时期提供真实见证。但村庄的保护并不是静止不动地，而是应在保护当地物质与非物质文化遗产的基础上，进行适度健康的开发建设等活动，实现保护与发展相互促进。

5）保护规划与建设规划相衔接原则

村庄历史文化保护规划从性质上属于村庄建设规划的专项规划，村庄的建设规划在村庄保护上起宏观协调与决策作用，保护规划应在建设规划的指导下与其他建设内容相互衔接、依序展开。

（2）保护模式

1）整体保护模式：指将村庄风貌做一个整体进行保护，从自然环境、历史建筑和街巷、非物质文化遗产等进行统一规划保护，保护古村落的真实性和整体性。

2）局部保护模式：即民居博物馆式保护。将村庄内具有一定历史文化价值、且风貌保存完好的建筑进行单独开发保护。

案例 6-4：山西省山阴县旧广武村

山西省山阴县旧广武村的保护中，因其典型的军事防御特色，强调对城墙和烽火台的修缮和维护，在适当的条件下恢复城墙上部主要建筑，包括角楼，东西南门楼，北门城台上的真武庙，门楼设敌楼，恢复瓮城，形成明代城池总体风貌。

资料来源：陈建军，贾志强. 晋北堡寨型村庄的特色挖掘与保护规划实践——以旧广武历史文化名村保护规划为例 [J]. 上海城市规划，2014（3）：69-77.

3）"保旧建新"模式：即避开古村落，在新区选址进行建设，将旧村完整地保留下来，不去破坏它的传统风貌，只对古村庄进行环境改善和旧建筑的修缮工作。保证古村落的原汁原味的同时，又可在新区进行现代化建设，避免古村庄和现代社会的脱节。

（3）保护对象及措施

1）村庄格局

在村庄格局形成和发展的进程中，村庄格局受地理环境、气候条件的影响，选址格局和村庄肌理与自然相互融合，浑然一体。在村庄格局保护中，应当顺应原有村庄格局的选址格局、肌理特征，在原格局与肌理的基础上延续发展。同样，需根据现状界定保护较好的传统街巷和广场、风水池等特色空间格局，并分类提出保护措施。传统街巷的保护包括街巷尺度、街巷立面、街巷铺地材质和街巷公共空间等因素。而对于广场、风水池等再利用的特色空间，应在不影响传统风貌的前提下，提出再利用与改造的措施。

2）历史建（构）筑物

历史建筑与构筑物及文保单位采取严格的保护措施，并设置明显的保护标识。保护标牌上包括历史建筑的名称、位置、占地面积、建筑面积、高度、形式风格、营造年代、建筑材料、修复情况、产权归属等。此外，应注明保护责任者等信息，以提高村民、游客对建筑、文物的保护意识，有利于村庄风貌的维护。

除国家挂牌规定的历史建筑及文物保护单位外，在规划中经过评估后，确定需要保护的保存较好的传统建筑。针对传统建筑，则根据《中华人民共和国文物保护法》的规定，采取保存、保护、整饬和更新四类保护措施。保存即严格保护其原貌，遵循原真性的原则，主要针对历史悠久、具有代表性的建筑物等。保护即保护建筑原本风貌,同时可以适当改造内部空间,以改善村民生活条件。对于需要修缮的建筑,需尽量与原本风貌相协调和采用当地建筑材料。整饬即针对风貌受到破坏的建筑进行整改,以使其与村庄历史风貌相协调或减少其与周围传统建筑之间的冲突。更新则是在尊重原有核心价值的基础上针对十分影响村庄风貌的建筑进行拆除,并根据实际情况,分别重建、新建、或不再建设而改为绿化景观等的措施从而发展出新的环境功能。

特别要注重保护祠堂、庙宇、农村戏台等代表性古建筑,提出相应的利用及保护措施。

在具体规划中,可根据建筑保护等级,对传统村落现有建筑采取不同的保护与利用策略。对于文物建筑的修缮,应该按照原有建筑样式对已经损毁或者需要更换的局部构建进行完全一致的修复,修补的材料、颜色、工艺都应该尽可能保持与传统一致;对于历史风貌建筑,对原有建筑结构进行修缮,恢复其倒塌、破损的部分,修缮过程中的建造工艺、建筑材料应与整体风貌协调一致;对于现在新建建筑物、构筑物,应按照"改造"的策略,对建筑外立面不符合村庄整体风貌的色彩、装饰材料进行统一整改,尤其要注意建筑檐口、屋脊、色彩、外立面等关键元素的协调;对于与传统风貌冲突的新建建筑或临时性建筑,应该纳入拆除的范围之内,在时机成熟之时进行拆除及重建。在对单体建(构)筑进行风貌统一的规划设计中,除了注重色彩、外立面形式等大的方面的协调统一,还应该对建筑细部进行整治,包括建筑的门、窗、墙体、屋顶等元素进行保护与修复。

3)历史环境要素

历史环境要素是指"除文物古迹、历史建筑之外,构成历史风貌的围墙、石阶、铺地、驳岸、古树名木等景物"。历史环境要素包括自然环境要素与人工环境要素。其中自然环境要素包括古河道、典型山体以及古树名木等,应严格保护自然环境要素,禁止倾倒垃圾入河、砍伐树木和破坏山体等影响村庄整体环境风貌的行为。在保护规划中,古树可采取挂牌标识的保护方法,山体河道等可标示出保护范围,以免自然环境受到破坏。人工环境要素则包括古城墙、古寨门、古码头和古井等。这些环境要素作为村庄历史文化的象征,应采取保护及修缮的措施。保护规划中同时可结合这些历史要素增加休憩空间和休憩设施,使其在保护中得到活化再利用。

历史环境要素能反映一定历史时期的生产生活场景,例如水井、水车、桥梁、少数民族地区的风雨桥、古树名木等,具有浓郁的乡土生活气息和深厚的历史文化底蕴,应当予以继承和保护。

4)非物质文化遗产

对非物质文化遗产的利用应该以不伤害其历史价值和原真性为前提。在其开发、利用的过程中应遵循有序、有理和有节的原则。应将这些非物质文化遗产看作历史文化村镇文化发展的积极因素、村镇文化景观的重要组成部分，充分发挥民间力量，充分尊重作为文化主体的当地居民的意愿。

案例 6-5：重庆市开州区临江镇毛垭村村庄规划
（2017 年全国优秀村镇规划案例）

毛垭村位于重庆市临江镇南部，距临江镇政府 10km。由于受地形限制和道路宽度限制，村民外出较为不便。在毛垭村村庄规划中，详细地提出了农房建设管理要求，并针对建筑格局、建筑形制、建筑色彩和建筑材质等做出了具体的建设指引。一方面能有效地实施村庄的建设管控，另一方面有利于村庄整体风貌的协调与保护。

农房建设管理要求：

（1）地形处理尊重自然高差，利用地形创造错落有致、灵活多变的乡村建筑群落。挖掘和传承传统坡地建筑高差处理手法，在尊重地形地貌的基础上采用吊脚处理缓坡地形。尊重地形特征，继承和发扬渝东民居台地建筑处理手法，采用吊脚结合步道台阶连接不同水平面的院坝空间。

（2）建筑格局。农村建筑以堂屋为载体，厢房四周围绕为基本格局。

（3）建筑形制。从建筑群落风貌、屋顶、墙柱、屋基、外廊、门窗各项进行管控和引导。

（4）建筑材质采用本土，总结为"灰砖黛瓦、石基木窗"。

（5）建筑色彩宜采用本土材料直接表现，可简单归纳为"石灰白、木板＋赭石漆＋土墙黄、青石板瓦灰"。禁止采用其他颜色的屋面。构件色彩以褐为主，门窗应与建筑整体相协调，禁止使用过于饱和鲜艳的色彩（图 6-5）。

图 6-5 毛垭村农房建筑风貌管控图

案例来源：本书编写组依据《2017 年全国优秀村镇规划案例集》绘制

6.2.6 村庄基础设施和公共服务设施布局规划

（1）村庄基础设施规划

1）村庄给水工程规划

农村给水工程设计供水能力，即最高日的用水量应包括下列水量：生活用水量、乡镇工业用水量、畜禽饲养用水量、公共建筑用水量、消防用水量和其他用水量。

有条件的山区农村应尽量选择山泉水或地势较高的水库为水源，可以靠重力供水；平原地区农村一般选用地下水作为水源，并尽可能适度集中，以便于水源的卫生防护、取水设施工程建设及实施环境管理。设置于村前房后的单户或多户水源井，打井深度应根据当地水文地质条件确定，取水水量应满足正常用水需求，水质应满足饮用水水质要求。

大型河流、湖库水源地取水口应尽量设在河、湖库中间。离岸水平距离应不小于30m，垂线方向应在最枯水位线下，且不小于0.5m。对于小型山溪和塘坝水源，应尽量避免周边环境对取水口的影响。有条件地区，宜采用傍河取水方式设置取水井，避免从河道、湖库直接取水。取水井井口设置应高于河流、湖库正常防洪水位线。

农村给水系统可分为集中式给水系统与分散式给水系统。设计时应根据当地的村镇规划、地形、地质、水源、用水要求、经济条件、技术水平、电源条件，综合考虑进行方案比较后确定。

2）村庄排水工程规划

排水收集系统承担乡村生活污水的收集、输移、处理以及排放功能，是一个系统化的复杂网络系统，包括主要承担收集乡村生活污水、雨水的管网或渠道。按照污水、雨水是否采用同一排水系统进行收集，分为雨污分流管渠与合流管渠。目前乡村常用的排水收集管渠主要包括以下几种类型：雨污合流明渠、雨污合流暗渠、污水管+雨水渠、污水管+雨水管。由于现阶段乡村排水收集系统建设缺少统一标准进行规划设计，在乡村的实际建设过程中，排水收集系统通常是以上各类收集模式的组合形式共存。

3）村庄电力工程规划

农村电力工程是农村基础设施建设的重要组成部分，是农村经济社会发展的重要基础和必要条件。

A. 农村电力网

主要向县（包括县级市、区、旗，简称县）级行政区域内的县城、乡（镇）村或农场及林、牧、渔场等各类用户供电的110kV（220kV）及以下各级配电网，简称农网。

B. 负荷预测要求

a. 负荷预测应收集的资料包括：

社会、经济资料，包括县、乡（镇）社会经济发展规划土地规划、路网规划及相关历史资料（文档、图）。

综合资料，包括人口、土地与自然资源、区域划分、居民收入、环境与气象条件等。

负荷资料，包括全县、分供电区、分电压等级、分行业的历年用电量和负荷、负荷曲线和功率因数等历史资料。

电源状况，包括上级电网为本县供电的变电站布局、电力电量平衡及其他电源状况。

大用户状况，包括合同需求负荷及电量、主要产品产量和用电单耗及大用户的用电发展规划等。

b. 负荷预测结果应给出电量、负荷的总预测值及分区、分电压等级与分行业的预测值。

c. 负荷预测的年限应与相应的规划年限一致。近期预测应分年度进行，中、远期预测可只预测期末负荷。

C. 负荷预测方法

一般采用自然增长率法、用电单耗法、外推法、相关法及智能预测方法等进行预测。可根据负荷预测的条件和所搜集的数据综合选用两种及以上适宜的方法进行预测并相互校核。

预测工作宜先进行用电量预测，再进行负荷需求预测。一般先进行各目标年的电量需求预测，再根据年综合最大负荷利用小时数求得最大负荷需求的预测值。

D. 电力线路的布置原则

a. 架空电力线路应根据地形、地貌特点和网络规划，沿道路、河渠和绿化带设置，路径力求短捷、顺直，减少同道路、河流、铁路的交叉；

b. 设置 35kV 及以上高压架空电力线路，应规划专用线路走廊；

c. 线路要避开不良地形、地质，以避免地面塌陷、泥石流、落石等对线路的破坏，还要避开长期积水场所和经常进行爆破作业的场所；

d. 线路尽量不占耕地和良田；

e. 线路通过林区或需要重点维护的地区和单位，要按有关规定与有关部门协商解决；

f. 变电站出线宜将工业线路和农业线路分开设置；

g. 重要公用设施、医疗单位和用电大户应设专用线路供电，并设置备用电源；

h. 线路的杆塔一般选用预应力的钢筋混凝土杆，城镇采用高于 12m，而农村则可采用 10m 及以上的电杆；

i.农村采用裸导线。

4）村庄通信工程规划

通信工程规划主要内容有：

A.根据电信基础设施、电信业务现状的分析，预测村庄电信业务量，确定村庄各发展阶段的发展目标；

B.确定电信枢纽（局楼）与电信营业厅位置、通信能力规模、通信任务等；

C.村庄电信线网规划；

D.确定传输网网路结构和组网方案；

E.电信网节点设备的能力安排。

实施数字乡村战略是村庄未来发展的趋势，物联网、地理信息、智能设备等现代信息技术与农村生产生活的全面深度融合，深化农业农村大数据创新应用，建立空间化、智能化的新型农村统计信息系统。

5）村庄燃气工程规划

燃气是一种清洁、优质、使用方便的能源，随着生产力的发展和村镇居民生活水平的提高，燃气供应在村镇公用事业发展中日益重要，燃气化是实现村镇现代化不可缺少的一个方面。燃气工程规划也是村镇基础设施规划中一项重要的规划。

A.燃气工程规划的原则

a.必须在上位规划指导下，结合上一级城镇或是结合区域能源平衡的特点进行；

b.贯彻远近期结合，以近期为主，并考虑长远发展的可能性；

c.要符合统筹兼顾、全面安排、因地制宜、保护环境，走可持续发展的道路。

B.燃气负荷预测

燃气总用量计算：矿物质气中的集中式燃气用气量应包括居住建筑（炊事、洗浴、采暖等）用气量、公共设施用气量、生产用气量以及不可预见用气量。居住建筑和公共设施的用气量应根据统计数据分析确定；生产用气量可根据实际燃料消耗量折算，也可按同行业的用气量指标确定。

未来应加快构建农村现代能源体系，优化农村能源供给结构，可大力发展太阳能、浅层地热能、生物质能等。完善农村能源基础设施网络，加快新一轮农村电网升级改造，推动供气设施向农村延伸。大力发展"互联网+"智慧能源。

6）村庄水利基础设施规划

水利基础设施建设指农村水利建设、管理及其他农村水资源应用工程，包括在农村实施的引水灌溉工程、饮用水工程、水资源与水环境保护等。村庄应加快构建大中小微结合、骨干和田间衔接、长期发挥效益的农村水利基础设施网络，着力提高节水供水和防洪减灾能力。科学有序推进重大水利工程建设，加强灾后水利薄弱环节建设，统筹推进中小型水源工程和抗旱应急能力建设。巩固提升农村饮水安全保障水平，开展大中型灌区续建配套节水改造与现代化建设，有序新建一批节水型、生态型灌区，实施大中型灌排泵站更新改造。

案例 6-6：西辛峰村庄规划

区域现状：西辛峰村位于北京市昌平区崔村镇南部，村域总面积 $188.84hm^2$，村庄占地面积 $15.84hm^2$。全村户籍人口 693 人。村庄经济以第二产业为主，已形成具有一定规模的工业大院，属于大型工业特色型村庄。

（1）村庄道路交通系统规划

西辛峰村内现状道路硬化率达到 95% 以上，多是建工业大院时铺设，但村内农宅密集区存在不通车的窄巷。村庄道路交通系统规划将道路分为村级主路、村级支路以及宅间小路三级。规划建立一个道路等级明确、安全、便捷的路网系统。道路采用方格网加环村道路的格局，加强村内道路网与过境公路等对外交通设施的衔接；顺应原有街道的走向，改造几条关键线路上的窄巷，促进村庄道路网的形成。大部分道路断面为一块板机非混行。共分为干路和支路两个道路等级。干路红线宽度为 5~7m，支路红线宽度为 3~4m。

（2）给水工程规划与安全饮水

西辛峰村于 1999 年基本完成自来水改造入户工程。目前采用地下水，现有 2 眼井，其中 1 个供村民用水，1 个供工业区用水。一年的消耗量为 6.66 万 t，村民年人均用水量 36t。未安装完成净化设施。主管线沿村内现状主路铺设，支线管线已铺设入户。考虑到西辛峰村今后的经济发展，用水量会不断增加。人居生活用水量也在逐步上升，供水的水质水量应符合《农村生活饮用水量卫生标准》GB 11730—1989。西辛峰村用水量按人均综合用水指标法进行计算，并采用用地指标法进行校核。人均生活用水指标取：300L/人·d。给水管网需要新建环状供水管网，水质水量需要达到饮用水要求。由机井泵房引出水源供给到给水环管中，管径 110mm。为加强对水源的保护进行了机井周围环境整治。

（3）排水工程规划与污水处理

村内目前在村中心街设有暗沟，其他各条街道都无排水管道。雨水和污水依地势流入村东的辛峰排水渠，污水未经处理。该村处于京密饮水渠 100m 水源保护区内，在现有条件下考虑到环境保护和生活环境的要求，全村规划建立统一污水管网收集生活污水，排入工业大院的排水暗渠，最后汇入污水处理设施。根据村的道路布置，排水形式采取分流式。沿村道路单侧或双侧布置雨水沟。由于明渠容易淤积，滋生蚊蝇，影响环境卫生，本次设计的雨水考虑由雨水沟收集排入工业大院的暗埋沟渠。

（4）环境卫生规划与厕所改造和垃圾处理

全村在 2003 年进行了厕所改造，每家有水冲式厕所和独立化粪池。村内现有公共厕所两个，为水冲式厕所。卫生条件较差，缺乏统一设计。村内分户设置垃圾桶，每天村里有专人去每户收取垃圾后集中处理运走。村内没有垃圾处理设施。规划对现有公共厕所进行改造，改善卫生条件，规划近期内改造村委会附近公共厕所一座。户厕粪便处理逐步实现无害化，提高户厕的净化水平，进行三格式改造，将生活污水接入排污管道进入污水处理设施处理。在村庄内设置若干垃圾收集点，服务半径不超过 70m。规划期末与周边村庄共用 1 辆环卫专用车。结合村规民约的制定、完善和宣传，建立健全村庄环境管理和维护制度，加强日常管理和经常性维护，形成长效的环卫保洁机制。

资料来源：赵红. 浅析新农村基础设施规划与村民住宅节能技术措施要点——以西辛峰村庄规划为例 [J]. 中国住宅设施，2009（09）：30-31.

（2）村庄公共服务设施规划

《镇规划标准》GB 50188—2007 中将公共服务设施分为行政管理、教育机构、文体科技、医疗保健、商业金融、集贸市场六大类。镇（乡）域公共服务设施项目配置原则及标准详见本书第 5 章 "5.1.6（2）公共服务设施规划"。

村庄公共服务设施是指为村民提供公共服务产品的各种公共性、服务性设施，根据内容和形式分为基础公共服务、经济公共服务、社会公共服务、公共安全服务，按照具体的项目特点可分为村庄管理与服务、村庄教育、医疗保健、文体娱乐、社会福利与保障共五大类。

村庄公共服务设施规划一般坚持以下原则：

1）以城带乡，统筹发展原则。将村庄公共服务设施规划纳入村庄规划的一部分，统筹协调并充分利用城市设施资源，差别配置，实现资源的共享和综合利用，以实现城乡公共服务设施的一体化。

2）远近兼顾原则。既要考虑近期需求，又要充分考虑到人口老龄化和城镇化的长期发展趋势，适应农村地区未来人口分布变化。

3）以人为本原则。从实际出发，帮助农民改善农村最基本、最基础、最急需的公共服务设施项目。公共服务设施布局应与城乡居民点布局、城乡交通体系规划相衔接，尽可能贴近农民，生活便捷，共享方便，为创造良好人居环境和构建和谐社会创造条件。

4）因地制宜原则。不同类型的村庄，应结合自身周边的建设情况采用不同的设置标准。

5）集中布置原则。村庄公共服务设施应尽量布置在村民居住相对集中的地方，同时考虑到公共服务设施项目之间的互补性，应将各类设施尽量集中布置。如文化体育设施、行政管理设施可适当结合村的公共绿地和公共广场进行集中布置，从而形成村公共中心，也为村民的休闲、娱乐、体育锻炼、交流等各方面的需求提供便利。

依据《乡村公共服务设施规划标准》CECS 354—2013，村级公共服务设施规划应依据村庄人口规模大小确定不同的设施配置标准。按人口规模，村庄可以划分为特大型、大型、中型、小型四类（表 6-3）。不同类型村庄公共服务设施配置标准见表 6-4。

村庄人口规模分级　　　　　　　　　　　　　　　　表 6-3

人口规模分级	特大型	大型	中型	小型
人口规模（人）	＞ 3000	1001~3000	601~1000	＜ 600

资料来源：本书编写组依据《乡村公共服务设施规划标准》CECS 354—2013 绘制

村庄公共服务设施配置标准　　　　　　　　　　　　表 6-4

村庄公共服务设施		设置级别分类			
		特大型	大型	中型	小型
管理设施	村委会	●	●	●	●
	经济服务站	●	○	○	○
教育设施	小学	●	○	○	○
	幼儿园	○	○	○	○
	托儿所	○	○	○	○
文体科技设施	技术培训站	○	○	○	○
	文化活动室	●	●	●	●
	阅览室	●	●	●	●
	健身场地	●	●	●	●
医疗保健设施	卫生所、计生服务站	●	●	●	●
福利设施	敬老院	○	○	○	○
	养老服务站	●	●	●	○

注：1. ●表示应设的项目；○表示可设的项目。
　　2. 表列项目视不同村具体情况可适当调整。
资料来源：本书编写组依据《乡村公共服务设施规划标准》CECS 354—2013 绘制

6.2.7 村庄住宅布局

（1）村庄居住空间形态构成

物质形态要素构成包括村庄所处的特定的自然环境、构成村庄居住空间的人工物质环境；精神形态要素是指影响村庄居住空间的社会文化环境。这两个基本的组

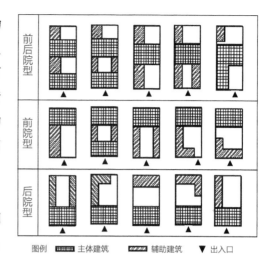

成部分具体又可以分成若干构成：物质要素包括街道、巷道、院落、建筑、广场、小品等，而每一物质要素又可再细分为次一级的要素；非物质要素指的是物质要素的组织方式与内在构成规律，以及审美情趣等内在的空间体验与精神文化意义等方面的因素。

（2）住宅平面布局

农村住宅以户为基本单位，由相邻若干独立的户构成一个居住组团，再由若干个居住组团有机结合构成整个村庄的平面布局。

1）单户独立单元平面布局：前院型、后院型以及前后院型（图6-6）

2）多户组合平面布局

A. 左右布局：在进行多户组合平面布置时，可沿道路成行列式布局，若地形宽广，不受限制时也可沿道路两侧左右布置（图6-7）。

B. 前后布局：当村庄主要道路为南北走向时，住宅建筑可沿主要道路一侧成前后布置，并可在前后住宅间设置少量的公共设施，以方便村民的生活。若受地形宽广，不受限制时，也可沿道路两侧前后布置，在一些大中型村庄中，道路系统相对复杂，可采用前后左右综合布局的形式（图6-8）。

C. 组团布局：为了打破单一对齐行列式布局产生的单调、死板感觉，可通过建筑错位组合、旋转等方式，形成丰富多变的村庄空间形态。住宅建筑也可结合村庄内公共绿地、公共空间等场所聚合成向心式组团布置（图6-9）。

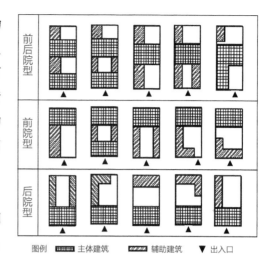

图例 ▦主体建筑 ▧辅助建筑 ▼出入口

图 6-6　农村单户独立单元平面布局示意

资料来源：李婷. 新农村村庄建设规划设计研究 [D]. 西安：西安建筑科技大学，2012.

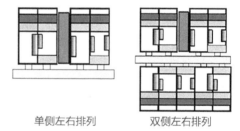

单侧左右排列　　　双侧左右排列

图 6-7　农村多户组合单元平面布局示意（左右布局）

资料来源：李婷. 新农村村庄建设规划设计研究 [D]. 西安：西安建筑科技大学，2012.

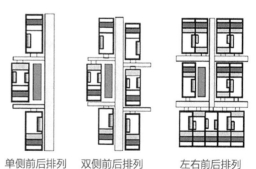

单侧前后排列　　双侧前后排列　　左右前后排列

图 6-8　农村多户组合单元平面布局示意（前后布局）

资料来源：李婷. 新农村村庄建设规划设计研究 [D]. 西安：西安建筑科技大学，2012.

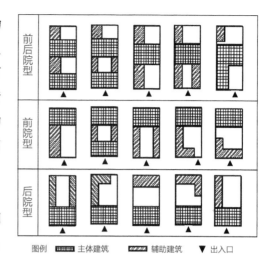

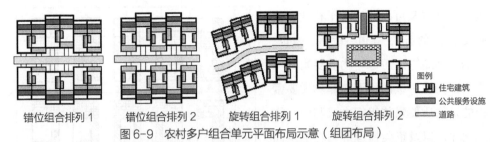

错位组合排列1　　错位组合排列2　　旋转组合排列1　　旋转组合排列2

图例
住宅建筑
公共服务设施
道路

图6-9　农村多户组合单元平面布局示意（组团布局）

资料来源：李婷.新农村村庄建设规划设计研究[D].西安：西安建筑科技大学，2012.

6.2.8　村庄人居环境整治规划

（1）农村人居环境的五大系统

1）自然系统。包括气候、水土地、动植物、地形、环境分析、资源及土地利用等。整体自然环境和生态环境，是聚居产生并发挥其功能的基础，人类安身立命之所。

2）人类系统。人是自然界的改造者，又是人类社会的创造者，具有对物质和精神的多重需要。

3）社会系统。人居环境是"人"与"人"共处的居住环境，既是人类聚居的地域，又是人群活动的场所，社会就是人们在相互交往和共同活动的过程中形成各种相互关系。社会系统包括公共管理和法律、社会关系、人口趋势、文化特征、经济发展、健康和福利等。

4）居住系统。主要指住宅、社区设施等。是人类系统、社会系统等需要利用的居住物质环境及艺术特征。

5）支撑系统。主要指人类住区的基础设施。包括公共服务设施系统——自来水、垃圾和污水处理；交通与道路系统；以及通信信息系统和物质环境规划等。支撑系统是为人类活动提供支持的，服务于聚落，并将聚落联为整体的所有人工和自然的联系系统、技术支持保障系统，以及经济、法律、教育和行政体系等。对其他系统影响巨大。

"居住系统"与"支撑系统"是人工建设和改造的成果。人工物化系统相对于其他非物化系统来说，更容易找到有效的建设和整治手段，并且可以在短时间内得到明显改善。通过物化系统的改善，促进非物化系统发展，进而推动整个人居环境系统的协调发展，是必要的并且是可行的。

（2）人居环境整治原则

1）因地制宜、分类指导

根据地理、民俗、经济水平和农民期盼，科学确定本地区整治目标任务，既尽力而为又量力而行，集中力量解决突出问题，做到干净整洁文明有序。有条件的地区可进一步提升人居环境质量，条件不具备的地区可按照实施乡村振兴战略的总体部署持续推进，不搞一刀切。确定实施易地搬迁的村庄、拟调整的空心村等可不列入整治范围。

2）示范先行、有序推进

坚持先易后难、先点后面，通过试点示范不断探索、不断积累经验，带动整体提升。加强规划引导，合理安排整治任务和建设时序，采用适合本地实际的工作路径和技术模式，防止一哄而上和生搬硬套，杜绝形象工程、政绩工程。

3）注重保护、留住乡愁

统筹兼顾农村田园风貌保护和环境整治，注重乡土味道，强化地域文化元素符号，综合提升田水路林村风貌，慎砍树、禁挖山、不填湖、少拆房，保护乡情美景，促进人与自然和谐共生、村庄形态与自然环境相得益彰。

4）村民主体、激发动力

尊重村民意愿，根据村民需求合理确定整治优先顺序和标准。建立政府、村集体、村民等各方共谋、共建、共管、共评、共享机制，动员村民投身美丽家园建设，保障村民决策权、参与权、监督权。发挥村规民约作用，强化村民环境卫生意识，提升村民参与人居环境整治的自觉性、积极性、主动性。

5）建管并重、长效运行

坚持先建机制、后建工程，合理确定投融资模式和运行管护方式，推进投融资体制机制和建设管护机制创新，探索规模化、专业化、社会化运营机制，确保各类设施建成并长期稳定运行。

（3）人居环境整治建议措施

1）提升村容村貌

整治公共空间和庭院环境，消除私搭乱建、乱堆乱放。大力提升乡村建筑风貌，突出乡土特色和地域民族特点。加大传统村落民居和历史文化名村名镇保护力度，弘扬传统农耕文化，提升田园风光品质。推进村庄绿化，充分利用闲置土地组织开展植树造林、湿地恢复等活动，建设绿色生态村庄。完善村庄公共照明设施。深入开展城乡环境卫生整洁行动，推进卫生县城、卫生乡镇等卫生创建工作。

2）保障生活饮水安全

加快农村饮用水水源调查评估和保护区划定。县级及以上地方人民政府要结合当地实际情况，组织有关部门开展农村饮用水水源环境状况调查评估和保护区的划定。农村饮用水水源保护区的边界要设立地理界标、警示标志或宣传牌。将饮用水水源保护要求和村民应承担的保护责任纳入村规民约。

加强农村饮用水水质监测。县级政府相关部门定期开展水源水质监测，监测点可设在水源取水口处。对于常规项目，有条件的地区应每年按照丰、平、枯水期开展水质监测；没有条件的地区，应每年监测一次。对于特定项目，应每3～5年监测一次，检出或者超标的指标，应按照常规项目的监测频次进行监测。对于南北方地区较为特殊的水柜和水窖型水源，应尽量参照大型水源的要求，定期开展水质监测。

开展农村饮用水水源环境风险排查整治。以供水人口在 10000 人或日供水 1000t 以上的饮用水水源保护区为重点，对可能影响农村饮用水水源环境安全的化工、造纸、冶炼、制药等风险源和生活污水垃圾、畜禽养殖等风险源进行排查。对水质不达标的水源，采取水源更换、集中供水、污染治理等措施，确保农村饮水安全。

3）处理农村生活垃圾

全面清除历史积存垃圾。集中力量、限定时间、不留死角，全面清理村庄内外、道路两侧、沟渠内、村庄周边积存的建筑和生产生活垃圾，彻底清理房前屋后的粪便堆、杂物堆。

建立健全符合农村实际、方式多样的农村生活垃圾收集与处理处置系统。推行"户分拣、村收集、乡转运、县处理"的农村生活垃圾收集与处理处置系统。农村生活垃圾的污染防治应在村民及农户之间普及垃圾的分拣，分类分拣由每户对自家垃圾进行分拣、分装。农村生活垃圾应优先选择就地处理处置，避免垃圾的无谓运输，只将少量不适合就地处理处置的垃圾送往当地集中处理处置中心处置。

抓好垃圾终端处理。应逐步取消简易填埋，彻底整改或取缔达不到环保标准的垃圾填埋场。城区周边农村可采取集中处理模式，边远农村可采取建立阳光堆肥房、磁化降解处理模式。

案例 6-7：开化县黄石村

浙江省开化县摸索出一整套做法，效果十分显著，主要做法是：门前三包、集中收集；定期清理，就地分拣；综合利用、无害化处理；合理规划建设垃圾处理设施。

1）门前三包、集中收集。各村制定卫生保洁村规民约，各项制度印发到户张榜公布，落实户前"三包"责任制。各村根据实际，设置若干固定或移动垃圾箱，并聘请卫生保洁员，优先安排低保户和困难户担任。村民负责将生活垃圾倒放在指定的垃圾箱内，由卫生保洁员统一收集。

2）定期清理，就地分拣。村卫生保洁员每天一次将垃圾用手推车运到垃圾分拣场地，进行分拣处理，将垃圾分为三类：可回收的废品垃圾，如金属类垃圾、各类纸制品、玻璃制品、泡沫塑料制品、废旧家电等；污染类垃圾，如电池、医疗废品等；有机物垃圾，如厨房垃圾、落叶杂草、菜叶秸秆、果品垃圾等，主要是含有一定量的有机物质，可供生物降解。

3）综合利用、无害化处理。对可利用的金属、塑料、玻璃类垃圾，由保洁员收集变卖，出售所得归保洁员所有。少量的电池、农药瓶等有污染垃圾，堆放在专门的堆放池中，集中填埋。有机物垃圾实行堆肥处理，肥效形成后，作为有机肥施用于农田和经济林地，实现循环利用。

4）合理规划建设垃圾处理设施。为避免垃圾集中堆放沤肥场成为新的污染源，在垃圾集中堆沤场选址上把握了两个原则，一是避免污染水体，既避免在农村水源上游选址建设，又防止污水未经净化排入水体，二是位置选择适中，既要避免臭气影响村庄又要避免距离太远。

案例来源：赵秋立. 浙江省农村人民环境优化建筑研究 [D]. 杭州：浙江大学，2006.

4）推进卫生厕所改造

合理选择改厕模式，推进厕所革命。东部地区、中西部城市近郊区以及其他环境容量较小地区村庄，加快推进卫生厕所建设和改造，同步实施厕所粪污治理。其他地区要按照群众接受、经济适用、维护方便、不污染公共水体的要求，普及不同水平的卫生厕所。引导农村新建住房配套建设无害化卫生厕所，人口规模较大村庄配套建设公共厕所。加强改厕与农村生活污水治理的有效衔接。鼓励各地结合实际，将厕所粪污、畜禽养殖废弃物一并处理并资源化利用。

5）治理生活污水

根据农村不同区位条件、村庄人口聚集程度、污水产生规模，因地制宜采用污染治理与资源利用相结合、工程措施与生态措施相结合、集中与分散相结合的建设模式和处理工艺。以房前屋后河塘沟渠为重点，实施清淤疏浚，采取综合措施恢复水生态，逐步消除农村黑臭水体。后期逐步推动城镇污水管网向周边村庄延伸覆盖，并将农村水环境治理纳入河长制、湖长制管理。

案例6-8：金华市白龙桥镇洞溪村

洞溪村常住人口近2500人，日产污水量较大，在试点过程中采用了多种处理技术组合的集中处理模式。集中处理净化处理系统包括多级溢留无动力厌氧消耗系统、多级生物过滤系统、多级潜流式生态系统人工湿地和多种生物净化生态氧化塘系统。项目完成后，金华市环境保护监测站先后对整个系统的进、出口水质进行采样监测，监测结果达到国家一级综合排放水质标准，同时达到国家建设部再生水回用于景观水体的水质标准，处理率达到95%以上，工程造价低廉，运行成本低，操作简便，适合在村庄推广应用。

案例来源：赵秋立. 浙江省农村人民环境优化建筑研究 [D]. 杭州：浙江大学，2006.

6）整治村庄道路

加快推进通村组道路、入户道路建设、道路硬化处理，基本解决村内道路泥泞、村民出行不便等问题。村庄道路走向、宽度、断面形式及标高由道路交通规划设计确定。道路施工主要包括路基施工、路面施工及排水沟渠施工。路基施工必须采用土方或石方压实。路面施工可根据村庄经济实力和实际需要，因地制宜，选择相应的路面硬化材料，如混凝土、沥青混凝土、石块、碎石、沥青表面处理等。结合道路建设，沿路两边安装相应数量的路灯，满足村民夜间出行需要。在村庄道路整治过程中，宜强调经济适用、施工简便、生态环保。对城市基础设施可以延伸覆盖的村庄，要积极创造条件，早日实现城乡一体化。

案例 6-9：安吉县山川乡高家堂村

安吉县山川乡高家堂村辖234户，826人。土地总面积700亩，是一个以竹为主的山区村。2000年以来高家堂村致力于村庄人居环境建设，经过几年来的建设，形成了风景如画、环境宜人、民风淳朴、村居依山傍水、错落有致的人居环境。2003年被浙江省委、省政府命名为第一批全面小康建设示范村、省级文明村（卫生村）和省绿化示范村。目前已成为有名的"农家乐"休闲旅游胜地。该村在人居环境建设方面的做法主要体现在以下几方面：

1. 村庄建设规划：村庄规划中充分考虑了自然、文化、环境和经济因素，无论从建筑物的朝向、布局到周边的交通组织，都充分尊重了当地的自然地貌条件，最大限度地保护并融入原有的生态环境。

2. 农房改造与道路建设：因地制宜，充分利用毛竹及其制品等快速再生材料，竹材经脱氧、防腐处理后应用到住宅的建筑和装修中，如竹围廊、竹地板、竹屋面、竹灯罩、竹栏栅等，改造了现有农房外观，推行了适用当地的建筑形式，提高热舒适度和通风效率，村居室内空气质量优良，空调使用率极低。在中心村道路建设中使用了建筑再利用材料，局部使用了花岗岩边角料做路面，既改善了村内道路通行，又增加了美观度。

3. 生活污水收集处理：该村采用了美国阿科蔓技术建立了生活污水无动力收集处理系统和中水循环利用系统。在污水收集系统建设上，按照村庄的地形，采用了明暗沟集合的污水收集方法，体现了节能，强调无动力。该村依山势而筑，村内有一条主干道，宽度约4m。大部分住户依村道两侧而建，各户的宅基高度高于路面。为减少污水管布置的工程量，管道布置在路边的边沟内，在不影响溪水流通的前提下布置管道，利用村庄本身的地形，重力自流收集污水。对村内少量宅基低于路面、污水无法自流排出的住户设局部埋地管收集污水至就近的下游村边沟。

该村还建设了中水回用的生态公园，铺设了砾石道路，公园内的空闲地由村民种植蔬菜，采用了喷灌设备把处理的生活污水用于菜地浇灌。

4. 生活垃圾收集与处理：该村合理配置了垃圾箱、制定了垃圾分类标准、建设了垃圾中转站，确定保洁人员。按可回收（非生物垃圾，如纸制品、塑料制品、金属制品、玻璃制品等）、不可回收（如腐烂垃圾、果壳、花草等）、毒害垃圾（如废电池、日光灯管、电灯泡、电子元件、药品、放射性物质、盛装有毒物质的瓶罐等）和厨余垃圾分类实施收集管理。在垃圾中转站旁设置厨余垃圾堆肥点，采用与猪栏肥混合、土法发酵办法进行，由毛竹高效林示范户免费使用。不可回收垃圾运送到垃圾中转站，然后转运到县处理中心；可回收垃圾由他人收购出运；毒害垃圾按有关要求收集处置。垃圾在村滞留时间不超过一天，在垃圾中转站滞留期不超过两天。

5. 太阳能利用：该村制定了补贴政策，在农户中推广了太阳能热水器、村内安装了太阳能路灯、太阳能杀虫灯、太阳能草坪灯，到目前全村太阳能热水器普及率已达90%以上。既改善了村民的生活卫生习惯，又为村民节省了燃煤资金，受到村民的欢迎。

6. 建成快速再生绿色材料基地：该村结合毛竹高效林开发，以万亩毛竹现代科技园区为主体建成了快速再生绿色材料基地，同时形成了"基地—加工—销售服务"林工贸一体化的发展雏形，把该区真正建设成一个集绿色基地、高效竹业、观光林业于一体的现代农业园区，大大提高了村民收入和集体经济实力。

7. 充分利用水资源：将村前溪流和荒地建设成一座景观水库，库岸用将淹没的砾石砌筑保持自然的建筑形态。在库区周边建设了文化长廊和农民健身公园，满足村民的亲水性，提供一个和谐的绿色环境。湖下游建设了小水电站一座，增加了村级集体收入。

案例来源：赵秋立.浙江省农村人居环境优化建设研究[D].杭州：浙江大学，2006.

6.2.9 村庄综合防灾规划

村庄综合防灾具体应包括消防、抗震、防洪、地质及气象灾害防治、环境卫生与防疫系统等。应分析村域内地质灾害、洪涝等隐患，划定灾害影响范围和安全防护范围，提出综合防灾减灾的目标以及预防和应对各类灾害危害的措施。并提出相应的空间管控要求，规定各类设施的分布、规模以及建设要求等。具体来说，村庄综合防灾规划包括：①建设用地适应性评价。根据村庄现行地形、地质、水文等自然条件以及道路、工厂分布、矿产开采等社会经济条件进行用地适宜性评价，划分灾害易发范围及安全防护范围。②根据建设用地评价，划分建设用地范围边界，并提出应对各类灾害的措施。③针对不同类型灾害分别因地制宜地提出空间管控要求，并规划相应防灾设施的位置分布、规模大小和建设要求等。④结合现有或规划村委会、文化活动中心或广场等较大活动空间布置大型避难疏散场地。结合晒谷场等小型空间就近布置小型避难疏散场地。

同时，村庄综合防灾规划可按灾害类型分为消防规划、防洪规划、地质和地震灾害防治等几类。

（1）消防规划

村庄按规范保证建筑和各项设施之间的防火间距，设置不宜小于4m的消防通道，主要建筑物、公共场所应设置消防设施。明确消防水源位置、容量，在水量保证的情况下可充分利用自然水体作为村庄消防用水，否则应结合村庄配水管网安排消防用水或设置消防水池。村庄内生产、储存易燃易爆化学物品的工厂、仓库必须设在村庄边缘或者相对独立的安全地带，并与居住、医疗、教育、市场、娱乐等设施之间留有规定的防火间距。

（2）防洪规划

村庄所辖地域范围的防洪规划，应按现行的国家标准《防洪标准》GB 50201—2014 的有关规定执行。应根据洪灾类型（河洪、海潮、山洪和泥石流）选用不同的防洪标准和防洪工程设施，实行工程防洪措施和非工程防洪措施相结合。邻近大型工矿企业、交通运输设施、动力设施、通信设施、文物古迹和风景区等防护对象的村庄，当不能分别进行防护时，应按就高不就低的原则确定设防标准和设置防洪设施。防洪设施包括防洪堤、防洪沟以及泄洪沟、蓄洪库等，应根据村庄具体地形地势和洪涝情况进行设置，以达到提前避防洪涝灾害的目的。例如，当村庄地势低于洪水位时，应修建防洪堤。当村庄位于山前区，地面坡度大，山洪出山沟口多时，可采用排洪沟。

此外，村庄根据国家标准《防洪标准》GB 50201—2014，应按其人口或耕地面积确定防洪标准。人口密集、乡镇企业较发达或农作物高产的乡村防护区，其防洪标准可适当提高。地广人稀或淹没损失较小的乡村防护区，其防洪标准可适当降低。见表6-5。

乡村防护区防护等级与防洪标准　　　　　　　　　　　　表6-5

等级	防护区人口（万人）	防护区耕地面积（万亩）	防护标准［重现期（年）］
I	≥ 150	≥ 300	100~50
II	<150，≥ 50	<300，≥ 100	50~30

续表

等级	防护区人口（万人）	防护区耕地面积（万亩）	防护标准 [重现期（年)]
Ⅲ	<50，≥ 20	<100，≥ 30	30~20
Ⅳ	<20	<30	20~10

资料来源：本书编写组依据《防洪标准》GB 50201—2014 绘制

（3）地质灾害防治规划

地质灾害防治应根据所在地区灾害环境和可能发生的灾害类型进行重点防御，提出地质灾害预防和治理措施。特别是针对山区村庄等需要重点防治滑坡、崩塌和泥石流等灾害。矿区等区域则应重点防治地面塌陷和沉降的灾害，并提出工程治理或搬迁避让措施，以保证村民生命和财产安全。

（4）地震灾害防治规划

根据各村庄实际地形地质情况，确定地震设防标准与防御目标，并提出相应的规划措施和工程抗震措施。针对地震灾害易发地区，如四川省，则应提出更为具体的地震防灾设施的分布布局和规模大小等要求。具体来说，地震防治规划可分为：①建设用地评估。应将村庄选址于对抗震有利的地段。②提出工程抗震措施。对村庄建设工程进行安全性评价，并根据评价结果进行抗震设防，确定工程抗震措施。③生命线工程和重要设施规划。应确定地震防灾设施的分布布局、规模大小和建设要求等。④次生灾害规划。如在镇中心区和人口密集活动区，不得有次生灾害源的工程。⑤疏散场地规划。避震疏散场地应根据疏散人口的数量规划，并与广场、绿地等综合考虑。主要疏散场地应具备临时供电、供水和卫生条件。⑥制定村庄地震灾害应急预案。破坏性地震应急预案是社会在地震发生前采取的紧急防御措施和发生后应急抢险救灾的行动计划。

6.2.10　村庄建设管控

应因地制宜，根据不同村庄类型及规划目标提出村庄建设管控措施，以达到在引导村庄未来建设的同时，持续改善乡村人居环境、保留村庄风貌特色、塑造美丽人居村庄的目的。

（1）基本要求

1）村庄建设应按规划执行。

2）新建、改建、扩建住房与建筑整治应符合建筑卫生、安全要求，注重与环境协调；宜选择具有乡村特色和地域风格的建筑图样；倡导建设绿色农房。

3）保持和延续传统格局和历史风貌，维护历史文化遗产的完整性、真实性、延续性和原始性。

4）整治影响景观的棚舍、残破或倒塌的墙体，清除临时搭盖，美化影响村庄空间外观视觉的外墙、屋顶、窗户、栏杆等，规范太阳能热水器、屋顶空调等设施的安装。

5）逐步实施危旧房的改造、整治。

6）村庄整治项目应包括安全与防灾、道路与桥梁及村庄公共设施、市政设施和防灾设施配置指标等，开展村庄建设活动。

（2）建筑设计引导

在村庄具体建设，如建筑设计引导上，应以结构合理、满足人民生活需求、节能减排、适应当地文化、改善居民生活等为目标。统筹考虑建筑布局、公共空间组织、基础设施布局和环境综合整治，明确村庄各类新建、改建、扩建项目的用地位置、规模、高度和范围线，提出体现乡土风情和地方特色的建筑风貌引导要求，作为核发乡村建设规划许可证的依据。明确危旧农房改造措施，对具有传统风貌和历史文化价值的建筑进行重点保护和修缮。

农房布局。综合考虑日照、常年主导风向和民居所在地的地形等因素确定，原则上农宅以朝南或略偏东、偏西为宜，与周围建筑相协调，妥善处理相邻关系。

农宅平面。农宅应分区明确，实现寝居分离、食寝分离和净污分离；厨房、卫生间应直接采光、自然通风。

农宅风貌：吸取优秀传统做法，并进行创新和优化，创造简洁、大方的建筑形象；宜以坡屋顶为主，并注意平屋顶、平坡屋顶结合等方式的运用，增加多样性。优先采用地方材料，结合辅助用房及院墙形成错落有致的建筑整体。

农宅庭院。灵活选择庭院形式，丰富院墙设计，创造自然、适宜的院落空间。

农宅辅房。结合生产需求特点，配置相应的附属用房（如农机具和农作物储藏间、加工间、家禽饲养、店面等）。辅房应与主房适当分离，可结合庭院灵活布置，在满足健康生活的前提下，方便生产。

农宅高度。农宅层高不宜低于2.8m；属于风景保护和古村落保护范围的村庄，建筑高度应符合保护要求。农村新型社区以联排式低层住宅和单元式多层住宅为主；联排式农居控制在2~3层，单元式住宅不超过6层；鼓励建设多层，严控1层。

农宅节能。应遵循适用、经济、节能、美观的原则，积极利用太阳能及其他可再生能源和清洁能源，推广节能、绿色环保建筑材料。

（3）建设指标

首先，村庄建设应以需求和问题为导向，综合评价村庄的发展条件，提出村庄建设总体要求；其次，按照上位国土空间规划确定的农村居民点布局和建设用地管控要求，确定乡村人均建设用地指标。同时，应在相关国家村庄建设标准、规范及指南的指引下，确定村庄公共服务和管理设施的用地布局和建设、村庄基础设施配置和建设、村庄环境卫生设施的配置和建设、防灾减灾等的要求和配置指标，完善村庄建设指标体系。最后，村庄建设指标体系建立，应充分考虑村庄的特殊情况并保证指标的合理性，指标设置宜为区间数值，以保证村庄实际建设的灵活性。

（4）建设监督

应加强村庄建设管控中的监督体系，除现行的乡村规划建设许可管理制度之外，宜建立村民住宅建设管理机制。村民自建房屋需在建设方案得到批准后才可实际施工，以监督村庄规划的实施和保证村庄整体风貌的维持。并应适当简化现今村庄建设中的办理流程手续，以提高村民参与村庄规划、实际建设村庄的积极性。

村民未按审批程序而取得建设用地批准文件，占用村庄土地的情况下，批准文件无效，并应收回占用土地。农村村民未按要求进行住宅建设并影响到村庄规划实施的情况下，应限期拆除建筑。尚可采取改正措施的，应限期改正，并处适当罚款。

6.2.11 村庄近期规划项目库

村庄规划需要研究提出近期急需推进的生态修复整治、农田整理、补充耕地、产业发展、基础设施和公共服务设施建设、人居环境整治、历史文化保护等项目，明确资金规模及筹措方式、建设主体和建设方法等。故而在规划中宜制定近期建设项目表，包括近期建设项目名称、内容、规模、实施人员和投资总估算等，以作为村庄更好实施近期规划的依据。村庄近期规划项目库相较于城市规划，可根据实际情况进行适当的简化，以便村庄近期规划的实施。同时，应明确近期规划项目分布、建设规模和建设时序等内容，完善村庄近期规划的管理制度。

参考文献

[1] 袁晓辉，谭伟平.快速城市化地区保留村庄规划编制框架探讨——以江苏省昆山市保留村庄规划为例[J].规划师，2013（04）：42-47.

[2] 王群，张颖，王万茂.关于村级土地利用规划编制基本问题的探讨[J].中国土地科学，2010，24（03）：19-24.

[3] 朱留华，谢俊奇.21世纪前20年土地利用趋势与对策研究[M].北京：中国大地出版社，2007.

[4] 彭补拙.土地利用规划学修订版[M].南京：东南大学出版社，2013.

[5] 詹慧龙，唐冲，王娜，等.我国农村产业发展的影响因素分析[J].产业经济研究，2007（05）：53-58.

[6] 蒋纹.村庄产业发展模式的空间布局研究[J].浙江建筑，2012，29（10）：11-15.

[7] 薛军.对文物建筑保护国际文献的思考[J].中外建筑，2002（4）：15-17.

[8] 徐嵩龄.第三国策：论中国文化与自然遗产保护[M].北京：科学出版社，2005.

[9] 赵红.浅析新农村基础设施规划与村民住宅节能技术措施要点——以西辛峰村庄规划为例[J].

中国住宅设施，2009（09）：30-31.

[10] 倪嵩卉，李国庆，倪嵩.城乡统筹下农村公共服务设施规划的思考 [J]. 小城镇建设，2011（12）：84-86.

[11] 何新兵.新农村建设背景下的扬州地区村庄居住空间组织研究 [D]. 苏州：苏州科技大学，2010.

[12] 李婷.新农村村庄建设规划设计研究 [D]. 西安：西安建筑科技大学，2012.

[13] 王诚.浅谈新农村村庄建设规划设计研究 [J]. 中华民居（下旬刊），2014（08）：34.

[14] 赵秋立.浙江省农村人居环境优化建设研究 [D]. 杭州：浙江大学，2006.

[15] 王悦，王光远.基于"三生"理念的农村基础设施规划研究 [J]. 小城镇建设，2012（10）：80-85.

[16] 李军，叶勇.我国村镇综合防灾规划的问题与对策研究 [J]. 西部人居环境学刊，2016，31（04）：73-78.

[17] 金兆森，陆伟刚.村镇规划 [M]. 南京：东南大学出版社，2010.

[18] 裴立东，赵磊.浅谈基本农田建设与保护 [J]. 国土资源，2019（05）：42-43.

[19] 国家发展改革委宏观院和农经司课题组.推进我国农村一二三产业融合发展问题研究 [J]. 经济研究参考，2016（04）：3-28.

[20] 郑应涛.农村水利基础设施建设存在的问题及对策 [J]. 农民致富之友，2012（20）：163.

第7章

国外村镇规划实践

国外村镇规划实践活动起步较早，截至20世纪70年代，大部分发达国家基本完成了村镇的现代化进程，积累了丰富的经验和优秀案例，对我国村镇规划、建设、管理的发展具有十分重要的借鉴意义。同时,各个国家因其发展背景、地域特色不同,其发展模式也各具特色。因此，对国外村镇规划实践的借鉴与学习必须建立在对其村镇发展背景、发展历程整体认知的基础上,明确国内外村镇发展的共性和差异性特征,才能有针对性和选择性地学习与借鉴,从而有效指导我国村镇规划实践。

本章以英国、德国、法国、韩国、日本村镇规划实践为重点,从其发展背景出发,对其各个发展阶段的村镇规划实践的相关理念与政策、主要内容和目的进行梳理和总结。在此基础上,选择有代表性的案例进行深度地剖析,以期为我国村镇规划实践提供经验与借鉴。

7.1 欧洲村镇规划实践

7.1.1 英国村镇规划实践

作为工业革命发源地的英国经历了重工轻农的历史过程,乡村一度成为被忽视区域。经过三十到四十年,英国乡村通过完善的法律、法规和规划管理,健全的基础设施与公共服务设施,以及乡村旅游与乡村社区建设重拾了乡村的价值,实现了对历史文化遗产的珍视与保护、对自然资源环境的崇尚与爱护、有针对性的乡村特色的塑造,保障了乡村地区的健康和可持续发展,让英国乡村成为具有吸引力的地区。

（1）英国村镇发展历程

英国村镇主要经过四个发展阶段（表7-1）。

英国村镇发展历程　　　　　　　　表 7-1

时间	时代背景	相关理念和政策	政策相关内容	目的
第二次世界大战前	①圈地运动和资产阶级的发展，使得英国农村人口大量涌入城市，城市出现了人口膨胀、卫生环境恶化等"城市病"②乡村也逐渐因人口流失走向衰败	《住房与城乡规划法案》（1909年）《城乡规划法》（1932年）	首次提出要遏制城市向乡村扩张，确保乡村农业和林业用地不受发展规划影响，同时对乡村地区具有历史意义的建筑进行保护	促进城市问题和乡村问题的解决，强化政府的宏观调控
第二次世界大战后~20世纪80年代	①农业发展出现倒退②大城市"城市病"进一步加剧且出现了"郊区化"现象③乡村衰败及"郊区化"加速传统乡村社区衰落——乡村无法满足居住需求④农业—环境问题破坏了英国乡村的重要景观、动植物种类，造成了土壤、地表水污染	《斯科特报告》（1942年）	①通过国家公园建设整体保护乡村地区自然和人文景观；②规定乡村土地开发必须以农业发展为前提；③乡村工业布局需充分考量经济就业；④乡村社区福利、乡村环境和文化保护；⑤鼓励以理智方式把乡村用于休闲目的；⑥建筑开发应严格执行规划程序	改善乡村住宅、阻止乡村人口流失
		乡村居民点规划政策	将村庄分为可扩张和不可扩张两类，政府集中投资建设可以扩张的中心居民点，鼓励人口流入，让不可扩张的小乡村居民点自然消亡或拆除	推行紧凑型居民点规划模式，使其成为乡村地区增长中心
		《城乡规划法》（1947年）"绿隔"政策和"国家公园"政策	保护城乡结合部的农田与森林和保护有资源优势的乡村自然风光	保护乡村生态环境，但也使得乡村土地价值没有得到有效利用
20世纪80年代~21世纪初	可持续发展和环保观念成为主流，郊区化现象普遍，乡村产业多样化和价值多元化	农业不再是乡村经济的基础，乡村地区能够支持一系列更为广泛的经济活动	英国乡村从"生产主导型经济"向"消费主导型经济"转变，关注乡村居民的主导地位和需求，形成以人为中心的规划观念	深度发掘乡村地区多元化价值，提倡形成以人为中心和以社区为中心的规划观念
		《古迹保护法》（1882年）《登录建筑与保护区规划法》（1990年）	形成了完备而严整的历史建筑与环境保护的法律体系	

续表

时间	时代背景	相关理念和政策	政策相关内容	目的
20世纪80年代~21世纪初	可持续发展和环保观念成为主流，郊区化现象普遍，乡村产业多样化和价值多元化	建立"国家公园管理委员会"和"公园规划办公室"（HM政府，1995年）	既要"保护和提升自然环境、野生动物与文化遗产，保障公众享受开放空间的机会"，还负责鼓励"地方社区与国家公园在社会与经济方面进行合作"	深度发掘乡村地区多元化价值，提倡形成以人为中心和以社区为中心的规划观念
		确认一批"环境敏感地区"	通过资助鼓励的形式与地区农民签订管理协议，鼓励环境友好性生产，规划则负责保障这些具体策略的实施	
21世纪以来	①全球化背景和城乡互动频繁，使得乡村发展需求扩大到乡村区域之外，城乡边界模糊②地域性的竞争也凸显了乡村发展机遇和收益的不均，从而对更大区域范畴内的协调和管理提出了需求	新空间规划体系（New Spatial Planning System）（2004年）《第7号规划政策文件：乡村地区的可持续发展》	打破传统行政边界，重构"国家—区域（次区域）—地方"城乡综合规划框架，将乡村融入城乡体系之中统筹，更加关注社区和人的发展，着力搭建沟通协作的平台，更加强调"综合性""参与性"以激发社区动力	实现乡村发展的"多功能主义"，实现乡村发展从追求"生产价值"到"消费价值"到"可持续价值"的转变
		杰出自然美景区（Area of Outstanding Natural Beauty，AONB）（2012年）——AONB与国家公园具有同等地位	AONB是那些因为景观价值高而被划定为保护区的农村地区，用于保护和增强景观的自然美景，满足安静享受农村环境的需要，以及顾及在那里生活和工作的人的利益	依靠规划控制和农村实际管理来实现

资料来源：本书编写组依据本章参考文献[1]~[6]绘制

（2）英国村镇规划实践典型案例——科茨沃尔德

1）科茨沃尔德基本概述

Cotswold（科茨沃尔德）地区是一个非都市区郡县，位于英格兰的心脏地带，处于伦敦以西的丘陵地区，总面积164.5km²，总人口约8.4万人（2014年），是英国著名的自然杰出风景区之一。

科茨沃尔德地区历史十分悠久，早在公元500年，由凯尔特人部落统治，后曾被罗马人占领，并留下一些村庄证据。从15世纪开始，当地著名的羊毛贸易达到顶峰，从而形成了200多个村庄。长期财富的积累也清楚地反映在当地的村庄建筑中，这些建筑从舒适的茅草屋、私人庄园，到庄严的教堂和修道院，无不载录了当地经济繁盛的历史。虽历经工业革命的变革，该地区一些镇和村庄仍然得以很好地保留。

2）以中心居民点建设为重点的乡村规划

2006 年，科茨沃尔德开始实施以空间规划为核心、以中心居民点建设为重点的乡村规划，即 Cotswold District local Plan（2001—2011）。该规划涉及乡村未来发展的经济、社会、环境、住房等多个方面的政策和建议。规划从整体空间提出了结构性安排，确定了 1 处城镇化区域（Cirencester）和 9 处中心居民点的总体格局。将城镇化区域作为该地区人口最集中的居住和工作区域，集中布局主要的基础设施和公共服务设施，其余 9 个中心居民点成为该地区的主要发展节点，其布局和公共服务设施配置需能辐射和服务周边农村地区，且要求其发展方向与民居特色功能相一致，并能促进社会和经济的发展。同时该规划还提出限定增长空间以遏制村镇建设空间的无序增长。规划指出该地区的居住需求增长将有至少 60% 通过存量用地的使用或更新来解决，剩下的不超过 40% 的新增土地将优先分配于城镇化地区和中心居民点，且对每个中心居民点都划定了发展边界。而除城镇化区域和中心居民点之外的农村居民点将被限制规模的扩张。规划同时还对整个区域的传统文化保护区进行了划定，明确保护区域，并提出了历史文化保护、旅游发展、土地使用等方面的要求。

3）AONB 制度保护下的乡村规划与建设

AONB 是指那些因为景观价值高而被划定为保护区的农村地区，全英国共有 46 个杰出的自然美景区。1966 年，科茨沃尔德地区被划定为杰出自然美景区。英国通过不同层级及类型的保护区划定、列入名录方式以及规划许可申请制度，从宏观到微观建立了一套全方位的政策系统，较好地从综合层面对村庄整体环境、街景与界面、建筑及细节进行有效的控制（表 7-2）。

AONB 制度保护下的乡村保护措施　　　　　　　　　　表 7-2

保护方式		保护措施	保护目的
划定保护区并在区域层面成立委员会		实施区域层面在自然环境、历史景观和建筑上的保护，利于从区域层面解决各更小单位在保护方面的问题协调，形成集中整体的保护效应	从区域层面解决各更小单位在保护方面的问题协调，形成集中整体的保护效应
保护建筑及乡村建筑群名录		一旦被列入名录，没有地方当局的批准，业主不能对其进行重大改观的拆除或改造；相关政策的制定必须考虑保护以及加强这些保护地区的特征	政府能从宏观和微观层面进行双重有效的控制
开发许可申请制		促使新的开发活动必须满足区域环境发展要求，并能在细节上对区域内，尤其是保护区内的改造或改善行为进行空间变化前的有效控制和协调	
微观控制	技术准则	普遍性原则：对天际线、轮廓、颜色、尺度以及建筑的屋顶、材料、装饰细节等作出规定及提出建造指引控制条件：特殊区域增加控制性条件	

续表

保护方式		保护措施	保护目的
微观控制	景观的管理	实施景观特征划分和评估体系：在科茨沃尔德 AONB 中确定了 19 种不同的风景特征类型。景观特征文件分析其"潜在景观影响"，并针对每种类型制定了相应的景观策略	政府能从宏观和微观层面进行双重有效的控制
社区营造	关注生活	针对过去不符合生活方式的空间进行改造；对物理环境进行优化，对设备设施进行更新	实现主动式保护和经营方式，使经营者在与其互动中产生更为重要的人文价值，实现乡村可持续发展
	关注生产	考虑地区经济、零售业以及就业的创造	
	培训课程	每年组织一系列传统农村工艺课程，包括干石墙、石灰砂浆（建筑修复）、树篱堆叠、锻造与石雕、羊毛编织、木工与粉刷、工艺与摄影	

资料来源：本书编写组依据本章参考文献 [7]~[9] 绘制

7.1.2 德国村镇规划实践

在德国，乡村地区并不是处于工业社会的边缘地带，德国有 70% 以上的居民生活在 10 万人口以下的"城市"（相当于我国的一个小县城甚至乡镇），多数人居住在 1000~2000 人口规模的乡村。尽管乡村地区人口比例持续下降，农业生产对于整个国民经济的意义也不断降低，但德国乡村地区在环境、文化等涉及全社会福利的地位却在不断上升。这源于德国乡村在 20 世纪 80 年代开始的"乡村地区更新建设"计划，其核心内容包括：通过建立城乡等值理念、完善法规体系、改善基础设施、保护乡村文化生态风貌、鼓励公众参与、促进区域整体性发展等措施及策略，建立了乡村更新的全新系统，使德国成为世界上城乡融合程度较高的国家。

（1）德国村镇发展历程

德国村镇主要经过四个发展阶段（表 7-3）。

德国村镇发展历程　　　　　　　　　　　　表 7-3

时间	时代背景	相关理念和政策	政策相关内容	目的
第二次世界大战前	①农业改革：农业经济从封建庄园制走向资本主义农场制 ②工业革命兴起	《帝国土地改革法案》	对乡村的农地建设、生产用地以及荒废地进行合理规划	结束了德国村镇长久的自由发展和自由建设的状态
第二次世界大战后至 20 世纪 70 年代	资本主义发展，传统农业不能与机械化、工业化大农业相竞争，乡村发展面临转型	1954 年颁布了《土地整理法》 1960 年颁布《联邦建设法》 1970 年颁布《城市建设促进法》	提出村镇更新概念，并明确了基本法律法规。乡村建设和农村公共基础设施完善作为村庄更新的重要任务	保障农村地区农业和林业经济的稳定发展，为土地归并整理创造条件，减少城乡差距

续表

时间	时代背景	相关理念和政策	政策相关内容	目的
20世纪70年代~20世纪90年代	①无计划的返乡运动导致乡村地区建筑密度增大、用地开发过度和使用矛盾加剧 ②在农村现代化过程中过度强调现代化功能，导致乡村失去原有特色 ③环保和生态意识觉醒	1976年修订《土地整理法》	将村庄更新写入法律，把促进整个乡村地区的发展列入核心目标，提出保护和传承村镇的历史文化特征	节约用地、盘活土地，为乡村发展提供法律保障
		"我们的乡村应更美丽"计划	对乡村自然环境、聚落结构和建筑风格、村庄内外部交通保持原有现存特色，并能自我更新且初步提出了包括提高农产品质量和种类、开发农业房地产和乡村旅游方面的策略	在保留乡村特色的基础上提高乡村生活品质，促进乡村发展
20世纪90年代至今	初步实现了传统乡村和农业向现代化、生态化的转变，但居民事业、外迁和基础设施等可持续发展问题依然存在	"可持续发展"关注乡村多元价值	规划思路从单纯重视村镇原有历史方面的内容，逐渐转变为对于村镇未来发展整体思考，并鼓励农村居民积极参与	关注乡村经济、生态、文化、旅游、休闲等多元价值，促进乡村可持续发展
	①全球化和欧洲一体化 ②德国乡村地区已经由历史上工业社会的边缘发展为与城市在经济、社会各个方面高度关联的地区	整合性乡村发展策略	从联邦、联邦州到地方政府层面在规划制度和政策之间进行协调，在此基础上，将村镇建设、田地结构调整和乡村地区基础设施建设进行综合协调并制定相关的规划；同时构建相互沟通协调的平台来协调区域、地方社区政府、其他利益相关体共促乡村发展	促进城乡整体均衡、乡村地区综合发展，激励创新和调动全社会力量参与乡村建设

资料来源：本书编写组依据本章参考文献 [10]~[12] 绘制

（2）德国村镇规划实践典型案例——费尔堡

在德国，根据面积大小、人口多少产生不同级别的村庄分类，由小到大分别是自然村（Daugh）、行政村（Markt）、乡镇（Gamad-start），其中乡镇（Start）包含一些自然村（Daugh）。费尔堡属于乡镇（Start），是巴伐利亚州的一个传统村镇，也是巴伐利亚地区最大的乡村区域。20世纪中期，巴伐利亚政府提出"城乡等值化"战略目标，通过城乡空间规划体系设计、乡村更新、基础设施建设、财政转移支付、产业结构调整、土地综合整治等方式，促进了乡村地区社会经济发展。而费尔堡在乡村政策引导下，面对村庄人口流失、经济衰退、乡村破败等问题，根据自身特色展开村庄更新建设，也取得了不错的实施效果（表7-4）。

费尔堡乡村更新措施   表 7-4

更新原则	具体措施
确定村镇中心点及文化保护的建筑	1. 研究历史发展脉络，确定教堂为村镇中心点；划定历史文化保护建筑 2. 在教堂周边增加其他文化建筑：成立了民间协会，保护村镇聚落文化；修建了民俗博物馆等建筑，以展示过去的传统生活方式，延续文化脉络
优化聚落结构与交通	将交通道路的规划作为一种整体思维，道路的开发不仅需要考虑原有村镇的布局结构，同时需要在不干扰村民的正常生活、考虑对村镇景观影响的情况下，将原本破碎的村镇结构有机串联，将居民住宅、公共区域、工作场所等化零为整
功能性空间的建设及扩建	1. 尊重当地居民非农化属性，在村镇聚落形态的更新中，将招待所、餐厅、艺术馆等旅游功能设施的建设也划入考虑的范围中，从而配合村镇旅游业的发展 2. 制定符合地域特色的更新系统和风貌规范。费尔堡通过法规条例给出房屋更新的形式、高度、宽度、距街道距离等导则式指引，便于保证费尔堡整个村庄的建筑风貌 3. 分类更新模式：第一类是保留原有建筑结构，加强房屋的牢固程度，使用现代材料进行修缮；第二类是改变原有建筑结构，但是依旧以保留当地文化为主旨进行修复建设；第三类是新建设的旅游设施，新建筑要考虑与旧建筑之间的规模和比例，在设计上要保留重要建筑物如塔、教堂尖顶等的视线走廊
其他基础设施	1. 基础设施完善：对排水进行法规制定，不断完善供暖等基础设施 2. 将可持续发展纳入规划：设风力发电风车，并配合太阳能收集站，用于村镇房屋和街道照明、供暖设施

资料来源：本书编写组依据本章参考文献 [13]、[14] 绘制

7.1.3 法国村镇规划实践

第二次世界大战前，法国大革命带来的乡村土地碎片化，使得法国乡村长期以家庭经营的小农经济为主体。第二次世界大战后，法国城镇化与现代化快速推进（该阶段被称为"光辉 30 年"），乡村则陷入人口骤减、功能单一、景观衰败以及乡村文化边缘化等危机，甚至一度被预言会走向"终极"。然而，有效的政策干预使法国乡村在随后的半个世纪内经历了功能角色、空间形态、人口构成、文化价值等一系列转变，逐步摆脱困境走向"复兴"。

（1）法国村镇发展历程

法国城市化"光辉 30 年"将法国村镇分为两大发展阶段（表 7-5）。

法国村镇发展历程   表 7-5

时间	时代背景	相关理念和政策	政策内容	目的
第二次世界大战后，法国城市化"光辉 30 年"：法国城镇化与现代化快速推进				
第二次世界大战~20 世纪 50 年代	法国百废待兴，法国乡村存在农业机械化程度低、农业技术落后、土地分散化等问题	提高农业生产力阶段	推进农业现代化进程，包括推广农业机械化、农业科技和农业专业合作社	提供稳定的农产品和农业剩余劳动力

续表

时间	时代背景	相关理念和政策	政策内容	目的
20世纪50年代~20世纪60年代	①大量农民外迁，法国乡村出现衰败现象 ②保护生态环境意识	"乡村行动区"（1960年）国家公园（1963年）区域自然公园（1967年）"乡村更新区"（1967年）	不仅关注乡村地区经济层面的内容，还增加了社会、生态等方面的思考	促进乡村综合发展
20世纪60年代~20世纪70年代	①随着乡村基础条件的完善和社会需求的变化，乡村地区成为多元产业的生产地和城乡居民共同的居住、休憩场所 ②关注城乡关系和生态环境	土地占用规划（1970年）	明确土地的各功能区，避免城镇空间的无序开发	推动地方经济社会发展；建设和改善乡村设施，以及保护自然空间
		乡村整治规划（1970年）	相关政策涵盖经济、社会、生态多方面内容，以《土地导向法》为指导，在微观地区层面对自然群落进行规划	

"光辉30年"后法国乡村呈现新发展局面：逆城市化——乡村人口结构多元化；多业并举；乡村成为生态涵养地；分权法——激发地方积极性与创新性

时间	时代背景	相关理念和政策	政策内容	目的
1970~2000年	①"光辉30年"奠定了法国乡村发展的经济、制度、生态和行政基础	乡村整治计划及乡村复兴计划	基于分区规划，推行以减税奖励为核心的新乡村复兴政策，重点针对发展较落后地区的乡村，启动了乡村发展规划和设施优化规划	振兴薄弱乡村，在确保农业高生产率的前提下，实现乡村经济多样化发展
	②法国城镇化率达80%	颁布《空间规划和发展法》，创立了"乡村复兴区"		
	关注乡村特色化发展	建筑、城市与景观遗产保护区（1983年）	注重挖掘村镇内乡土特色的构成要素，包括自然环境要素、农业环境要素以及聚落和建筑要素，并将之与当地的文化历史背景联系起来，塑造具有地方特色的文化意象	保护历史文化村镇
		《领土规划与发展指导法》以法律形式指明了乡村复兴区的文化战略	形成文化设施发展、文化遗产保护、人文景观规划、文化项目开发为一体的乡村文化战略	满足乡村地区多元化的文化诉求，推动城乡平等；突出乡村特性，促进乡村地区的复兴

时间	时代背景	相关理念和政策	政策内容	目的
2000 年至今	部分薄弱乡村境况的改善，由振兴薄弱乡村转变为发展卓越乡村	《乡村开发法案》（2005 年）	将法国乡村划分为：优秀乡村中心、乡村复兴区、大区自然公园，并制定该地区政策	发展卓越乡村，注重挖掘乡村的自身优势与发展潜力，实现差异化的特色发展
		《乡村地区发展法》（2005 年）	保留和发扬乡村特性，并将其转化为乡村地区的发展优势	
		卓越乡村项目（2005 年）	加强乡村地区的文化、旅游、生态、科技等特色产业发展	

资料来源：本书编写组依据本章参考文献 [15]~[19] 绘制

（2）法国村镇规划实践典型案例——普罗旺斯

"普罗旺斯作为一种生活方式的代名词，已经和香榭丽舍一样成为法国最令人神往的目的地。"

——彼得·梅尔的《重返普罗旺斯》

普罗旺斯地区位于法国南部地中海沿岸，第二次世界大战后，普罗旺斯接受国家领土整治规划，大力发展乡村旅游业。从 20 世纪 60 年代，法国政府在一些贫困地区兴建各种公园经济区，旨在保护这些地区的生态文明和完善其基础设施建设，随后出台了地区级别的"乡村整治规划"，进一步优化升级基础设施建设，促进地方农、林、工业、服务、居住和旅游等方面的融合发展。与此同时为保证上述政策的实施，普罗旺斯设立各种规划公司、委员会，在政府及相关协会的扶持下，普罗旺斯以农业为主题，以普罗旺斯本来所拥有的薰衣草园为基础，加大种植，打造薰衣草景观游，并在周边针对游客住宿、商品消费、艺术熏陶的需求开发了各色旅游产品，不断扩宽当地的业态（表 7-6）。如今普罗旺斯已成为薰衣草的代名词，是法国国内美丽的乡村度假胜地。

法国普罗旺斯特色小镇经验总结　　　　　　　　　　　　表 7-6

发展特色	具体措施
立足本土的合理定位	选取本地特色乡土植物——"薰衣草"，根据其特色合理将小镇功能定位为：以"薰衣草"为核心的农业观光旅游目的地。其核心项目及旅游产品包括：田园风光观光游、葡萄酒酒坊体验游、香水作坊体验游等
产业生态化：农业产业化、产业景观化	运用生态学、系统科学、环境美学和景观设计学原理，将农业生产与生态农业建设以及旅游休闲观光有机结合起来，建立集科研、生产、加工、商贸、观光、娱乐、文化、度假、健身等多功能于一体的旅游区，实现可持续发展

续表

发展特色	具体措施
产业融合发展旅游产品升级	在业态方面，不局限于以薰衣草为核心的"观赏、产品"，还设置了家庭旅馆、艺术中心、特色手工艺品商铺、香水香皂手工艺作坊、葡萄酒酿造等配套产业
多元乡村体验	旅游区开展了体现乡村地区居民生活特征的多元、多样活动
发挥政府、协会等的引导作用	建立 APCA 行业协会，协助乡村旅游发展。从总体上把控旅游产品的发展方向，使其统一体现乡村本土文化风貌，突出了乡村本土特色，保证了旅游产品的质量

资料来源：本书编写组依据法国普罗旺斯相关介绍整理

7.2 亚洲村镇规划实践

7.2.1 韩国村镇规划实践

韩国村镇主要是靠"新村运动"来推动自主协同发展。新村运动的发展过程中，运动的主导主体不断转变，运动的内涵不断丰富。韩国新村运动在 1970~1980 年间，是由政府主导型的农村发展模式，主要内容为乡村环境改善与农民收入提高。到 1980 年 12 月有了重大转折，韩国新村运动从政府主导转换成偏向民间主导，主要内容开始关注社区建设和文化建设。到 20 世纪 90 年代以后，韩国新村运动更进一步转换为纯粹的民间主导，主要关注国民伦理道德建设与共同体意识的培养。21 世纪以来，村镇发展更强调公众参与，尤其是年轻人的参与，关注内容也变为全民生活质量和身体素质的提高。

（1）韩国村镇发展历程

韩国村镇可分为六个发展阶段（表 7-7）。

韩国村镇发展历程　　　　　　　　　　　　　表 7-7

发展阶段	时代背景	相关理念与政策	主要内容	目的
第二次世界大战后~1960 年	受殖民统治和朝鲜战争影响，国家经济贫困不堪，粮食问题突出	《农地改革法》（1949 年）	"耕者有其田"为农地改革目标，使农民拥有了土地自主经营的权力	改变了土地占有的结构
1961~1969 年	迅速推进工业化和城市化进程，但工农业发展严重失衡，农村问题突出，经济处于极端贫困和落后状态	设立：农村合作组合（1961 年）设立：农村振兴厅（1962 年）《农业基本法》（1967 年）	农业发展受到重视和关注，颁布了《农业基本法》等相关法律，形成较为完善的农业农村法律体系	促进粮食生产，增加农民收入，为农业现代化发展提供了法律保障
1970~1980 年	工业化与城市化取得初步成效，具备了工业反哺农业的条件	"新村运动"兴起，开始政府主导型的农村发展模式	基础建设阶段（1970~1973 年）：政府无偿提供物资，加强基础设施建设，同时建立研修院、培育新村运动领导人	改善村民居住条件

发展阶段	时代背景	相关理念与政策	主要内容	目的
1970~1980 年	工业化与城市化取得初步成效，具备了工业反哺农业的条件	国民的新村运动扩散时期	扩散扶助阶段（1974~1976 年）：培训各界负责人、鼓励农民调整农业结构和产业结构，以此提高农民收入，通过财政的补贴发展专业化生产，建立工厂。同时将农村的新村运动扩散至城市	增加农民收入，消除城乡差距，将新村运动扩散至城市，形成韩国国民精神
		不局限于以村庄为单位的小规模活动，而是扩大了活动的地域和规模	深化阶段（1977~1980 年）：农村聚焦于增加收入和扩充文化设施，城市聚焦于节约物资和提高生产力及健全劳资关系，通过城乡新村运动，增加居民收入，同时引导村庄自立，促进农村基础设施建设不断完善	从村庄单元到地区单元，从关联性中谋求共有资源和共同开发所带来的效率性和经济性，引导村庄的自立
1980~1990 年	政府主导的新村运动开始转换为民间体制	从政府主导转换成民间主导，政府仅提供辅助，完善各项新村机构	建立和完善新村运动的民间组织；继续调整农业结构，进一步发展多种经营；大力发展农村金融业、流通业；改善农村生活环境和文化环境	建立和完善新村运动民间组织，进一步改善农村生活、文化环境
1990~2000 年	新村运动演变为以国家的焦点问题为中心的社会活动；政府开始关注经济欠发达地区以及偏远地区的国土开发问题	新村运动：重点展开文化伦理教育	新村运动关注：国民伦理道德建设、共同体意识教育和民主与法制教育	提高国民意识，促进国土均衡发展
		《农渔村发展特别措施法》（1990 年）	在全国 1260 个"面"（相当于我国的"乡"）中选定 794 个农村作为开发对象，将面所在地或中心村庄提升至中小城市水准，将面域整体提升至"邑"（相当于我国的"镇"）的水准	
2000 年至今	国内外经济环境变化，城乡二元结构矛盾不断加剧。新村运动丧失动力停滞不前	《国土规划法》（2003 年）开启城乡"一元化"管理模式	建立统一的城乡规划体系，对乡村用地实施保护性开发，关注乡村文化生态环境	促进城乡一元化发展，着力提高农村软实力，改善农村居住环境，稳定农村社会结构
		倡导"第二次新村运动"（2013 年），绿色发展，健康发展	提议开展文化共同体运动、近邻共同体运动、经济共同体运动、全球的共同体运动	

资料来源：本书编写组依据本章参考文献 [20]~[23] 绘制

（2）韩国村镇规划实践典型案例——Heyri 艺术村

Heyri 艺术村作为韩国目前最大规模的艺术村，占地约 49.5 万 m²。1997 年，有十家出版社相中了此地，他们组建企业并向政府购买建设用地，组建了艺术村委员会，负责各类发展计划与建设方案的审定，无不体现出韩国本土团结协作的特点（表7-8）。如今，Heyri 艺术村已成为世界十大创意艺术区之一，成为韩国的文化艺术天堂，超过370位艺术家在这里居住、生活并为社区发展贡献力量，是社区营造的典型范例。

韩国 Heyri 艺术村设计特色   表 7-8

设计特色		具体措施
物质空间营造	规划布局与管控	在规划布局上，尊重地形、严格管控：①占地面积近50万 m^2 的村落，被丘陵山谷分为8个小空间，以传统乡村的空间设计理念进行分区风貌设计；②对各类用地比例实施严格的管控，规定30%的土地留作自然空间，15%的土地作为道路及公园等公共空间，而超过50%的私有土地则留作绿地，建设空间不可超过现有村落用地的25%
	建筑特色与管控	一栋一品，打造现代建筑的露天博物馆，实施严格的建筑设计风格、层高、用途的控制。商业建筑限高12m，居住建筑限高9m，且不高于3层。在建筑材料上，要求只能使用自然属性强的建筑材料，如砖、素混凝土、锈钢板、白玻璃等
	景观风貌	杜绝城市化、保留原真环境、显山露水
打造社区精神	运营管理	艺术村的组织机构包括行政委员会、秘书处、村协会、管理政策及建筑与环境委员会等，分工明确，各司其职
	社区营造	①自愿发起、自主规划、自主投资 ②共同协作：成员通过例会交流问题，分享、体验并处理大小事宜。这种社区协作机制充分调动了社区成员的积极性，在社区建设初期便塑造出强大的社区精神 ③节庆宣传：节庆丰富、活动多元
产业发展	业态管控	在业态设置上，合理管控、主题统一、多元组合，使其免于沦为重度商业区，从而实现可持续发展
	业态配置	由八大功能组团构成，业态包括儿童主题娱乐、艺术家工作室（包括雕塑师、摄影师、建筑师、画家、作家、电影人、音乐家等）、艺术创意工坊、文化书店、咖啡吧、特色餐厅、私人博物馆、艺术画廊、美术馆、特色民宿、音乐厅、剧院、零售店等

资料来源：本书编写组依据本章参考文献[24]、[25]绘制

7.2.2 日本村镇规划实践

日本城乡一体化发展进程中，同样经历了先城市后农村、以工代农、以城促乡的不同发展阶段。第二次世界大战后，日本为了解决城乡发展不平衡问题，将城乡一体化纳入国家的综合开发规划中，同时制定了完善的法规保障体系，来推动城乡的协调发展，逐步缓解了城乡发展严重失衡的问题。通过半个世纪以来的综合治理，日本基本实现了较为均衡的城乡统筹发展模式，这与其完备的规划管理法制体系是密不可分的。

（1）日本村镇发展历程

总体而言，日本村镇规划与建设主要分为三个阶段：首先以农业发展为目标的农地改革阶段，解决了战后粮食生产、农业土地、农村基础设施等问题；其次是农村土地利用及规划体系建立阶段，这个阶段促进了乡村经济发展和改善乡村生活环境，缩小了城乡发展差距；最终是国土一体化发展阶段，强调城乡共荣和乡村的可持续发展，明晰了城乡定位，推动了公众参与，重塑了日本乡村的魅力（表7-9）。

日本村镇发展历程 表7-9

发展阶段		相关理念和政策	目的	主要内容
以农业发展为目标的农地改革阶段（第二次世界大战后~20世纪60年代）	农地改革与自耕农形成时期	农地改革	确保农业生产者的土地拥有；实现粮食自给自足；解决粮食供给、农业发展和乡村居民就业问题	农村的私有制改革，实现耕者有其田；国土开拓事业等；土地改良事业，以围垦、低湿地开发、排水改良为主；市町村昭和大合并
	粮食增产为目标的农地改良时期	电气导入乡村（1952年）		
		振兴边远岛屿（1953年）		
		《农业基本法》出台（1961年）	"新农村建设构想"开始实施	
农村土地利用及规划体系建立阶段（20世纪60年代~20世纪90年代初）	独立的农村政策出台时期	《山地振兴法》出台（1965年）	提升农业生产力，缩小农业与工业的差距；通过指定农业振兴地域并编制农业振兴规划和实施农业基础整备事业，保护优良农地，发展农业；实现农业结构调整和农业的合理化发展；通过乡村生产基础和生活环境的综合整备，实现乡村的振兴	①农村发展的重视阶段（1962~1967年）：以中山间农村地区振兴开始启动农村政策的制定 ②农村相关土地利用及规划体系初步形成（1968~1972年）：城市规划制度，农振规划制度 ③开启以农村居住点为中心的"地域农政"（1973~1986年）：重视地域特征与文化特色以及人居环境建设 ④农村相关土地利用及规划体系完善（1987~1991年）：村落地区整治规划制度，市民乐园规划制度，市町村发展基本构想制度的补充
	农村地域文化的重视时期	《农业振兴地域整备法》《过疏地域振兴特别措施法》出台（1970年）		
	农村土地利用及规划制度的完善时期	《经济社会基本计划》出台（1973年）		
		《聚落地域整备法》出台（1987年）		
国土一体化发展阶段（20世纪90年代初至今）	新世纪宏观政策集中出台时期	《市民农园整治建设促进法》出台，推进市町村合并的方针等（1990年）	应对"空心化"的问题，形成乡村定居环境；解决大城市近郊市民农园的发展问题	制定了面向21世纪日本三农问题的新宪法；城、乡建设向一体化管理、注重景观空间环境的方向转变；市町村平成大合并
	空间的国土一体化发展时期	《景观法》出台，《文物保护法》修编等（2002年）		

资料来源：本书编写组依据本章参考文献[26]~[30]绘制

（2）日本村镇规划实践典型案例——日本山形县金山町（镇）

金山镇位于日本山形县的东北部，邻接秋田县熊胜镇，人口约5600人，是以农林业为核心产业的典型的农业山村，由于气候风土更适应于林业，近年来更以林业之镇被熟知。金山镇自1983年起开展了"城镇（景观）建设100年的运动"，并制定了"金山镇城镇景观条例"，开始以建设使"镇民感到生活在这个镇是幸福的"和使"其他镇的居民希望迁入金山镇居住"的城镇为基本建设理念，以打造"日本独一无二的城镇"为目标的村庄更新改造活动。尽管金山镇并没有以成为观光景点的名义来实施，但其结果是实现了在其他地区难以看到的具有统一感和美丽景观的乡村风貌。如今，历经近40年努力，金山镇在改善城镇建筑景观的同时，也振兴了以林业为主的地方产业，这与其建设理念和相关政策制定密不可分（表7-10）。

日本金山町——美丽景观规划实践　　　　　　　　　　表7-10

规划实践		具体措施
建设理念		以景观共有为前提，为创建美丽舒适的生活环境，最大限度地活用地域资源，居民和政府作为一体共同推进具有活力的城镇建设运动
具体要求		①在一定的标准下进行统一整治，并使其与周围风景相协调 ②不仅看上去是美好，而且其功能也应该是满足舒适生活需求 ③住宅是景观建设的主要部分，采用传统工法建造金山住宅：在力求利用当地木材来建设美丽城镇的同时，振兴林业等地方产业 ④"凡使用金山镇'金山杉'并按照条例规定的传统'金山住宅'外观进行住房建设者，均可得到镇政府的补助金"
发展历程	1957~1963年	对美丽景观意识的觉醒，倡导了"全镇美化运动"，进行环境美化和保护环境运动
	1964~1982年	基础建设：美化河流和水道，学者专家对金山镇的城镇景观设计进行了指导和提议；普及"金山住宅"和提高金山工匠的技术；制定了"金山镇地域住宅规划"
	1983~1985年	景观建设概念形成：制定金山镇城镇景观条例；确立"景观公有论"概念
发展历程	1986年至今	政策实施：①成立了"金山镇城镇景观审议会""全镇美化运动推进委员会"，建立了推进景观建设的体制，对居民的启蒙活动达到了高潮；②景观条例中规定：形成街景市容的"金山型住宅"的标准和建造这些建筑时的补助制度；③积极调动工匠等有关建筑人员之间以及居民之间的主人翁精神，名副其实的美丽景观逐渐地出现在全镇各个地方

资料来源：本书编写组自制

参考文献

[1]　吕晓荷. 英国新空间规划体系对乡村发展的意义 [J]. 国际城市规划，2014，29（04）：77-83.

[2]　闫琳. 英国乡村发展历程分析及启发 [J]. 北京规划建设，2010（01）：24-29.

[3] 龙花楼，胡智超，邹健.英国乡村发展政策演变及启示 [J]. 地理究，2010，29（08）：1369-1378.

[4] 于立，那鲲鹏.英国农村发展政策及乡村规划与管理 [J]. 中国土地科学，2011，25（12）：75-80+97.

[5] 郭紫薇，洪亮平，乔杰，等.英国乡村分类研究及对我国的启示 [J]. 城市规划，2019，43（03）：75-81.

[6] 邢海峰.部分国家与地区乡村用地规划法律制度的特点及其借鉴 [J]. 国际城市规划，2010，25（02）：26-30+105.

[7] 张鑑.镇村布局规划探索与实践 [M]. 南京：东南大学出版社，2017.

[8] 赵紫伶，于立，陆琦.英国乡村建筑及村落环境保护研究——科茨沃尔德案例探讨 [J]. 建筑学报，2018（07）：113-118.

[9] 李麒麟.英国科茨沃尔德特色田园乡村的建设经验 [J]. 价值工程，2020，39（08）：89-90.

[10] 易鑫.德国的乡村规划及其法规建设 [J]. 国际城市规划，2010，25（02）：11-16.

[11] 曲卫东，斯宾德勒.德国村庄更新规划对中国的借鉴 [J]. 中国土地科学，2012，26（03）：91-96.

[12] 聂梦遥，杨贵庆.德国农村住区更新实践的规划启示 [J]. 上海城市规划，2013（05）：81-87.

[13] 黄一如，陆娴颖.德国农村更新中的村落风貌保护策略——以巴伐利亚州农村为例 [J]. 建筑学报，2011（04）：42-46.

[14] 易鑫，克里斯蒂安·施耐德.德国的整合性乡村更新规划与地方文化认同构建 [J]. 现代城市研究，2013，28（06）：51-59.

[15] 李明烨，汤爽爽.法国乡村复兴过程中文化战略的创新经验与启示 [J]. 国际城市规划，2018，33（06）：118-126.

[16] 李明烨，王红扬.论不同类型法国乡村的复兴路径与策略 [J]. 乡村规划建设，2017（01）：79-95.

[17] 汤爽爽.法国快速城市化进程中的乡村政策与启示 [J]. 农业经济问题，2012，33（06）：104-109.

[18] 范冬阳，刘健.第二次世界大战后法国的乡村复兴与重构 [J]. 国际城市规划，2019，34（03）：87-95+108.

[19] 陆洲，许妙苗，朱喜钢.乡村转型的国际经验及其启示 [J]. 国际城市规划，2010，25（02）：80-84.

[20] 张立.乡村活化：东亚乡村规划与建设的经验引荐 [J]. 国际城市规划，2016，31（06）：1-7.

[21] 金俊，金度延，赵民.1970—2000 年代韩国新村运动的内涵与运作方式变迁研究 [J]. 国际城市规划，2016，31（06）：15-19.

[22] 冯旭.基于国土利用视角的韩国农村土地利用法规的形成及与新村运动的关系 [J]. 国际城市规划，2016，31（05）：89-94.

[23] 马源，边宇 . 韩国的农村景观建设及其启示 [J]. 国际城市规划，2013，28（06）：105–109.

[24] 金道沿，翟宇琦 . 关于创意社区的发展机制研究——以韩国 Heyri 艺术村为例 [J]. 上海城市规划，2015（06）：44–60.

[25] 杨志疆 . 艺术的世外桃源——韩国 Heyri 艺术村的规划与建筑设计 [J]. 新建筑，2010（04）：96–100.

[26] 王雷 . 日本农村规划的法律制度及启示 [J]. 城市规划，2009，33（05）：42–49.

[27] 王月东，郭又铭 . 从日本町村发展看我国小城镇发展的政策取向 [J]. 小城镇建设，2002（09）：66–69.

[28] 冯旭，王凯，毛其智 . 基于国土利用视角的二战后日本农村地区建设法规与规划制度演变研究 [J]. 国际城市规划，2016（01）：71–80.

[29] 徐素 . 日本的城乡发展演进、乡村治理状况及借鉴意义 [J]. 上海城市规划，2018（01）：63–71.

[30] 王德，唐相龙 . 日本城市郊区农村规划与管理的法律制度及启示 [J]. 国际城市规划，2010（02）：17–20.

村镇规划典型案例

一、镇（乡）总体规划

案例1：港镇一体化发展型小城镇总体规划修编——湖北省宜城市小河镇

1.区位及目标定位

小河镇位于汉江中游宜城市西北部，汉江西岸，北距湖北省域副中心襄阳市市区23km，南距宜城市市区13km，素有宜城"北大门"之称。镇域总面积178km²，下辖28个行政村，总人口6.05万人，镇区常住人口0.9万人。独特的地理区位，使得小河镇在国家级和湖北省级战略中均占有一席之地，同时还集多重国家改革试点身份于一身。近年来多项区域性重大基础设施在小河镇域范围内建设布局，特别是襄阳新港的规划建设，对小河镇的规划发展提出了新的要求。除此之外，小河镇还拥有小河新港、高铁站区建设机遇，临港新城、临港产业园、临港物流园和沿线沿站产业单元等一系列重要设施的建设布局对小河镇的发展有着巨大的推动作用，小河镇势必成为汉江流域水陆联运的重要咽喉。

但是，面对区域赋予的新职能、新定位、新要求，小河镇自身却呈现出诸多不适应，产业本底薄弱，经济发展乏力，城镇建设缓慢，设施配套滞后，人口流失严重等一系列问题使得小河镇逐步沦落为区域发展塌陷区。

规划总体目标为：立足襄宜南一体化发展，依托襄阳新港小河港区的建成运营，围绕能源、化工、建材等新型主导产业，实施工业化带动城镇化发展战略，优化镇域生态网络，实现乡村全面振兴，努力把小河镇建设成为宜居、宜业、宜游的临港

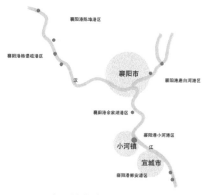

小河镇在襄阳港的区位

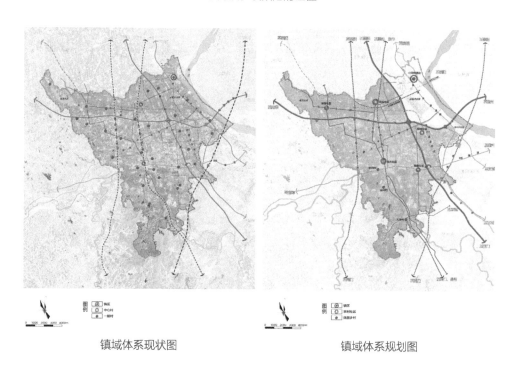

镇域体系现状图　　　　　　　　　　镇域体系规划图

生态小镇。将小河镇城镇职能确定为：汉江生态经济带水运枢纽、襄宜南临港产业聚集区、小河镇域综合服务中心、以水文化为特色的旅游集散中心。

2. 规划要点

（1）抓准区域战略优势，落实港口城镇定位

抓住汉江生态经济带大发展、大建设的时代机遇，充分对接襄阳市、宜城市产业建设，依托小河新港港区建设集聚城镇人口规模，积极承担港口运输、物流产业功能，推动小河镇发展成为汉江生态经济带上的重要港口城镇。

（2）梳理港镇关系，促进"产镇融合"

全面融入襄阳市、宜城市工业产业体系，紧抓襄阳新港小河港区建设发展契机，依托铁路、高速、港口、快速路、国道、省道等多层级交通支撑体系，全面推进小河临港工业园区建设，调结构、提层次、增总量，发展壮大小河镇农产品精深加工、精细化工、新型建材、水晶制造等优势产业，积极培育新型工业产业门类，打造产业集群，加快新型工业化进程。

　　以小河港为依托，全面融入汉江生态经济带发展体系，打造襄阳水运枢纽；推动小河港区物流园区建设，积极培育小河物流运输产业发展；依托小河镇江、河、渠、港、库等水体水资源，树立"百里长渠"世界灌溉工程遗产水利文化品牌，融入宜城市全域旅游发展体系，打造襄阳市水文化旅游集散地。

（3）强化镇区与港区的联动作用，提升中心镇区的服务功能

　　对镇区与港区的人口用地规模、职能分工、用地布局进行统筹规划、协调发展，从而相互促进经济建设发展。同时从功能构成完善、服务水平提高、发展质量提高等方面提升中心镇区的功能，满足镇区居民需求，带动产业调整升级和人居环境优化。

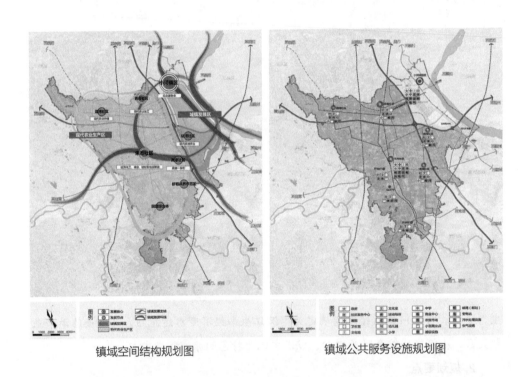

| 镇域空间结构规划图 | 镇域公共服务设施规划图 |

3. 规划小河镇城乡空间形成"一轴、一环、两片、三心"的空间发展结构

　　（1）一轴：襄宜快速路发展轴，串联小河镇区、襄阳新港、小河工业园区，南接宜城经济开发区，北连襄阳国家高新技术开发区，是襄阳——宜城的新型城镇化发展主轴。

　　（2）一环：依托小朱路、346国道、"百里长渠"形成镇域旅游环线。环线北段串接镇区、港区、砖庙社区、朱市社区，规划打造成港口＋现代农业观光旅游线路；环线南段串接朱市社区、高康社区、宜城市集中建设区，依托高康美食街、百里长渠打造美食＋水文化观光旅游线路。旅游环线向东对接汉江生态经济带，借助汉江生态经济带升级为国家战略的契机，积极融入区域旅游，打造全域旅游新格局。

（3）两片：以襄荆高速为界，襄荆高速以东由小河镇镇区、襄阳新港港区、现代农业科技园组成的"港、城、园"城镇发展片区，襄荆高速以西由四个社区和特色村组成的现代农业生产片区。

镇域三界管控图　　　　　　　　镇域三线划定管控图

镇区规划结构图　　　　　　　　镇区用地适应性评价图

（4）三心：镇域层面三个综合服务中心，分别为小河镇综合服务中心、襄阳新港服务中心和朱市社区服务中心。

4. 规划到 2035 年小河镇镇区建设用地形成"一带一轴四区"的空间结构

（1）"一带"：汉江生态经济带

规划小河镇区依托襄阳新港小河港区全面融入汉江生态经济带。

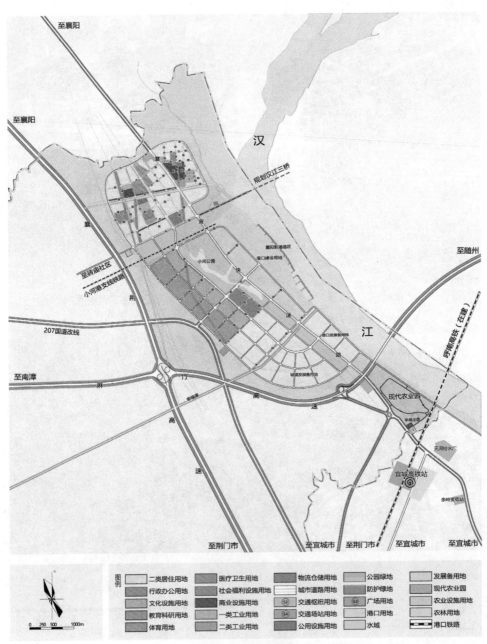

镇区土地利用规划图

（2）"一轴"：城镇发展轴

规划依托襄宜快速路（小河镇区段）构建小河镇城镇发展轴，串联城镇生活区与工业园区，向北延伸对接襄阳，向南连接宜城。

（3）"四区"：包括城镇生活区、工业发展区、港口发展区、发展备用区

城镇生活区：依托现状小河镇老镇区向西向南拓展，形成未来小河镇城镇生活区。主要位于镇区北部，是小河镇镇域综合服务中心。

工业发展区：依托襄宜快速路（小河镇区段）的交通优势，规划在城镇生活区南部、吴家冲水库以南建设小河镇工业发展区，以满足未来小河镇工业集聚发展需求。

港口发展区：充分对接《襄阳港总体规划》，落实襄阳新港小河港区的建设意向，于襄宜快速路（小河镇区段）北侧、汉江西南岸建设小河港区，作为小河港区集聚发展的功能组团。

发展备用区：规划考虑远期小河镇快速发展与对接宜城市主城区的发展需求，于镇区南部沿襄宜快速路（小河镇区段）预留城镇发展备用地。

用地布局规划针对现状用地存在的空间结构无序、土地利用效率不高、用地布局混杂、公共绿地严重缺乏等问题，在梳理现状空间肌理的基础上，对中心镇区用地进行调整和控制，形成较为合理的用地布局和明确的城镇空间结构；通过整治建设，提高镇区宜居性；充分利用丰富的水资源禀赋，打造生态廊道，同时梳理水系，形成渗透式绿楔，提升镇区生态品质和环境质量。

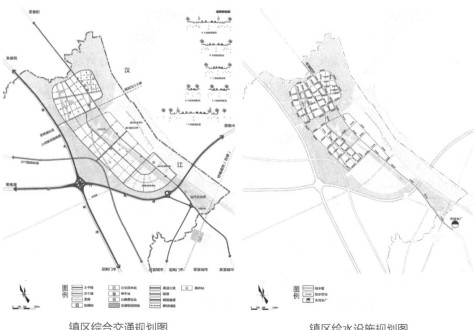

镇区综合交通规划图　　　　　　　镇区给水设施规划图

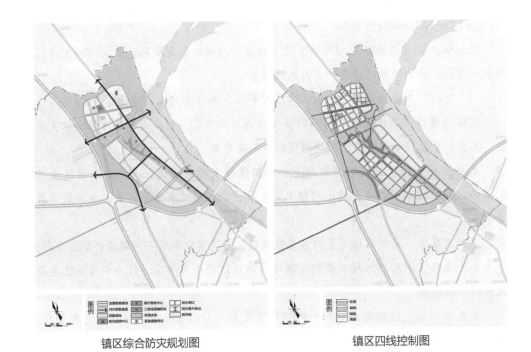

镇区综合防灾规划图   镇区四线控制图

案例来源：本书编写组提供

案例2：古村促镇发展型小城镇——浙江省兰溪市诸葛镇

1.区位及目标定位

诸葛镇历史悠久，在秦汉时期该地就有多个村落形成。集镇所在地的诸葛村于元末初成村落，当时叫高隆村，后因诸葛家族的迅速兴起改称诸葛村。清代称为诸葛市，民国初设乡。现在的诸葛镇是在1992年5月区划调整时，由原诸葛镇和双牌乡合并而成。2010年，诸葛镇被列为浙江省级中心镇。镇域内有诸葛村和长乐村两个国家文物保护单位：①诸葛村——镇域中部的诸葛八卦村是全国最大的诸葛亮后裔聚居地；有保存完好的明、清古建筑200多处，并按九宫八卦设计布局，基本上都是省级重点保护文物，是中国古村落、古民居的典范，也是浙江古文化的三大标志之一，被费孝通先生誉为"八卦奇村，华夏一绝。"②长乐村——镇域西部的长乐村又称长乐福地（北斗日月潭），1996年被国务院公布为全国重点文物保护单位。长乐村是国家保护第一村：全村现共有元明清建筑127幢，尤其以元末和明朝为主，为中国第一个以村落为单位的全国重点文物保护单位。

诸葛镇位于兰溪市对外开放的西大门，距兰溪市18km，与杭州建德市、衢州龙游县交界，为杭金衢"金三角"之中心点，330国道、21省道、杭金衢高速连接线游诸线相交于此，分别距杭金衢高速公路游埠互通口15km，杭州、义乌、衢州机场160km、80km和65km，交通便利，区位优势明显。

诸葛镇的古村落

2. 规划要点

（1）以全国知名的古村落度假休闲地为载体，积极推进小城镇功能转型发展，凸显区域新价值。紧紧抓住诸葛镇建设全国知名古村落度假休闲地的机遇，依托其区位条件、交通条件、旅游资源、经济基础和历史文化特色，进一步提升诸葛镇未来发展的定位与方向，积极推进功能转型与升级。

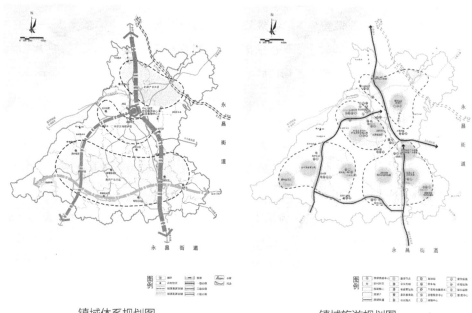

镇域体系规划图　　　　　　镇域旅游规划图

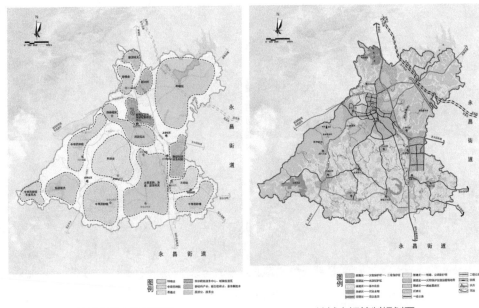

镇域产业布局规划图　　　　　　镇域空间管制规划图

（2）全力推进城乡社会经济一体化发展，开创镇村融合、城乡统筹新局面。按照新时期诸葛镇的建设发展模式与要求，以镇村一体化为基本思路，统筹城乡资源要求和社会服务设施一体化布局，努力把诸葛镇建设成为体制机制灵活、统筹水平高、示范带动作用强的旅游中心镇，开创城乡统筹发展的新局面。

（3）重构城镇发展框架与产业平台，实现空间结构新跨越。按照做强旅游产业平台、壮大第三产业、优化特色农业发展的基本要求，进一步完善城镇功能布局结构，突破已有的小城镇发展模式，实现城镇空间结构的新跨越。

（4）加强镇区建设和设施配套，聚集人口，打造旅游集散中心，带动城镇发展。加大镇区建设力度，完善配套设施，引导农村人口向镇区聚集；提升镇区整体环境，与相邻的古村落协调发展，强化旅游服务功能，带动城镇发展。

3. 核心旅游项目引导

规划诸葛镇旅游核心为诸葛景区和长乐景区，依据《兰溪市旅游发展总体规划战略项目概念规划》并结合景区发展实际，提出景区开发方向引导和业态策划。

（1）开发方向

诸葛景区开发方向：观光休闲体验，深挖诸葛文化、医药文化、耕读文化，成为全国知名的古村落观光旅游区，围绕"大诸葛"概念，打造"诸葛－长乐"古村落休闲度假体验龙头，带动其他古村落旅游崛起。长乐景区开发方向：养生度假，突出"长乐福地"医药文化与养生文化主题。两景区之间，则逐渐发展为不设"园"的无藩篱式农耕意境体验区。

（2）业态策划

规划两景区的业态包括饮食文化商铺群、传统手工品 DIY 商铺群、百草园养生会馆、仁山书院、精品酒店群、民俗客栈群、名人后裔家访等。

4. 空间管制

为优化城乡空间资源配置，有效保护诸葛村、长乐村等重要古村落资源，以及洪坑水库、双牌水库等重要水资源，实现城镇建设、旅游发展与环境保护的统筹协调与可持续发展。在以保护为主导，对城镇建设空间进行规划的同时，对非城镇建设空间也实施有效管制。规划将镇域土地及空间资源划分为禁止建设区、限制建设区和适宜建设区进行空间管制。

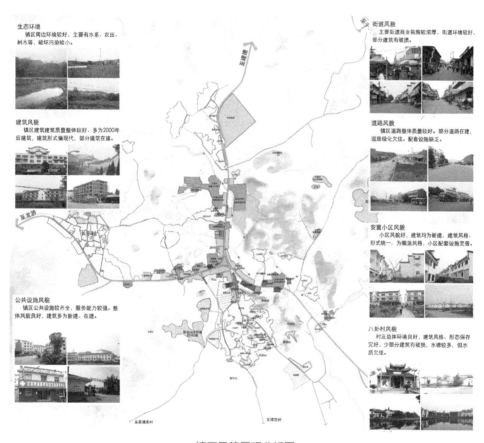

镇区风貌景观分析图

规划将诸葛镇定位为中国名人后裔聚居地保护与旅游开发典范、全国知名的古村落观光度假旅游区、浙江省著名古村落生活体验胜地。城镇性质确定为全国知名的古村落度假休闲地、以旅游业为主导的中心镇。在规划中强调镇村一体的发展理念，包括镇村体系一体化、镇村产业布局一体化、镇村公共服务设施一体化、镇村交通一体化、镇村市政基础设施一体化、镇村生态环保一体化、镇村规划管理一体化。

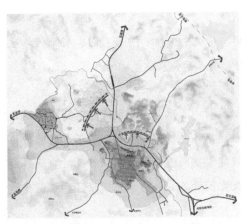
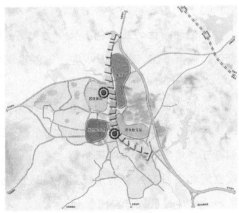

镇区用地评价及发展方向分析图　　　　　镇区规划结构图

镇区土地利用规划图

案例来源：本书编写组提供

案例3：山地型小城镇总体规划编制——湖北省宣恩县沙道沟镇

沙道沟镇位于湖北省西南部的宣恩县，与湖南省龙山县、桑植县接壤，镇域总面积649.95km²，辖49个村委会、522个村民小组。2018年，全域总人口6.42万人，城镇化率41%，是宣恩县重点镇，国土面积约占全县总国土面积的1/4，全镇总人口占全县人口近1/5。

沙道沟地处武陵山腹地，是土家族母亲河、沅江最大支流——酉水河的发源地，国家级自然保护区七姊妹山和八大公山延伸入境，是湖北省鄂西生态文化圈核心区，也是鄂西南重要的生态屏障，生态敏感性较高，生态地位极其重要。

境内主要为汉族、土家族、苗族杂居，至今仍保留有诸多少数民族传统村寨和相对原始的民族民俗文化资源，较为优质的有国家级文物保护单位——彭家寨土家吊脚楼建筑群。由于地理条件和生态条件对经济发展的限制，沙道沟镇所处的武陵山区是全国 14 个集中连片特困地区之一。2016 年以前，镇域仍有约 1/4 的贫困人口。

随着恩施州全域旅游示范区建设深入推进，连接镇区的宣鹤高速建成通车，综合交通地位提升和民族建筑文化价值凸显。在本轮镇总体规划中，保护生态、改善民生、谋求发展是需要全面考虑、综合解决的问题。

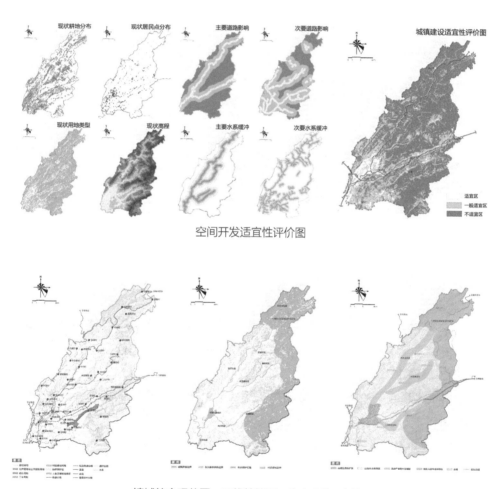

空间开发适宜性评价图

镇域综合现状图、三线管控图、生态功能区划图

为此，规划提出：

1. 城镇发展总目标

将沙道沟镇建设成为镇区、景区、村庄统筹发展，文化、旅游、生态深度融合，山地特色鲜明，民族文化唯一，"居、游、学"皆宜的土家风情旅居研学目的地。

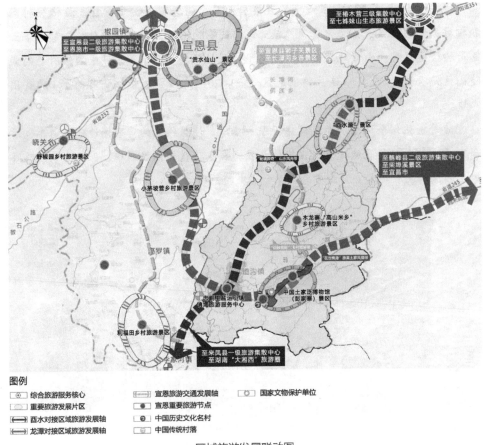

区域旅游发展联动图

以"中国土家泛博物馆（彭家寨）"为核心品牌的世界级土家风情旅居目的地、恩施州安吉高速发展轴上的重点镇、宣恩县域综合副中心。

2. 发展策略：

（1）全域旅游——按全域旅游的"八全"理念，实现资源有机整合、产业融合发展、社会共建共享，以旅游业带动和促进经济社会协调发展。

（2）空间聚集——优化城镇格局，加强生态文明建设，有序引导自然保护区内居民迁出，推动镇域人口进一步向镇区集中，推进美丽乡村建设和传统村落保护。

（3）产业升级——农文旅特色引领。以旅游为龙头，以农业、生态资源为特色，以文化为本底，实现"以文促旅，以旅兴农，农旅文互惠"的发展格局。

（4）品牌塑造——以"中国土家泛博物馆（彭家寨）"这个具有世界级影响力的品牌为引领和触媒。深度挖掘沙道沟土司文化和盐运文化特色，塑造忠峒里盐运小镇创意IP，强化沙道沟原真武陵山水和原真土家风情的文化品牌。

（5）绿色交通——镇域构建"内外有别"的交通管控体系，镇区采取"平峰错流"弹性交通组织机制，建立多层次、全覆盖的公交和慢行体系，树立绿色交通出行典范。

（6）生态保护——立足沙道沟生态本底，坚持"先底后图"基本原则，优化城乡用地结构，加强耕地和基本农田保护，切实提高土地集约利用水平。

3. 镇域空间职能结构：

规划沙道沟镇城乡空间形成"一心、两片、三轴、多点"的镇域空间结构。将镇村等级规模结构分为"镇区—特色社区—特色村"三级，形成1个镇区、9个社区、N个美丽乡村的城镇职能结构。

4. 绿色交通发展规划：

区域层面上积极对接周边县市的交通网络，构建对外交通和城市交通协调发展的综合交通体系；镇域层面上依托恩来高速与宣鹤高速构成的快速交通网络，推进旅游公路提升、枢纽站场等道路基础设施建设；镇区层面，一方面减少过境交通的影响，另一方面，增加镇区内部干路密度，以加强镇区中各个组团之间的联系。

5. 镇区建设用地布局规划：

在梳理现状空间肌理的基础上，尊重地形、守住生态底线，对中心镇区用地进行调整和控制，形成较为合理的用地布局和明确的城镇空间结构；通过重新建设，增加公共服务设施的类型、提高公共服务设施布局的合理性，提高镇区宜居性。

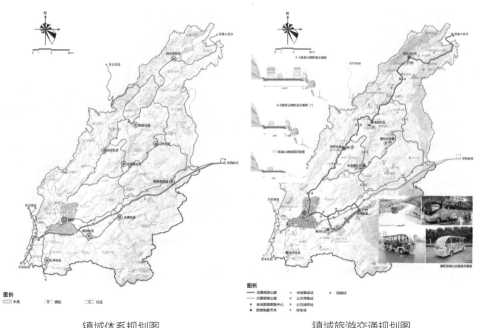

镇域体系规划图　　　　　　　　镇域旅游交通规划图

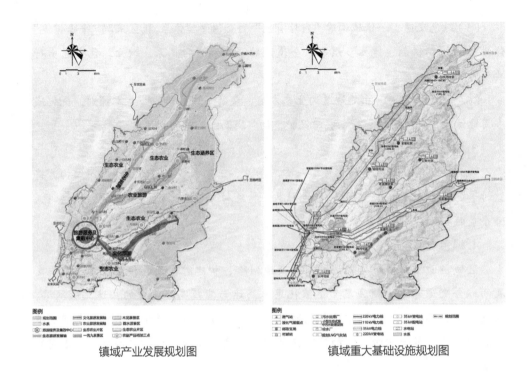

镇域产业发展规划图　　　　　　　　　镇域重大基础设施规划图

　　确定镇区空间发展方向为："东抑、南拓、西优、北限"，强化城镇向南发展趋势，注重旅游服务功能。规划到 2035 年沙道沟镇镇区建设用地形成"一带两轴三片"的空间结构，以响龙大道为联系纽带，串联北居、中服、南游三大主要功能区。

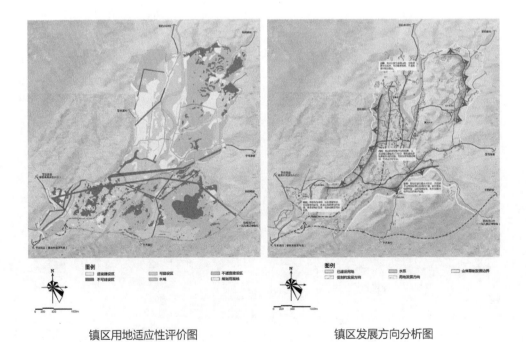

镇区用地适应性评价图　　　　　　　　　镇区发展方向分析图

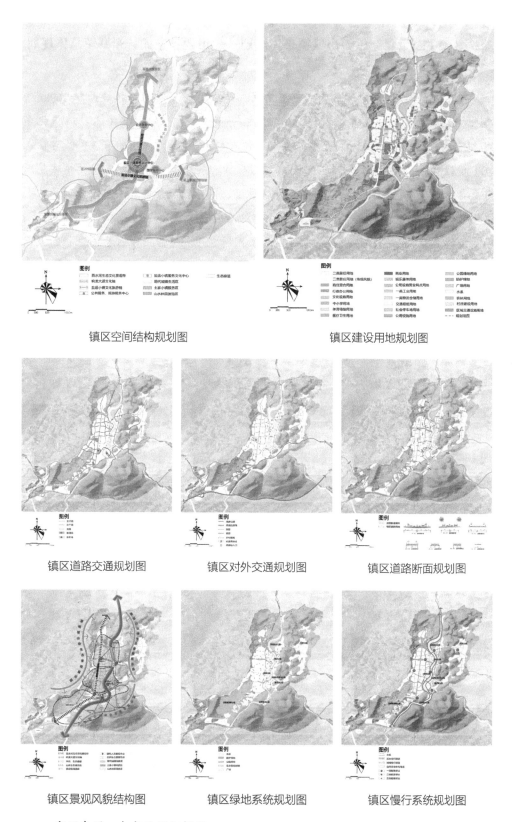

镇区空间结构规划图　　　　　　　　镇区建设用地规划图

镇区道路交通规划图　　　镇区对外交通规划图　　　镇区道路断面规划图

镇区景观风貌结构图　　　镇区绿地系统规划图　　　镇区慢行系统规划图

案例来源：本书编写组提供

案例4：生态景观型旅游小城镇总体规划——山西省宁武县东寨镇总体规划

1. 现状概况

东寨镇地处陕西省宁武县域中心位置，是汾河的发源地。镇域面积 360km²，总人口 17552 人（2012 年）。镇区位于镇域东部，现状总人口 8510 人，城镇化率为 48.5%。全镇下辖行政村 62 个，其中常住人口在 1000 人以上的有 3 个；常住人口不超过 200 人的有 44 个，还包括少数无人村。东寨镇旅游资源丰富，镇域范围内主要是芦芽山风景区（包括马仑草原风景区、情人谷风景区和汾河源头风景区），地处宁武县"一关、一城、两山、两水"旅游格局的中心位置。但旅游产业起步较晚，旅游经济总量较小，处于发展的初级阶段，同时也承担着汾河源头生态保护的艰巨任务。

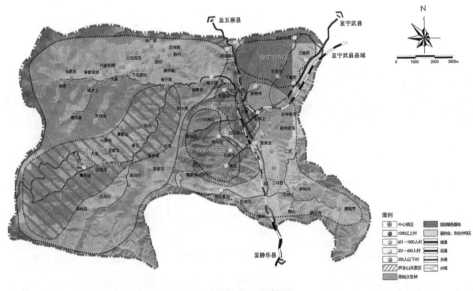

东寨镇镇域产业现状图

2. 规划特色与目标定位

东寨镇是省级重点生态功能区范围内的重点生态保护与建设城镇。如何兼顾生态保护、景观塑造、旅游发展与民生改善，是东寨镇面临的保护与发展的主要问题。本次规划基于上位规划对东寨镇开发及保护的主体功能要求与自身发展诉求，将东寨镇定位为全国生态旅游服务示范基地、山西省百强镇、以现代旅游服务业为主导的生态宜居小城镇。规划 2020 年镇域人口规模预计达到 2.0 万人，镇区人口预计达到 1.2 万人。综合提出在规划期内确保国民经济快速发展，经济结构更加合理，经济增长质量和效益明显提高，社会保障制度进一步健全，城乡居民收入持续增长，

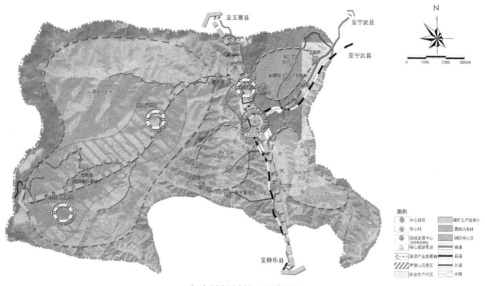

东寨镇镇域体系规划图

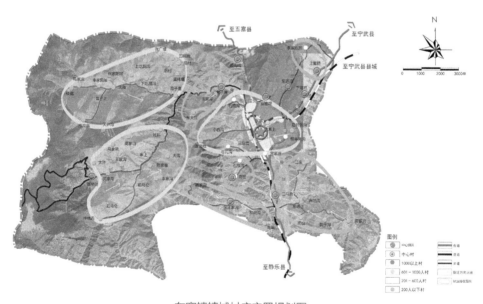

东寨镇镇域村庄安置规划图

生态环境优化发展，初步建成城乡一体化发展的城镇体系的规划目标。

3.总体格局

根据区域内地形地貌条件和社会经济发展的差异，按照"地域分工理论"，划分两个功能区，实施不同的发展战略。一是产业发展优化区，二是生态保护区，进而从镇域、镇区两个层次构建总体发展格局。

（1）镇域层面，依据汾河流域生态保护治理修复工程和《芦芽山风景名胜区开发总体规划》，并结合东寨镇现状发展情况以及宁武县移民规划和移民安置政策，对东寨镇镇域内村庄进行有效引导和重新调整。全镇人口由62个村庄逐渐向中心镇区和10个中心村集中，形成"一基地、二主线、三节点、四片区"的空间结构。并根

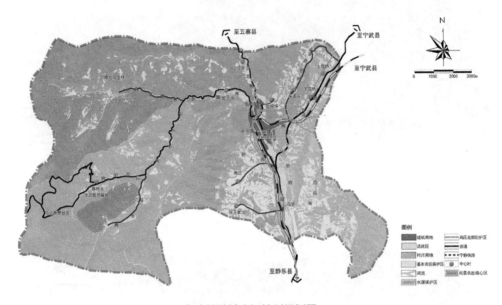

东寨镇镇域空间管制规划图

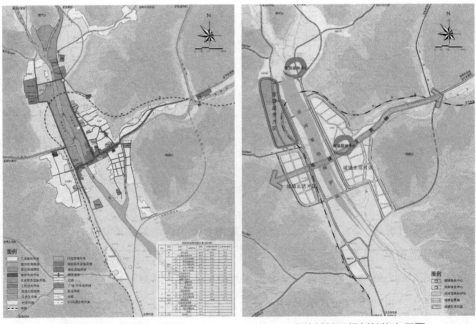

东寨镇镇区土地利用现状图　　　　　　　东寨镇镇区规划结构布局图

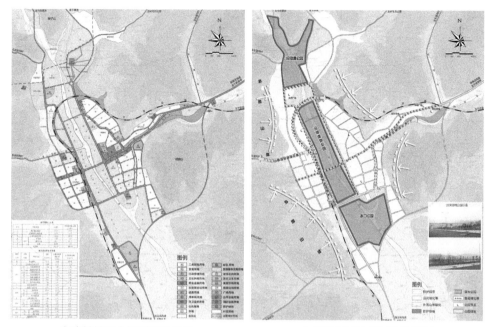

东寨镇镇区土地利用规划图　　　　　　　东寨镇镇区绿地系统规划图

据东寨镇域生态环境的不同特征，把敏感性较强、生态性比较脆弱的生态系统作为制定空间管制区划的先决条件，划定禁建区、适建区、已建区等管制分区范围。

（2）镇区层面，采用"北控、南拓"的"总量控制、优化布局"方式，形成"一轴、两心、三片"的空间结构。总体以镇区为全镇经济的核心，通过产业的聚集和辐射，促进经济发展的接力和扩展，形成联系紧密、有机互补的城镇空间结构，以减控规模、精明发展的理念及格局响应汾河源头的保护需求与镇区发展的诉求。

案例来源：本书编写组提供

案例5：矿产资源型转型发展城镇总体规划编制——浙江省兰溪市灵洞乡

1. 现状概况

灵洞乡位于浙江省兰溪市中南部，西临金华江，南距金华市区约7km，北接兰溪市区，依托金千铁路、金兰中线等重要公路，成为金华兰溪两市同城化发展的重要节点城镇，也是中国闻名的"水泥之乡"。

灵洞乡域面积67.5km²，下辖14个行政村，81个自然村。乡域常住总人口保持在2.2万人左右，镇区人口约0.6万人。

灵洞乡属半山区，地势东北高、西南低，自北向南分别为北山山脉、低山丘陵和金华江沿岸冲积平原，坐落于北山山脉的六洞山风景区是近年开发的省级风景名胜区，金华江沿岸冲积平原则是乡域人口、产业、建设用地的聚集地带。随着浙能电厂、红狮水泥、双狮水泥、金华港、嘉宝物流等大型项目落户灵洞乡，使灵洞乡

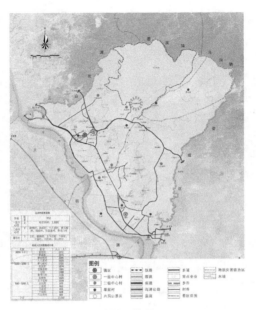

乡域现状图

生产总值达百亿，常年稳居兰溪首位，但环境污染、内外交通相互干扰等问题逐步显现，带来了旅游发展与矿产开发利用协调、城镇空间组织、环境修复、人气集聚等方面的发展难题。

2. 规划理念

接轨区域，统筹协调。以镇村一体化发展、缩小镇村差别为目标，建立以镇带村、以村促镇的长效机制，构建镇村经济社会发展一体化新格局。

生态优先、紧凑集约。以环境承载力为基础，加强生态治理与修复力度，营造

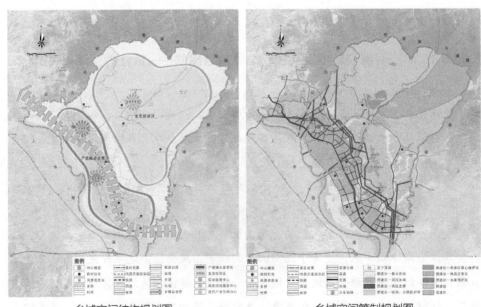

乡域空间结构规划图　　　　　乡域空间管制规划图

绿色乡镇、美丽乡镇。坚持节约集约用地，注重统筹兼顾，充分利用存量空间，提高土地使用效率和土地集约化程度，强调适当集中、紧凑发展。

3. 规划定位

金兰一体化的关键衔接点，以新型工业为主导、优质旅游业为支撑、现代服务业为特色的经济强镇。

4. 乡域规划

空间结构：以乡域生态承载力为依据，沿金千铁路、金兰城铁、金兰中线等区域公路构建城镇综合发展带，大力发展现代物流业、现代工业和特色农业；以交通干线带动镇区、港区、工业园区和农村社区融合发展，形成产城融合发展区；依托313省道带动六洞山风景名胜区、生态农业区联动形成生态旅游区。

产业发展：做强第一产业。做强特色农业和绿色生态农业，提高农产品附加值。以发展"特色农业、生态农业、高效农业"为目标，实行最严格的耕地保护政策，稳定粮食生产，重点发展水稻、蔬菜和花卉苗木种植业及水面鱼珠养殖业。

做优第二产业。在产业体系上对接金华市区和兰溪市区，加快传统建材产业转型升级，积极探索多元化的新型工业发展路径，开辟新的经济增长点。加快工业园区建设步伐，引导企业向园区集中，鼓励现有工业企业"两退两进"改造升级。重点发展新型建材、新能源开发、化工和装备制造业。

做大第三产业。依托现有资源和基础，做大旅游业，适当发展休闲养生、体验旅游等新型服务业。大力发展现代物流、科技服务业等生产性服务业。

生态保护与空间管控：落实省市主体功能区和"五水共治"等要求，将乡域划

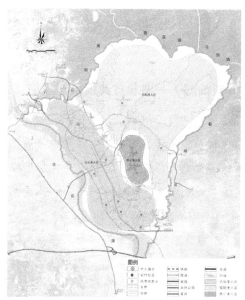

乡域生态建设规划图

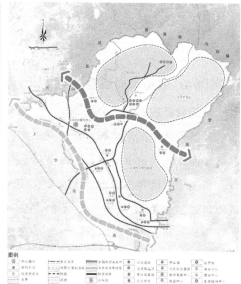

乡域旅游规划图

分为禁止准入区、限制准入区和优化准入区，此外，为了严格管理乡域土地及空间资源，规划将乡域空间划分为禁止建设区、限制建设区和适宜建设区，并明确各类分区的管理要求。

5. 镇区规划

充分衔接上位规划确定的金兰中线、金兰城铁等区域公路，预留市政廊道，以现有山体水系为基础，强化蓝绿网络，着力改善镇区环境，缓解浙能电厂和建材企业产生的环境污染和视觉影响。同时，加强镇区公共服务设施配置和服务质量，为产业园区提供良好的配套服务，逐步集聚人口。引导企业向园区集中，鼓励现有工业企业"两退两进"改造升级。重点发展新型建材、新能源开发、化工和装备制造业。

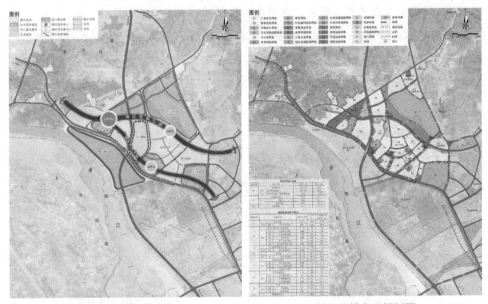

镇区空间结构规划图　　　　　　　　　镇区用地布局规划图

案例来源：本书编写组提供

案例6：大都市周边地区小城镇全域规划编制——湖北省武汉市汪集街

1. 现状概况

汪集街位于武汉市新洲区中部，交通区位优越，是连接新洲中心区邾城与省级阳逻经济开发区的中间枢纽。汪集街紧邻武汉市生态外环，位于"武湖"生态绿楔与大别山生态绿楔范围内，生态敏感性高。街域地形北高南低、水网密布，各类水域面积达59km²，占街域总面积的42%，呈现出半田半水中间城的总体格局。

街域总面积142.1km²，下辖1个镇区、2个居民社区、48个行政村。汪集街是新洲区的人口大镇，2011~2018年全域常住人口保持在7.3万人左右，其中镇区常住人口1.3万人左右。外出从业人口约占户籍人口的1/3，常住人口城镇化率17.8%左右，农村空心化和农房空置现象普遍。

汪集街产业发展总体呈现产业层级偏低、农稳工强三产弱的特征，三次产业比重由 2011 年的 19：38：43 转变为 2018 年的 13：58：29，处于工业化初期向中期过渡阶段。

然而，在武汉市主城区虹吸效应影响下，汪集街劳动力、生产资本等镇村资源大量流入武汉主城区，导致城镇产业结构失衡、劳动力缺失、空间增长缓慢、发展乏力。同时还面临着区域竞争背景下"突出重围"的挑战和区域生态安全格局构建的制约。

2. 发展定位

武汉市健康休闲新市镇典范：积极对接大武汉发展，实现城镇功能拓展和地区生态关联发展，凭借特色镇村环境、优良生态资源、便捷服务设施和悠闲生活氛围，为武汉市民提供高品质的生态休闲空间及特色养老空间，打造武汉市健康休闲新市镇典范。

新洲区对接长江新城的桥头堡：响应十九大"区域协调"发展战略，积极对接武汉市长江新城区划部署，适应新时代发展要求，实现从内源、沿路、团块式发展到园城一体、统筹发展的路径转变，将汪集街建设成为新洲区与长江新城协调发展战略的支点，引领周边街镇经济发展。

新洲区产业创新中心：立足新洲区农业强镇、汪集工业园和良好的生态环境等产业发展基础，发挥南近阳逻港，东北接邾城的区位优势，重点在农业科技服务、一站式服务等产业门类上创新，将汪集街打造为新洲区产业创新中心。

汪集街城乡建设用地现状图

3. 总体格局

强化街域空间管控。按照国家生态文明建设和上位规划的要求，对接武汉市相关专项规划，细化落实武汉市基本生态控制线和永久基本农田边界，协调划定城镇开发边界。并在"三界"的基础上划定街域"五线"，明确各类空间管控要求。

构建实施性镇村体系。规划以镇区为中心，构建"镇区—中心村（农村社区）—

街域三界规划图　　　　　　　　　　街域镇村体系规划图

"一般村"的三级镇村体系，中心村（农村社区）为聚集提升型，一般村为特色保留型。规划基于 48 个行政村的详细调研和水安全、产业链接街多要素叠加分析，提出街域近期形成"1-9-20"的镇村体系，远期形成"1-9-X"的镇村体系。

提出功能单元发展指引，明确街域用地布局。规划提出街域形成"两廊融蓝绿、两带联三区"的空间结构，并就战略机遇区、新市镇、孔埠特色小镇、大泊都市农园、安仁湿地郊野公园等功能单元提出了发展策略。规划基于街域现状用地分布特征、街域人口规模、空间结构和"三界五线"等要素，在街域范围明确了建设用地布局。

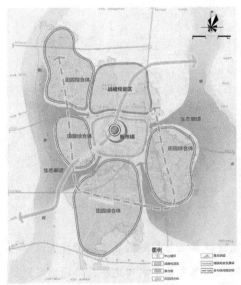
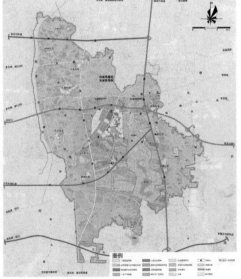

街域功能结构规划图　　　　　　　　　街域建设用地布局图

案例来源：本书编写组提供

二、镇（乡）控制性详细规划

案例1：镇区控制性详细规划——新疆第二师三十四团铁干里克镇东片区控制性详细规划

　　新疆第二师三十四团铁干里克镇位于新疆巴音郭楞蒙古自治州首府库尔勒市东南位置的尉犁县境内，距离库尔勒市210km处，是古丝绸之路的重要驿站。规划区位于三十四团铁干里克镇镇区东部，北起218国道、南至南二路、西至西二路、东至东二路与218国道交界处，总用地面积216.68hm²，总体用地地势平坦，利于开发建设。现状人口主要是团场职工和居民，共10400人。规划区内现状有大量的居住用地和少量生产设施用地，还有少量商业用地、市政设施用地和行政管理用地。已批项目的用地规模约为68.55hm²，其中已批已建项目的用地规模约为20.83hm²，已批在建项目的用地规模约为16.55hm²，已批待建项目的用地规模约为31.17hm²。规划保留项目总用地面积10.59hm²，占规划总用地的5%。

　　基于《新疆第二师三十四团铁干里克镇总体规划》对规划区的定位与发展目标——铁干里克镇的政治、经济、文化核心区，以及宜居宜业的城镇化建设先行区、铁干里克镇东部的综合服务中心。本次控规编制的目的与内容主要是落实规划区内部的服务功能完善和道路系统细化，改善环境和居住条件，为规划区开发、建设、管理提供依据。规划空间结构为"一轴、两心、四组团"，主要用地功能包括居住、公共设施等。根据地域环境特色与城镇开发建设需求，规划明确土地权属，确定城镇建设开发的强制性内容与指标，并匹配人口容量合理确定公共服务设施、市政基础设施与绿地系统等支撑体系，并从城市设计、风貌营造、开发管控等层面进行规划设计与技术引导。

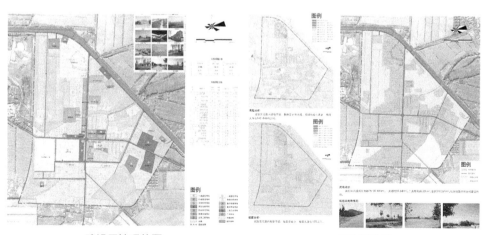

建设用地现状图　　　　　　　　　　　　用地评价图

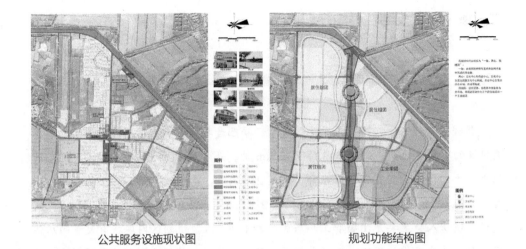

公共服务设施现状图

规划功能结构图

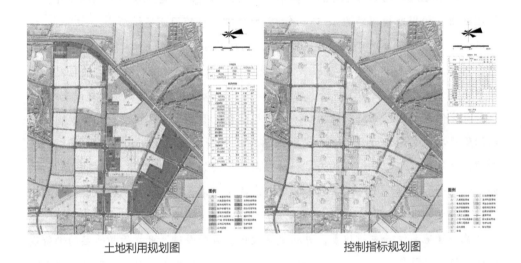

土地利用规划图

控制指标规划图

开发强度规划图

给水工程规划图

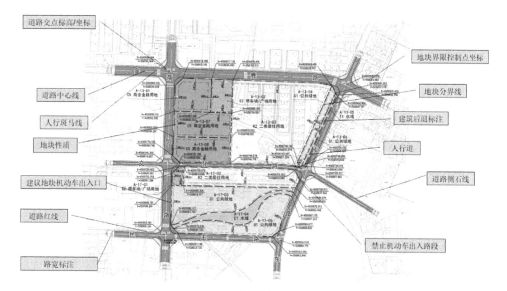

图中标注:
- 道路交点标高/坐标
- 道路中心线
- 人行斑马线
- 地块性质
- 建议地块机动车出入口
- 道路红线
- 路宽标注
- 地块界限控制点坐标
- 地块分界线
- 建筑后退标注
- 人行道
- 道路侧石线
- 禁止机动车出入路段

分图则

城市设计引导图

案例来源:本书编写组提供

三、村庄规划

案例 1:荣成市村庄布局规划(2019—2035)

1. 规划背景与概况

荣成市位于山东半岛最东端,三面环海,与韩国、日本隔海相望,是我国距韩国最近的地区。全市国土总面积 5088km²,辖 12 镇、10 个街道、965 个行政村,户籍人口 67 万,常住人口 74 万,农村常住人口 48 万。

为优化荣成市乡村地区"三生空间"、升级乡村振兴发展的村庄组织模式，重构作为生态文明建设、农业农村现代化承载地的村庄体系格局，同时为荣成市实施乡村振兴战略找准村庄建设抓手，支撑国土空间规划，科学引导村庄布局建设，推动乡村地区高质量发展，特编制荣成市村庄布局规划。

2. 规划目标与愿景

（1）加快融入区域旅游示范区建设，构筑全域美丽乡村新蓝图，打造独具魅力的国家美丽乡村建设示范区。

（2）稳步对接山东省乡村振兴"十百千"示范创建工程，打造生产、生态、生活统筹一体布局，生产美产业强、生态美环境优、生活美家园好"三生三美"的乡村新图景。

（3）积极构建城乡一体的公共服务设施体系，提升乡村地区人居环境，打造成荣成市市民休闲后花园、农民安居乐业幸福家园。

3. 规划思路与内容

规划将众多影响因子梳理为两大类，即刚性要素和弹性要素。其中，荣成市国土空间划定的生态红线、城镇开发边界、基本农田保护线以及相关政策文件涉及的村庄为刚性要素，需要严格落实传导到村庄分类中。此外，村庄的区位交通、聚落特征、经济产业、生态环境、设施配套为弹性要素，对每项具体指标予以量化赋值，运用层次分析法确定权重，使用多因子分级加权指数法，在ArcGIS中通过计算和处理得到适宜性综合评价图，将村庄分为城郊融合型、集聚提升型、一般保留型、特色保护型、搬迁撤并型五种村庄类型。

在村庄分类基础上，依据村庄交通可达性、村庄人口及用地规模、设施供给水平、腹地开阔程度等要素，将城郊融合型、集聚提升型、一般保留型和特色保护型四种

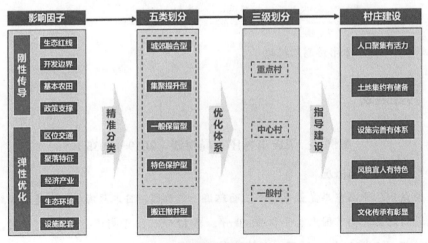

村庄分类规划思路

村庄划分为三种等级：重点村、中心村、一般村。同时，结合中心地理论，使三种等级的村庄能够在空间上形成一定的等级规模结构，保证从重点村到中心村、从中心村到一般村的公共服务设施供给能够有效衔接，实现公共服务供给全覆盖。

4. 规划实施与保障

为保证规划实施的完整度和连贯性，特别制定 2025 近期规划行动，主要是对生态红线内村庄和人口基数过小的村庄，按照 2035 年规划期末的布点方案就近迁并至社区或者镇区。考虑到实施的可能性，同时配套基础设施和公共服务设施，以便能够在迁并过程中起到推拉作用。

此外，规划提出强化落实"五大保障"，即强化政策保障、人才保障、资金保障、文化保障、安全保障，使得规划能够高标准推进、高质量落地，推动荣成市乡村地区全面振兴。

案例来源：本书编写组提供

案例 2：乡村振兴规划——云南省临沧市临翔区马台乡萝卜山村

萝卜山村位于云南省临沧市临翔区马台乡全河行政村，距离临沧主城区 40min 车程，规划玉临高速从村庄北部外侧穿过，交通十分便利，具有发展乡村休闲旅游的交通先决条件。村落四面环山，溪水潺潺，自然山地地形将萝卜山村分为上寨与下寨，上下两寨风情迥异：上寨建筑集聚、宛若迷宫；下寨为大理段氏后裔聚居地，建筑布局相对疏朗，也不失山地人居特色和古寨风情。据悉，数十年前萝卜山村曾因"萝卜味美"而得名，然而当前萝卜山村已"只闻萝卜名，不见萝卜形"，产业发展不仅与萝卜无关，其产业类型也仅以小规模农业种植和农产品粗加工为主，毫无特色。但该村因"名人效应"已初具发展农家乐潜力，网红"青松哥"及其经营的"青松庄园"年收入可达 40 万元，村民在其带动下发展农家乐意愿强烈，迫切希望寻求新的发展机会。

规划重点立足于：如何依据萝卜山村特点，落实乡村振兴要求，实现资源整合与精准投放，促其实现可持续化、特色化发展。

（1）深入调研、精准定位。规划在对区域旅游格局、村庄自身品牌、村庄自身资源和全村 200 多户村民发展意愿等要素深入调研和分析的基础上，将萝卜山村发展定位为："浓情好滋味，奇趣萝卜山"，即依据特色农产品品牌与独特的山地聚落地形特征，围绕"萝卜"元素、"网红"要素，创建"萝卜"IP 品牌，在"特色化"发展的同时实现振兴村庄经济、整治村庄风貌、完善村庄设施，促进乡村振兴的目标。

（2）因地制宜，落实乡村振兴要求。规划依托萝卜山村本底条件，以"奇趣、农情、滋味"为主题，进行特色化的规划引导。在萝卜山村上寨，通过梳理闲置土地、

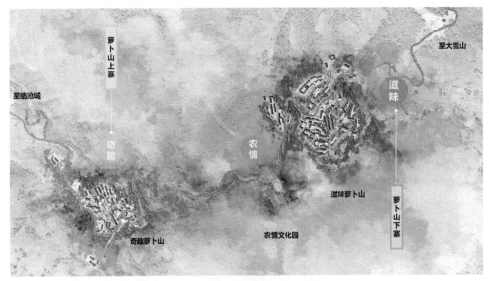

萝卜山村乡村振兴规划布局方案

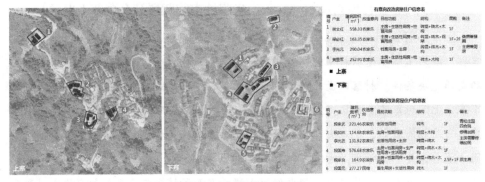

萝卜山村村民意向调查图

借助"迷宫式"自然地形,因地制宜的营造"以萝卜为主题"的奇趣情境、奇趣空间、借助村民住宅发展奇趣休闲旅游产业,营造以"童趣""奇趣"为主题的乡村儿童奇趣乐园,同时完善了满足"旅游""宜居"要求的配套基础设施;在上、下两寨之间,以"农情萝卜山"为创意,借助优渥的水土资源复兴萝卜种植产业,重塑地理标志产品,增设采摘、加工、观光、科教、旅游等多元化体验,不断延伸产业链,打造"农情文化基地";在下寨,寻找段氏宗族记忆,追溯历史人文,实施村落环境整治,统筹有基础、有意向发展农家乐的农户资源,从而对其进行统一规划和有序安排,以借助"网红"带动力量,满足萝卜山村民共同富裕的殷切期盼。总之,规划旨在重塑"萝卜"IP同时,同步推进和最终实现"产业兴旺、生态宜居、乡风文明、治理有效、生活富裕"的乡村振兴目标。

(3)汇聚治理合力,实现治理有效。规划依据萝卜山特色制定相应的村规民约、建设引导指南、建设(拆除)项目明细、分期实施计划等内容,进一步推动政府、

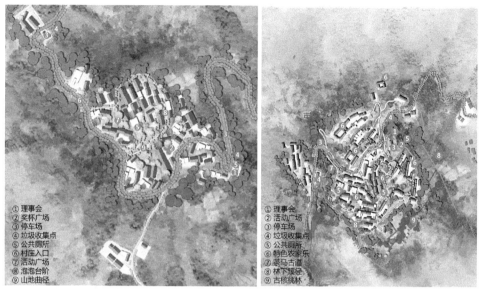

①理事会
②奖杯广场
③停车场
④垃圾收集点
⑤公共厕所
⑥村庄入口
⑦活动广场
⑧泡泡台阶
⑨山地曲径

①理事会
②活动广场
③停车场
④垃圾集点
⑤公共厕所
⑥特色农家乐
⑦茶马古道
⑧林下蹊径
⑨古核桃林

萝卜山村规划总平面图（左：上寨；右：下寨）

村民有序开展建设活动，促进萝卜山村实现"理事会引导、村民自治、微信网格化管理"的新治理模式。

萝卜山村上寨改造前后对比图（左：改造前；右：改造后）

萝卜山村下寨农家乐建设示意图（左：改造前；右：改造后）

如今，萝卜山村按照"企业＋村集体＋合作社＋农户"的发展模式已投入建设，于2020年6月1日，迎来了首批200人的亲子团。

案例来源：本书编写组提供

案例3：乡村振兴规划——宜城市王集镇双泉村建设规划

1. 规划背景

双泉村位于湖北省宜城市王集镇（国有农场）东部，地处大洪山东麓余脉，生态环境优越，因村中上泉和下泉常年泉水不断，故名双泉。全村行政区划面积14km²，共7个村小组，28个自然村，现有户籍人口1305人，311户。现状产业以农业种植为主，其中西瓜、棉花、花生、红薯等农作物是优势产品，是鄂中丘陵地区典型的传统农业型村庄，然而，在快速城镇化进程中不可避免地出现劳动力外流、宅基地闲置、农地撂荒、文化消逝、环境退化等一系列衰败现象。宜城市作为全国农村土地三项改革试点县市，以村庄建设为抓手，明确"试点先行，以点带面"的土地制度改革思路，为探索宜城市乡村振兴发展路径和解决我国类似乡村的衰退问题提供可参考可推广的经验，组织开展了双泉村建设规划编制工作。

2. 规划特色

（1）用土地整理撬动产业转型发展，实现农业效益和乡村特色产业发展双赢

一盘棋式统筹村域功能分区，明确三生空间布局和管控要求，加强山、水生态资源的整体保护，对田、林、塘、渠、路进行综合整治，构建"田成片、林嵌边；旱能灌、涝能排；路相通、农机化；居整洁、配套齐"的适应农业规模化、机械化、产业化、专业化高效集约用地新格局，展现现代丘陵地区农村田园新景观。利用双泉村农地土质优势，积极将薯类、西瓜等优质农副产品注册绿色食品、有机食品等国家农产品特色品牌，围绕品牌建设，把产业做实、做大、做强；充分挖掘村庄灵

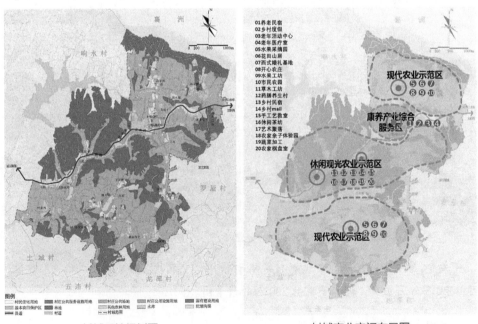

村域用地规划图　　　　　　　　村域产业空间布局图

泉秀水的资源禀赋，引导村庄来打造康养生态园，延伸健康养生食品、农场租赁、农业观光、养老民宿等特色农旅项目。

（2）积极落实土地制度改革，盘活乡村土地资源，实现土地的高效利用

规划将村域多处闲置、零散的村庄居民点采用"搬迁腾退"方式进行相对集中安置，继而居民点建设用地占地面积由 13.8hm² 调整为 2.8hm²，共节约建设用地面积 11hm²，将腾退后用地进行耕地复垦，同时还可通过土地增减挂钩，将村集体用地指标进行土地流转，入市交易，实现村民收益增加；规划充分体现了节约集约用地的规划目标，严格落实宜城市农村宅基地面积标准，户均农民建房占地面积减少 30% 以上，不仅促进节约集约用地，也规范了双泉村的建房行为，美化了村庄环境。

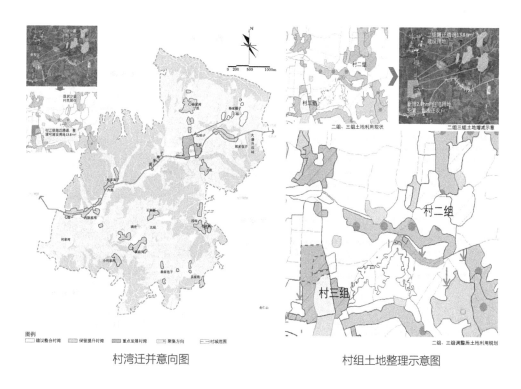

村湾迁并意向图　　　　　　　村组土地整理示意图

（3）"小规模、组团式、微田园、生态化"的新型农村社区建设模式

村庄集聚区建设尊重和保留原有空间肌理，同时延续丘陵型村落小规模、组团式有机生长的空间特色，新建农房设计提炼出"荆楚派"建筑符号元素，彰显乡村地域特色，沿袭"方正"的本土传统民居院落形式，既体现传统礼仪思想，又兼顾现代农村生产、生活方式，空间设计考虑产、居分离，改善现状民居中农事和居住空间混杂的问题。

村庄整治坚持环境新美化、建筑巧作为、生态精培育、村庄优本底、设施强基础、整体营氛围、节点细雕琢的原则，从环境、绿化、水系、建筑四个方面提出针对性

村庄集聚区详细规划图　　　　　　　荆楚建筑元素示意图

村庄集聚区总体鸟瞰图

建设总导则，实现"环境净化、植被绿化、水体亮化、村居美化"的目标。

　　规划通过深入挖掘乡村文化习俗，新建乡村文化大舞台、亲水休闲步栈道、滨水景观广场等公共活动场所，激活村民精神文化生活，恢复看得见山、望得见水、记得住乡愁的"乡土记忆"。

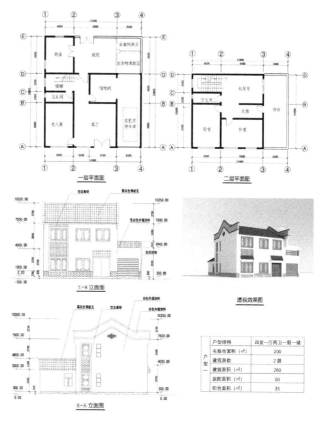

农房设计示意图1

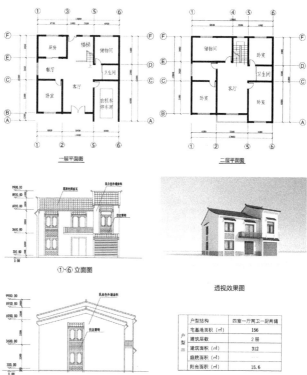

农房设计示意图2

村镇规划理论与方法

设计方案三　灰瓦白墙色调
融入传统元素
空间分区明晰
兼顾生产生活

户型结构	五室两厅三卫一厨
宅基地面积(㎡)	180
建筑层数	2层
建筑面积(㎡)	280
阳台面积(㎡)	20

（户型三）

底层平面图　　二层平面图　　西立面图　　正立面图

农房设计示意图 3

设计方案四　灰白暖黄色调
现代简约风格
满足现代生活畅想

户型结构	四室一厅两卫一厨一储
宅基地面积(㎡)	200
建筑层数	2层
建筑面积(㎡)	260
庭院面积(㎡)	50
阳台面积(㎡)	35

（户型四）

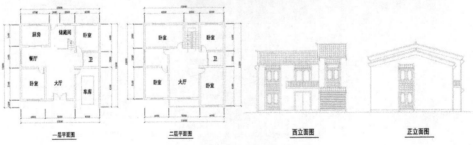

一层平面图　　二层平面图　　西立面图　　正立面图

农房设计示意图 4

村居环境整治示意 1　　　　　　　村居环境整治示意 2

村居环境整治示意 3　　　　　　　村居环境整治示意 4

案例来源：本书编写组提供

案例4：村庄综合整治规划——安徽繁昌淮九路美好乡村综合整治规划

1. 现状概况

繁昌县隶属安徽省芜湖市，北临长江。2013年11月，在安徽省美好乡村建设推进会上，提出以铁路沿线、公路沿线、江河沿线以及城市周边、省际周边、景区周边等"三线三边"为突破口，改善城乡人居环境，建设美好乡村。本次规划以连接县城与马仁奇峰景区的淮九路沿线乡村建设为抓手，落实、推进全县"美好乡村"建设工作。淮九路全长12.6km，作为连接繁昌县城和国家4A级景区马仁奇峰景区的重要通道，它既是承载多重资源要素的三生融合空间，又是集农村产业发展、乡村环境整治和乡民社会调控等诸多问题于一体的代表性区域。沿线涉及2个镇，4个行政村，共1293户，4141人。两侧村庄沿路线性分布，可观可入，多数村居建筑沿路而建。

2. 规划目的与内容

本次规划不仅要在物质空间的环境营造方面符合安徽省美好乡村建设的要求，更要在产业发展引导和乡土社会维系方面提出能够科学平衡多元利益诉求的规划策略。因此规划从以下三个层面进行设计：

淮九路村庄环境现状分析图

（1）物质空间层面的乡村整治

深入研究淮九路两侧村庄的空间区位关系、社会经济状况、建设环境特色和景观发展条件，同时根据淮九路沿线山水、聚落和道路空间的结构关系与节奏特点，赋予各个村庄不同的功能和特色定位，以"融入自然，整体和谐；速行慢走，体现差异；远庄近村，分级导控"为总体策略，以"环境大动作，建筑少作为；生态重培育，村庄优本底；整体抓韵律，节点细雕琢"为具体指导原则，在对接繁昌县迁村并点规划的前提下，将淮九路两侧需要保留的村庄进行分类分级整治。针对规划片区以休闲旅游农业为主导产业的特点，从体验的视角及其与淮九路的关系出发，将沿线村庄分为远观型、近观不可入型、近观可入型，从整治力度分为重点整治村庄和一般整治村庄，并以分类分级分区段图式化表达的方式在环境卫生整治、建筑风貌整治、绿化及水体整治方面给出具体的整治导则，以期分类指导建筑细部整治、植物配置、矿山整治、广告牌整治、乡村家具整治和基础环境设施建设等专项建设工作。

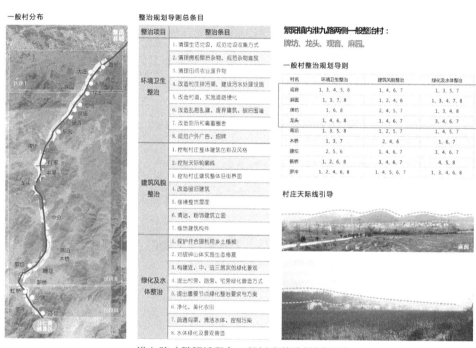

淮九路（繁阳镇段）一般村庄整治规划导则

（2）社会发展层面的乡村产业整合

针对淮九路片区与城区、景区之间的具有密切联系的特点以及目前存在的"整体发展缺概念少定位"以及"项目运作欠整合待提升"等主要发展问题，在充分分析片区优势资源和发展潜力的前提下，将淮九路沿线近 $46km^2$ 的范围作为整体，以整个规划片区的农业生产作为基础，传统的农耕村落作为载体，旅游产业发展作为手段，通过促进产业的乡土型、科技心、协作化、链接式整体发展，努力实现乡村发展的总体目标和各利益主体的健康诉求。具体从规划内容来说，社会发展层面的乡村产业发展规划主要从总体概念引导、空间建设引导、产业发展引导三方面进行，整合并提取当地资源要素，确定总体概念为"耕读原点、智慧田园"，尝试用现代多元的交互手段实现与城区、景区空间功能和产业功能的良性互动，按照"尊重原貌、保护先行"的低冲击建设原则，打造依托马仁奇峰养生观光旅游核心和繁昌窑文化科技旅游核心的淮九路沿线乡村耕读旅游体验区，并分期制定空间建设与产业发展引导策略，梳理片区的项目建设库和开发时序，重点解决当地农民如何参与开发运作的问题，保护农民在参与市场开发行为中的权益。

基于以传统乡村自治为主要管理手段的熟人社会的基本特点，规划着重考虑如何从保障村民利益并持续调动农民积极性出发，制定满足物质空间环境改造和维系社会

区段划分	区段整体风貌现状分析	区段整治方案
山水村落，情致田家		
路东： 东风、红土、双庙、瓶荠、肖家村、丰屋、中分、瓜棚、蒋泊、木桥、腰坝、新桥 **路西：** 罗坝、麻园、牌坊、龙头	**建筑：** 1. 建筑风格多样，缺乏整体感和特色 2. 部分建筑外墙面脏乱 **道路：** 部分路面未硬化 **绿化：** 1. 路侧绿化缺乏，杂草丛生 2. 庭院绿化有待改善 **环卫：** 1. 路边沟渠淤积，污水外溢 2. 路边、房前砖木等杂物随意堆放 3. 垃圾桶存在破损、垃圾溢出现象 **设施小品：** 村庄缺乏标识性	**建筑：** 1. 改造建筑立面，使各类建筑协调统一 2. 粉刷墙面污渍及广告 **道路：** 对砂石路面进行硬化 **绿化：** 1. 清理路旁带地，通过种植花草树木形成连续的绿化景观带，改善庭院绿化 2. 结合沟渠水塘营造富有乡土野趣的真水空间 **环卫：** 1. 疏通沟渠、完善排水设施，清洁水体 2. 规范室外杂物堆放，或采取统一的遮挡措施 3. 合理安排垃圾桶的位置及数量，完善垃圾清运 **设施小品：** 设立村口标识，增强识别性
注：东风为示范村，红土、双庙、瓶荠、肖家村、半屋、中分、罗坝为整治示范村，其余为一般整治村	**村庄：** 多沿山脚而建，呈带状分布，部分建筑破坏了村庄整体风貌的协调性 **农田：** 多为菜地，但用地划分杂乱，且有杂物随意堆放的状况，缺乏视觉美感	**村庄：** 改造建筑立面，形成统一又与周边环境相协调的村庄整体环境 **农田：** 引导农作物的类型及种植时间，形成富有特色的农田绿化景观，塑造园区特色；利用田园种植乔木丰富景观层次

红土村

淮九路村庄环境整治分段控制导则

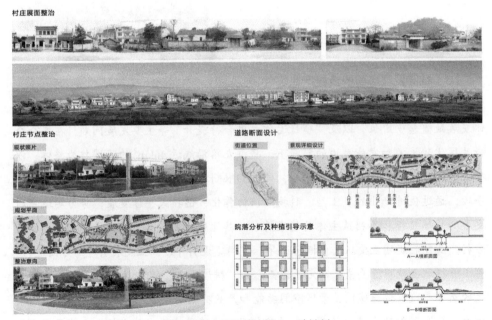

村庄展面整治

村庄节点整治
现状照片
规划平面
整治意向

道路断面设计
街道位置
景观详细设计
A—A横断面图
B—B横断面图

院落分析及种植引导示意

淮九路村庄环境整治图——沙塘村

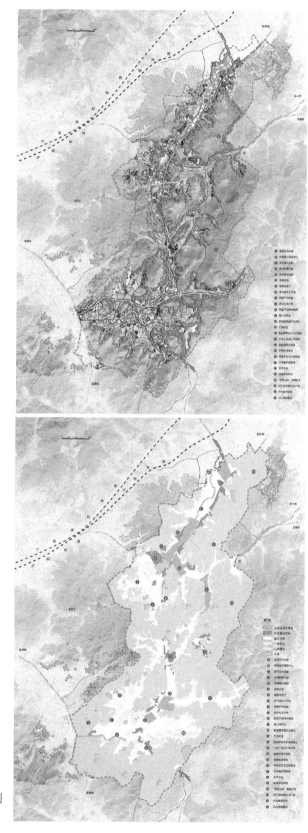

淮九路旅游发展片区用地规划
与布局图

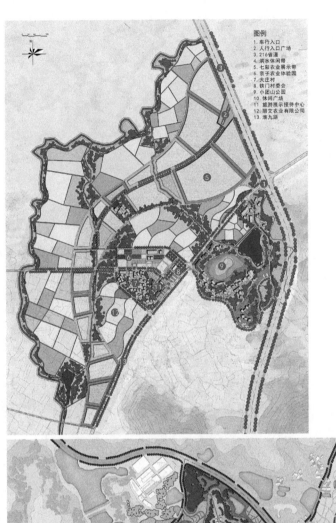

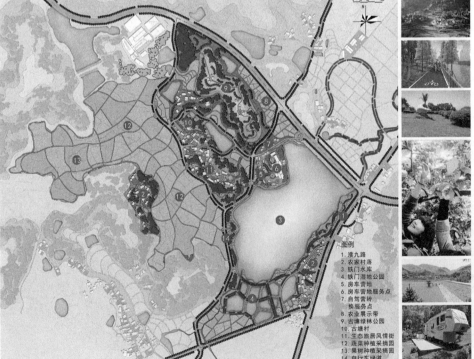

淮九路旅游发展片区详细节点设计

健康发展要求的管控保障机制。据此，本次规划建立包含"规划监测—规划评价—规划反馈—规划调整"四部分在内的不断循环执行的实施评价和反馈机制，并从管控机制体制的构建、低冲击建设的生态管控、尊重原貌的乡村管控以及传承发扬的文化管控方面入手，分别以条例式的方式进行具体规定，并要求定期对实施情况、取得的成效和遇到的问题进行全面总结和审议，编制实施评价报告，进而通过调整规划策略和实施手段，对规划实施过程进行动态修正和完善，以此来指导乡村综合整治工作。

案例来源：本书编写组提供

案例5：武汉市黄陂区罗家岗历史文化名村保护规划

1. 地理区位

罗家岗位于湖北省武汉市黄陂区东北部，距离黄陂城关 20km，黄陂火塔线公路从村旁穿过，北望木兰湖，西靠玉屏山，长堰河自北向南汇入滠水。村湾坐落在河西岸的山岗上而取名罗家岗，是当前武汉境内规模最大、保存最完整、建筑艺术最精美的木兰石砌古村落。

2. 历史沿革

罗家岗的罗氏来自江西吉安，到黄陂繁衍生息已经将近 600 余年。祖上本为元边疆大臣，明初为躲避祸端，罗氏子弟大量入伍进入湖北境地，罗家岗就是其中一支。明末清初，罗家岗曾有过百年辉煌的历史，书香门第仕途畅达，商贾之家经营有道，村落建设开始大兴。民国时期，罗家岗街道繁华，行业齐全兴盛，俗称"小汉口"。烽火抗战年代，罗家岗许多重要建筑文物毁于战火中，最终逐渐演变为今天的罗家岗。

3. 现状特征

（1）空间格局特征

村落现状建设以中央场地为核心，形成背山面田、水塘串联的空间格局。村内纵横交错的石板小巷连接着大小数十院落，民居、祠堂、晒坪、广场、池塘兼备，聚族而居，建筑以木兰干砌石屋为主要特色。村中沿南北向有一条主巷，沿东西向有七条支巷，整体呈现出"一主、七支"的鱼骨状街巷格局。

（2）村落营建理念

分析古村落现状空间格局后，探究其格局形成的原因对于未来村落保护工作具有重要的指导意义。通过调研和查阅资料，罗家岗的村落营建主要遵循以下观念：

1）天人合一的生态观

罗家岗居民在不破坏自然环境的条件下，巧用自然山水因素和环境资源要素，创造宜居宜业宜人的村落环境。这些营建策略最大程度地利用了自然能量，让自然为聚落做功，又将建筑融入自然环境中，实现了人与自然的和谐共生。

罗家岗现状总平面、现状土地利用与现状街巷格局

2）因地制宜的建造观

罗家岗处于我国典型的夏热冬冷且潮湿多雨的地区，但居民们却因地制宜，接受气候的反复无常，充分利用当地自然资源，运用本土的建筑材料和在地性的营建策略，克服了不利的气候条件，为自己创造了美好的人居环境。

3）宗法家族的聚居观

中国古代的宗法理念、家族制度和强有力的血缘关系将同一宗族的人紧紧凝聚在一起，形成强大的向心力和内聚力，罗家岗村落的布局体现并强化了这种社会结构和关系。居民大多以家族形式在空间上聚居，当地大户更是有"一门五户"的形式，以五户为一组团，四面设围墙，既可有效地防御山贼流寇，又有利于家族的平安和谐发展。

村落的空间格局和民居建筑中可以体现出营建理念

4. 工作方法

（1）调查历史遗存与古迹分布

罗家岗文化底蕴深厚，文物古迹丰富，保存至今的历史文化建筑包括"一门五户"建筑群（现存三户）、罗家大宅、罗家祠堂、一品当朝等，遗存有大量建成于

道光年间的民居建筑，历史悠久，保存完好，结构精美，是武汉市传统历史民居的优秀典范，具有重要的文物保护价值。此外，还有水车、古碾等历史景致，多以点状散落布局。

（2）建立古建档案——分类建档，分片保护

通过测绘建立历史建筑的档案对于古村保护具有重要意义，以此为依据采用分类建档、分片保护的方式可以有效引导村落未来的保护和建设工作。将罗家岗保护范围内的现状建筑按照建筑质量和历史文化价值进行分类，划分为四类，其中文物保护建筑8处，优秀历史建筑8处，传统风貌建筑21处，以及多处现代新建民居。

（3）明确规划定位

罗家岗：历史文化名村·民俗文化活化石·木兰石砌集萃地

5. 规划布局

传承传统村落衣钵的三个要素是场景、人物和精神信仰，在规划中需要将这些要素进行在地性整合和活用，在保护中寻求发展并突显村落特色。通过调研罗家岗空间格局、人物故事和营建理念，整理村落具有历史文化价值的要素，明确未来规

罗家岗历史遗存与古迹分布图

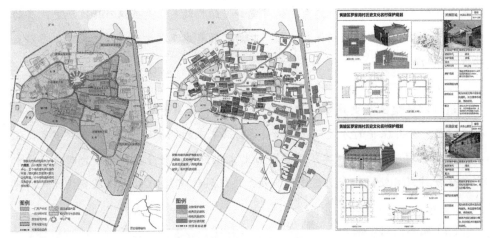

罗家岗分类建档、分片保护工作

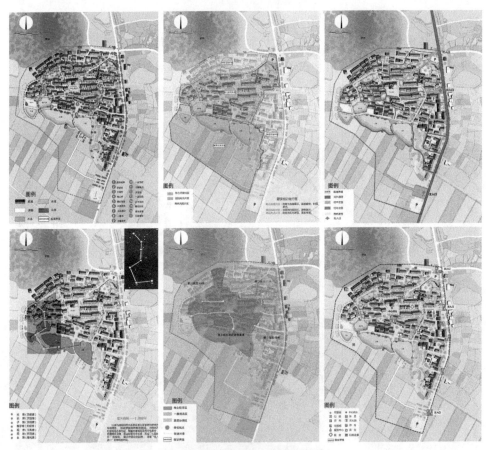

罗家岗历史文化名村保护规划方案

划定位，最终对其总平面、功能分区、街巷格局、风貌控制、重点设施等方面进行全面规划与整体安排。

　　案例来源：本书编写组提供

后 记

　　具有现代意义的中国乡村建设实践活动肇始于 20 世纪前半叶，已近百年风雨历程。而真正给新中国村镇建设带来翻天覆地变化的，是改革开放以后的城市化运动，和与之相伴的各种创新性、普惠性乡村政策、小城镇发展政策，以及各类自下而上、自上而下的村镇规划实践探索活动。四十年探索历程硕果累累，其中也包括催生了村镇规划教学的专业化与专门化。但相较于村镇规划实践创新、开拓的实用性甚至是实验性而言，村镇规划教学体系在对象、目标、内容、方法等方面，更加需要基于理论性、政策性、技术性与规范性要求，做出全局性总结、系统化建构与条理化安排。作为与新时代村镇规划理论教育与实践指导的基础性课程教材，本书的编著旨在融合中国村镇规划现实情境、实践理想、技术理念与发展目标，以专业性、创新性、规范性为宗旨，为中国村镇规划事业培养高层次优秀人才，以期更好地为我国新型城镇化与乡村振兴战略的实施服务，并为村镇可持续发展等公共事业做出贡献。

　　在《村镇规划理论与方法》编著过程中，我们采用理论与实践结合、高校与设计院协作的模式，历经两年多的讨论、沟通、启发、交流，以及各负其责的执笔、修正、校对，和更加繁琐的统稿、删削、纠错、补漏工作，尤其是克服 2020 年新型冠状病毒肺炎疫情对教材编写工作造成的不利影响，终至于圆满完成教材统稿并正式出版。在此对参与本书编著的人员一并做出感谢，具体如下：

　　首先感谢长期深耕我国村镇理论研究领域的高校学者们。吕宁兴老师、朱霞老师、屈行甫老师、乔晶老师等教师无私奉献其扎实的专业知识储备与前沿研究成果，对此书编写做出关键性的理论指导，帮助确立了本教材的基本理论框架，并对后期分章节写作提供了极大的理论和技术支持。

　　其次要感谢深度扎根我国村镇规划实践一线的规划设计师们，陈实、高鹏、尹伟、周博为、陈都、王小莉等设计师在一个个村镇规划项目实践中积累了大量的经验方法，不仅强化了村镇规划编制方法的可操作性，也提供了一批优秀的经典案例，提高了村镇规划课程教学的政策性、实践性与生动性。

村镇规划理论与方法

　　同时要感谢投身村镇规划理论与方法研究的富于激情与责任、勤于探究与思考的博士生李彦群、时二鹏、范在予、李佳佳、李玥、庞克龙及硕士生们，他们热情参与、全力投入，接替完成了教材编写中的资料收集、图纸绘制、稿件整理等一系列的工作。

　　最后，特别要感谢的是中国建筑工业出版社的编辑们，正是她们的倾情努力使得本教材能够顺利完成并及时出版。

耿虹　赵守谅